国家示范性高职院校建设项目成果教材



# 水泥质量控制

主　编　宋丽瑛
副主编　唐　越　张　虹

武汉理工大学出版社
·武　汉·

## 内 容 提 要

本书是国家示范性高职院校建设项目成果教材之一。

本书按照水泥生产企业化验室的总体认知要求及工作任务分组情况，由概述，水泥生产的质量控制，水泥原燃材料、半成品及成品化学成分分析，水泥物理性能检验等四部分组成。

本教材淡化理论的学科性和系统性，突出了教材的实用性，是对高等职业教育教学改革的一种探索。

**图书在版编目(CIP)数据**

水泥质量控制/宋丽瑛主编. —武汉：武汉理工大学出版社，2010.9(2023.7 重印)
ISBN 978-7-5629-3229-1

Ⅰ.①水…　Ⅱ.①宋…　Ⅲ.①水泥-质量控制　Ⅳ.①TQ172

中国版本图书馆 CIP 数据核字(2010)第 193227 号

**项目负责人**：杨学忠　徐秋林　　**责 任 编 辑**：徐秋林
**责 任 校 对**：丁　冲　　**封 面 设 计**：吴　极
**出版发行**：武汉理工大学出版社
武汉市洪山区珞狮路 122 号　邮编：430070
http：//www.wutp.com.cn
**印 刷 者**：武汉兴和彩色印务有限公司
**经 销 者**：各地新华书店
**开　　本**：787×1092　1/16
**印　　张**：12.5
**字　　数**：312 千字
**版　　次**：2010 年 9 月第 1 版
**印　　次**：2023 年 7 月第 7 次印刷
**印　　数**：10001—11000 册
**定　　价**：23.00 元

# 前　言

本教材从水泥企业质量控制技术岗位群的工作过程入手，以岗位能力要求和职业资格标准为参考，结合各岗位工作内容开发相应的学习与实训项目任务，使各个实训项目的内容及实训方法与水泥企业化验室的分析检验工作相一致，体现工学结合的课程特色。本教材淡化理论的学科性和系统性，按照水泥企业化验室的总体认知要求及工作任务分组情况确定由四部分组成：① 概述；② 水泥生产的质量控制；③ 水泥原燃材料、半成品和成品化学成分分析；④ 水泥物理性能检验。该教材以较大篇幅介绍化验室的分析检测项目，并以国家标准中的分析检验方法为参考，力求改变学生在校的“学”与进厂的“做”之间的脱节问题，突出了教材的实用性，也是对高等职业教育课堂教学改革所做的一种探索。

本教材由昆明冶金高等专科学校宋丽瑛担任主编，唐越、张虹担任副主编。昆明冶金高等专科学校朱波、广西理工职业技术学校马力编写概述；昆明冶金高等专科学校徐佳怡、陈鸿燕、广西理工职业技术学校卢润合编写项目 1；昆明冶金高等专科学校宋丽瑛、张虹、黄岚、袁晓玫、山西综合职业技术学院李彦岗编写项目 2；昆明冶金高等专科学校唐越、殷萍编写项目 3。

本教材编写过程中得到云南国资水泥富民有限公司化验室杨一平、云南国资水泥东骏有限公司质检部杜跃兰的支持和帮助，本教材还引用了其他教材、专著的相关资料和图表，编者在此深表感谢。

由于编者水平有限，教材中难免存在疏漏之处，竭诚欢迎读者批评指正。

编　者

2010 年 6 月

# 目　　录


**0　概述** …………………………………………………………………………（1）

0.1　职业工作概貌 ……………………………………………………………（1）

0.1.1　化验室性质 …………………………………………………………（1）

0.1.2　化验室职责与权限 …………………………………………………（2）

0.1.3　化验室任务 …………………………………………………………（3）

0.1.4　化验室基本条件 ……………………………………………………（4）

0.1.5　化验室质量管理制度 ………………………………………………（7）

0.2　质量管理基础知识 ………………………………………………………（9）

0.2.1　质量的基本概念 ……………………………………………………（9）

0.2.2　“特性”与“固有特性”…………………………………………………（10）

0.2.3　“满足要求的程度”……………………………………………………（10）

0.2.4　质量的地位与作用……………………………………………………（11）

0.2.5　质量管理与 ISO 9000 族标准 ………………………………………（12）

0.3　分析检验工作中的误差及数据处理……………………………………（16）

0.3.1　分析检验中的误差……………………………………………………（16）

0.3.2　分析检验中的数据处理………………………………………………（21）

思考与练习 ……………………………………………………………………（23）

**项目 1　水泥生产的质量控制** ……………………………………………（25）

**任务 1　平均试样的采取与制备** …………………………………………（25）

1.1　总体、样品及试样的有关概念 …………………………………………（25）

1.1.1　总体与样品……………………………………………………………（25）

1.1.2　样品的代表性及其评价方法…………………………………………（26）

1.1.3　样品代表性的保证措施………………………………………………（27）

1.2　任务实施……………………………………………………………………（27）

1.2.1　样品的采取……………………………………………………………（27）

1.2.2　平均试样的制备与保管………………………………………………（32）

思考与练习 ……………………………………………………………………（35）

**任务 2　水泥生产原燃材料质量控制与检验** ……………………………（35）

2.1　水泥生产原料、燃料的质量要求 ………………………………………（35）

2.1.1　石灰质原料……………………………………………………………（35）

2.1.2 粘土质原料 …… (37)
2.1.3 校正原料 …… (39)
2.1.4 燃料 …… (40)
2.2 混合材的质量控制 …… (42)
2.2.1 活性混合材 …… (42)
2.2.2 非活性混合材 …… (42)
2.3 水泥生产流程质量控制图表 …… (42)
2.3.1 质量控制点、控制项目、控制指标的确定 …… (43)
2.3.2 预分解窑生产工艺的生产流程质量控制图表 …… (43)
2.4 水泥生产过程中的均化链 …… (45)
2.4.1 均化的基本概念 …… (45)
2.4.2 原、燃料的预均化 …… (47)
2.4.3 生料的均化 …… (47)
2.5 任务实施 …… (48)
2.5.1 有关质量控制参数的确定 …… (48)
2.5.2 水泥原料的质量控制 …… (48)
2.5.3 水泥燃料的质量控制 …… (49)
2.5.4 混合材的质量控制指标及检测方法 …… (52)
思考与练习 …… (54)
**任务3 生料质量控制与检验** …… (54)
3.1 入磨生料的控制项目及检测方法 …… (55)
3.1.1 入磨物料的配比 …… (55)
3.1.2 入磨物料粒度 …… (55)
3.1.3 入磨物料水分控制指标、检测方法及注意事项 …… (55)
3.2 出磨生料的控制项目及检测方法 …… (56)
3.2.1 碳酸钙滴定值 $T_{CaCO_3}$（或氧化钙） …… (56)
3.2.2 氧化铁 …… (59)
3.2.3 生料的细度 …… (61)
3.2.4 生料中的含煤量 …… (62)
3.3 入窑生料的控制项目及检测方法 …… (66)
思考与练习 …… (66)
**任务4 熟料质量控制与检验** …… (67)
4.1 熟料质量控制项目 …… (67)
4.1.1 熟料化学成分的控制 …… (67)
4.1.2 熟料中游离氧化钙含量的控制 …… (68)
4.1.3 熟料中氧化镁含量的控制 …… (70)
4.1.4 熟料容积密度的控制 …… (70)

4.1.5　熟料烧失量的控制……(71)
4.1.6　熟料物理性能的控制……(71)
4.2　任务实施……(71)
4.2.1　游离氧化钙的测定……(71)
思考与练习……(73)
**任务5　水泥制成质量控制与检验**……(73)
5.1　水泥制成质量控制项目……(73)
5.1.1　入磨物料配比的质量控制……(73)
5.1.2　出磨水泥细度控制……(74)
5.1.3　出磨水泥三氧化硫控制……(74)
5.1.4　混合材掺量的控制……(75)
5.1.5　出磨水泥氧化镁的控制……(75)
5.1.6　水泥烧失量的控制……(75)
5.1.7　出磨水泥物理性能……(76)
5.2　任务实施……(76)
5.2.1　离子交换法测定水泥中的$SO_3$……(76)
5.2.2　混合材掺量的检测……(77)
**任务6　出厂水泥质量控制与检验**……(78)
6.1　知识目标……(78)
6.2　能力目标……(78)
6.3　任务描述……(78)
6.4　知识链接……(78)
6.4.1　化学指标……(79)
6.4.2　水泥凝结时间……(79)
6.4.3　安定性……(80)
6.4.4　强度……(80)
6.4.5　水泥的包装……(80)
6.4.6　水泥的散装……(80)
6.4.7　水泥出厂……(81)
6.5　任务实施……(81)
思考与练习……(81)
**项目2　水泥原燃材料、半成品和成品化学成分分析**……(82)
**任务1　化验室常用仪器设备使用与维护**……(82)
1.1　电加热设备……(82)
1.1.1　电炉……(82)
1.1.2　高温电炉……(83)

1.1.3 电热恒温干燥箱…… (85)
1.1.4 电热恒温水浴锅…… (86)
1.1.5 电磁搅拌器…… (87)
1.2 分析天平…… (88)
1.2.1 分析天平的工作原理…… (88)
1.2.2 分析天平的灵敏度及天平灵敏度的测定方法…… (88)
1.2.3 分析天平的分类…… (89)
1.2.4 分析天平的构造…… (89)
1.2.5 分析天平的使用方法…… (91)
1.2.6 分析天平的称量方法…… (91)
1.2.7 分析天平的使用注意事项…… (92)
1.2.8 分析天平常见故障和排除方法…… (93)
1.3 电子天平…… (94)
1.3.1 电子天平的现状与发展…… (94)
1.3.2 电子天平的称量原理…… (95)
1.3.3 电子天平的结构…… (95)
1.3.4 电子天平的特点…… (95)
1.3.5 电子天平的使用方法…… (96)
1.3.6 电子天平的称量方法…… (96)
1.3.7 电子天平的使用注意事项…… (97)
1.4 任务实施…… (97)
1.4.1 分析天平的使用…… (97)
1.4.2 电子天平的使用…… (97)
思考与练习 …… (98)
**任务 2 试剂配制、标定与贮存** …… (99)
2.1 化学试剂的规格…… (99)
2.1.1 常用试剂的规格…… (99)
2.1.2 取用试剂应注意的事项 …… (100)
2.1.3 试剂的保管 …… (100)
2.1.4 化学试剂的类别 …… (101)
2.2 溶液分类和浓度的表示方法 …… (101)
2.2.1 溶液的分类 …… (101)
2.2.2 溶液浓度的表示方法 …… (102)
2.2.3 滴定度与物质的量浓度的换算 …… (103)
2.2.4 质量百分浓度与物质的量浓度的换算 …… (104)
2.3 标准溶液的配制、标定及计算…… (104)
2.3.1 标准溶液的配制 …… (104)

2.3.2　标准滴定溶液的标定及计算 …… (106)
2.4　常用缓冲溶液的配制 …… (107)
2.5　任务实施 …… (107)
2.5.1　普通试剂溶液的配制 …… (107)
2.5.2　标准滴定溶液的配制 …… (108)
思考与练习 …… (116)
**任务 3　水泥及熟料化学成分分析** …… (117)
3.1　水泥及熟料中主要成分波动范围 …… (118)
3.1.1　水泥熟料 …… (118)
3.1.2　普通水泥 …… (118)
3.2　氧化硅的测定($K_2SiF_6$ 容量法) …… (118)
3.3　氧化铁的测定 …… (119)
3.4　氧化铝的测定 …… (119)
3.4.1　铜盐回滴法 …… (119)
3.4.2　直接滴定法 …… (120)
3.5　氧化钙、氧化镁的测定 …… (120)
3.5.1　氧化钙的测定 …… (120)
3.5.2　氧化镁的测定 …… (121)
3.6　氧化锰的测定 …… (121)
3.7　不溶物的测定 …… (121)
3.8　烧失量的测定 …… (122)
3.9　氧化钛的测定(苦杏仁酸置换法) …… (122)
3.10　游离氧化钙的测定 …… (122)
3.11　三氧化硫的测定 …… (122)
3.11.1　离子交换法 …… (122)
3.11.2　$BaSO_4$ 重量法 …… (122)
3.12　任务实施 …… (123)
3.12.1　主要仪器 …… (123)
3.12.2　试剂 …… (123)
3.12.3　操作步骤 …… (124)
思考与练习 …… (127)
**任务 4　生料化学成分分析** …… (128)
4.1　生料主要成分的波动范围 …… (128)
4.2　分析试液的制备 …… (128)
4.3　氧化硅的测定($K_2SiF_6$ 容量法) …… (128)
4.4　三氧化二铁的测定 …… (129)
4.5　三氧化二铝的测定(硫酸铜回滴法) …… (129)

4.6 氧化钙的测定 …………………………………………………… (129)
4.7 氧化镁的测定 …………………………………………………… (129)
4.8 烧失量的测定 …………………………………………………… (129)
4.9 任务实施 ………………………………………………………… (129)
4.9.1 试剂及主要仪器 ……………………………………………… (129)
4.9.2 操作步骤 ……………………………………………………… (129)
思考与练习……………………………………………………………… (130)
**任务5 粘土化学成分分析** ……………………………………………… (130)
5.1 粘土主要化学成分波动范围 …………………………………… (130)
5.2 分析试液的制备 ………………………………………………… (131)
5.3 氧化硅的测定($K_2SiF_6$ 容量法) …………………………………… (131)
5.4 三氧化二铁的测定 ……………………………………………… (131)
5.5 三氧化二铝的测定(硫酸铜回滴法) …………………………… (131)
5.6 氧化钙的测定 …………………………………………………… (131)
5.7 氧化镁的测定 …………………………………………………… (131)
5.8 烧失量的测定 …………………………………………………… (131)
5.9 任务实施 ………………………………………………………… (131)
5.9.1 试剂 …………………………………………………………… (131)
5.9.2 主要仪器 ……………………………………………………… (132)
5.9.3 操作步骤 ……………………………………………………… (132)
思考与练习……………………………………………………………… (133)
**任务6 石灰石(或白云石)分析** ………………………………………… (133)
6.1 石灰石主要化学成分波动范围 ………………………………… (133)
6.2 分析试液的制备 ………………………………………………… (134)
6.3 氧化硅的测定($K_2SiF_6$ 容量法) …………………………………… (134)
6.4 三氧化二铁的测定 ……………………………………………… (134)
6.5 三氧化二铝的测定(硫酸铜回滴法) …………………………… (134)
6.6 氧化钙的测定 …………………………………………………… (134)
6.7 氧化镁的测定 …………………………………………………… (134)
6.8 烧失量的测定 …………………………………………………… (134)
6.9 任务实施 ………………………………………………………… (135)
6.9.1 试剂 …………………………………………………………… (135)
6.9.2 主要仪器 ……………………………………………………… (135)
6.9.3 操作步骤 ……………………………………………………… (135)
思考与练习……………………………………………………………… (136)
**任务7 石膏分析** ………………………………………………………… (136)
7.1 石膏主要化学成分波动范围 …………………………………… (136)

7.2　石膏控制项目的测定原理 ……………………………………………………………… (136)
7.2.1　水分的测定原理 ……………………………………………………………………… (136)
7.2.2　酸不溶物的测定原理 ………………………………………………………………… (137)
7.2.3　$SO_3$ 的测定原理 ……………………………………………………………………… (137)
7.3　任务实施 ……………………………………………………………………………… (137)
7.3.1　主要仪器 ……………………………………………………………………………… (137)
7.3.2　试剂 …………………………………………………………………………………… (137)
7.3.3　操作步骤 ……………………………………………………………………………… (138)
思考与练习 ………………………………………………………………………………… (139)
**任务8　X射线荧光分析仪的使用** ……………………………………………………… (139)
8.1　概念 …………………………………………………………………………………… (139)
8.2　任务实施 ……………………………………………………………………………… (140)
8.2.1　开机步骤 ……………………………………………………………………………… (140)
8.2.2　读仪器参数 …………………………………………………………………………… (140)
8.2.3　测定 …………………………………………………………………………………… (140)
8.2.4　停机顺序 ……………………………………………………………………………… (141)
8.2.5　日常维护 ……………………………………………………………………………… (141)
**任务9　紫外-可见分光光度计的使用** …………………………………………………… (142)
9.1　概念 …………………………………………………………………………………… (142)
9.2　仪器的基本组成部分 ………………………………………………………………… (142)
9.2.1　主要组成部件 ………………………………………………………………………… (142)
9.2.2　光路系统 ……………………………………………………………………………… (142)
9.2.3　面板上控制器和指示器的功能 ……………………………………………………… (143)
9.3　仪器的工作原理 ……………………………………………………………………… (144)
9.4　仪器的使用方法 ……………………………………………………………………… (145)
9.5　操作注意事项 ………………………………………………………………………… (145)
9.6　仪器的调节和校正方法 ……………………………………………………………… (145)
9.6.1　光源灯的更换和调整 ………………………………………………………………… (146)
9.6.2　波长准确度的校验 …………………………………………………………………… (146)
9.6.3　吸收池配套性检验 …………………………………………………………………… (147)
9.7　仪器的维护和保养 …………………………………………………………………… (148)
9.7.1　仪器的工作环境 ……………………………………………………………………… (148)
9.7.2　日常维护和保养 ……………………………………………………………………… (148)
9.8　常见故障分析和排除方法 …………………………………………………………… (149)
9.9　任务实施 ……………………………………………………………………………… (150)

**项目 3　水泥物理性能检验** …… (151)
**任务 1　水泥密度的检验** …… (152)
1.1　概念及原理 …… (152)
1.2　影响水泥密度的因素 …… (152)
1.2.1　水泥熟料的矿物组成 …… (152)
1.2.2　煅烧程度 …… (152)
1.2.3　水泥中混合材的种类和掺量 …… (153)
1.2.4　水泥的储存期 …… (153)
1.3　任务实施 …… (153)
思考与练习 …… (155)
**任务 2　水泥细度的检验** …… (155)
2.1　概念及表示方法 …… (155)
2.2　水泥细度的测定方法 …… (156)
2.3　影响水泥细度的因素 …… (156)
2.4　任务实施 …… (156)
2.4.1　水泥细度的检测——筛析法 …… (156)
2.4.2　水泥细度(筛析法)检验有关技术问题 …… (159)
思考与练习 …… (159)
**任务 3　透气法检验水泥比表面积(勃氏法)** …… (159)
3.1　仪器 …… (159)
3.2　仪器的校准 …… (161)
3.2.1　仪器漏气检查 …… (161)
3.2.2　试料层体积的测定 …… (161)
3.3　检验方法及步骤 …… (162)
3.3.1　试样制备 …… (162)
3.3.2　确定试样量 …… (162)
3.3.3　试样层制备 …… (162)
3.3.4　比表面积计算 …… (162)
3.4　试验注意事项 …… (165)
思考与练习 …… (165)
**任务 4　水泥标准稠度用水量、凝结时间、安定性检验** …… (165)
4.1　水泥标准稠度用水量 …… (166)
4.2　水泥的凝结时间 …… (166)
4.3　水泥的安定性 …… (166)
4.4　任务实施 …… (167)
4.4.1　水泥标准稠度用水量的检验 …… (167)

4.4.2 水泥凝结时间的检验 …… (169)
4.4.3 水泥安定性的检验 …… (170)
思考与练习…… (173)
**任务5 ISO水泥胶砂强度检验** …… (173)
5.1 概念及表示方法 …… (174)
5.2 影响水泥强度的因素 …… (174)
5.3 任务实施 …… (175)
5.3.1 ISO水泥强度的检验 …… (175)
5.3.2 水泥强度检验中的有关技术问题 …… (180)
思考与练习…… (181)
**任务6 水泥胶砂流动度检验** …… (182)
6.1 概述 …… (182)
6.2 任务实施 …… (182)
思考与练习…… (184)
**参考文献**…… (185)

# 0 概　　述

“水泥质量控制”是无机非金属材料工程技术专业的核心课程之一，是一门针对水泥企业化验室岗位群的实用技术课程。

本课程从水泥质量控制技术岗位群的工作过程入手，结合各岗位工作内容、岗位能力要求和职业资格标准，开发相应的项目任务，从中提炼出若干项具有典型意义和涵盖不同技术层次的专业核心技能，使各个实训项目的内容及实训方法与水泥企业化验室的分析检验工作相一致，体现工学结合的课程特色。教材内容按照水泥企业化验室总体认知要求及工作任务分组情况确定由四部分组成：① 概述；② 水泥生产的质量控制；③ 水泥原燃材料、半成品和成品化学成分分析；④ 水泥物理性能检验。本课程教学安排约需 140 个学时，其中理论教学约 60 个学时，实践教学 80 个学时。通过学习本课程使学生掌握水泥物理检验基本知识和水泥化学分析基本知识，具备水泥物理性能检验能力、水泥化学成分测定能力及水泥质量控制能力。

## 0.1 职业工作概貌

水泥厂以多种天然矿物或工业固体废弃物为生产原料，通过大型复杂机械，采用先进中央控制系统，生产所设计的各种品种和规格的水泥。为保证生产正常进行、产出优质合格产品、完成产能目标、使企业获得持续稳定的经济效益，必须建立一个科学合理的组织机构(见图0.1所示)。

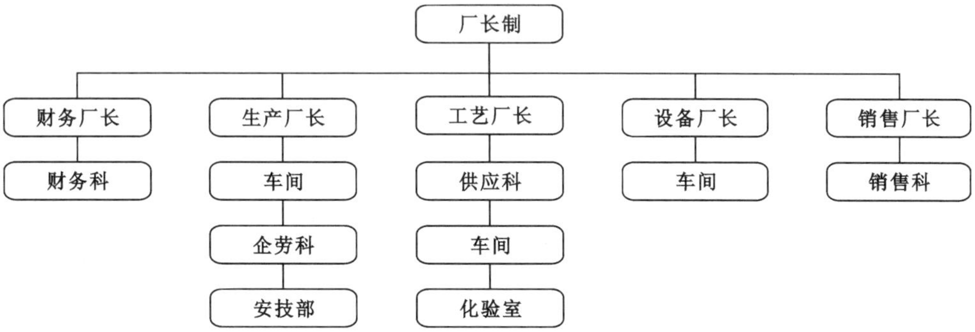


图 0.1　企业厂长负责制的组织结构示意图

企业拥有职工最多的是两大职业岗位群，即水泥制造和水泥质量控制。前者包含若干个生产车间或工段，如矿山车间、生料车间、煅烧车间、制成车间、包装车间、中央控制室等；后者包括质量控制组、化学分析组、物理检验组等，它们均归属于化验室。

### 0.1.1 化验室性质

化验室是水泥企业进行质量管理的专门机构，在企业管理中处于重中之重的位置。按照《水泥企业质量管理规程》的要求，水泥企业应设立以厂长(经理)或管理者代表为首的质量管理组织和符合《水泥企业化验室基本条件》的化验室。厂长(经理)是本企业产品质量的第一责任者。厂长(经理)可以任命管理者代表全权负责质量管理,化验室主任在厂长(经理)或管理者代表直接领导下对产品质量具体负责。

水泥年生产能力60万吨及以上规模的通用水泥企业以及特性水泥、专用水泥生产企业需取得中国建筑材料工业协会颁发的化验室合格证,其他水泥企业需取得各省级政府建材行业主管部门或其授权的各省级建筑材料工业协会颁发的化验室合格证。

化验室工作具有以下特点:

(1) 原则性

原则性是指化验室的质量管理工作要严格贯彻执行国家的质量方针、政策、法规条例、标准及本厂的质量管理制度,做到有法必依、执法必严。不合格的原料、燃料、混合材料等坚决不能使用;为确保出厂水泥的质量,必须严格检验手段并依据检验资料确定水泥等级;检验不合格的水泥不能签发出厂通知单;如发生重大事故,要实事求是地做好善后工作。

(2) 公正性

公正性是指化验室的工作要站在公正立场,对质量管理做出正确的仲裁。在企业内部,化验室与生产车间、车间与车间、生产岗位之间经常发生质量方面的纠纷,化验室在处理这些纠纷时,要严格按照有关规定,依据有效的检验资料,做出正确的公断;当用户或生产岗位对化验资料提出异议时,要虚心听取对方的意见,认真检查内部检验的准确性;化验室在上报质量统计报表时,要实事求是,不虚假瞒报;在申请生产许可证、质量认证和优质产品时,要坚持公正性,如实反映,不弄虚作假。

(3) 权威性

权威性是指化验室的工作在企业质量管理体系中占有重要的地位,获得用户和企业内部各部门的信赖是工作绩效好的标志之一。化验室主任一定要抓好化验室内部的质量管理细则和质量管理制度,提高化验室成员的整体素质,通过在实际生产中加强严格的劳动纪律,培养良好的职业道德、强烈的质量意识、过硬的工作质量和严谨的工作作风,树立起工作的权威性。

化验室的原则性、公正性、权威性是相互关联的有机整体。原则性、公正性是权威性的基础和前提,权威性是化验室各项工作的综合反映。

### 0.1.2 化验室职责与权限

化验室内设控制组、分析组、物检组和质量管理组等,分别负责原燃材料、半成品和成品质量的检验、控制、监督与管理工作。

#### 0.1.2.1 化验室职责

化验室职责主要包括以下几项:

(1) 质量检验。按照有关标准和规定,对原燃材料、半成品、成品质量进行检验和试验。按规定做好质量记录和标识,及时提供准确可靠的检验资料,掌握质量动态,保证必要的可追溯性。

(2) 质量管理。根据产品质量要求,制订原燃材料、半成品和成品的企业内控质量指标,按照《水泥企业质量管理规程》强化过程控制,运用科学的统计技术掌握质量波动规律,不断提高预见性和预防能力,并及时采取纠正、预防措施,使生产全过程处于受控状态。

(3) 产品监督。出厂水泥(熟料)要严格按照国家标准和规定对其质量进行确认,按有关标准和供需双方合同的规定进行交货验收,杜绝不合格品和废品水泥出厂。

（4）质量统计。用正确、科学的数理统计方法，及时进行质量统计并做好分析总结工作及改进工作。

（5）试验研究。根据产品开发和提高产品质量等要求，积极开展科研工作。

0.1.2.2 化验室权限

化验室权限主要包括以下几项：

（1）有权监督、检查生产过程，制止各种违章行为，采取纠正、预防措施及时扭转质量失控状态。

（2）有权参与制订质量方针、质量目标、质量责任制及考核办法。评价各车间（部门）的过程质量，为质量奖惩提供依据，行使质量否决权。

（3）有权越级汇报产品质量情况，提出并坚持正确的管理措施。

（4）有水泥出厂决定权。

企业各级领导不得无理干预化验室的职权，更不能借故打击报复，违者追究责任，严肃处理。

### 0.1.3 化验室任务

（1）制定企业质量管理制度

根据上级下达的质量指标，坚持“质量第一”的方针；根据国家水泥标准和质量管理规程规定的要求，起草本企业的质量管理实施细则和质量管理制度；制订质量控制规划；制订合理的配料方案，确定合理的检验控制项目（包括控制点、检验项目、检验次数及符合国家标准的控制指标等）。

（2）原燃材料及出厂水泥的质量管理和检验

化验室负责原燃材料、半成品和出厂水泥的检验、监督及管理工作，取样要具有代表性，检验必须及时、准确，检验结果要及时通报有关生产岗位和单位，加强工序控制，提高半成品的合格率，确保出厂水泥达到百分之百合格；负责进厂原燃材料、半成品、成品堆场（库）的管理，做好质量调度；坚持预先控制的原则，使生产工序处于受控状态，避免工序质量事故。

（3）检验资料记录和统计

化验室要建立完整的原始记录和分类台账，负责生产岗位质量记录和检验资料的收集统计、分析研究工作，及时报告厂领导及有关部门；做好质量档案的管理工作。

（4）定期检查试剂和仪器

试剂和仪器及试验条件必须符合国家要求。重要仪器、设备要专人管理，并定期校正，建立抽查对比制度。

（5）健全质量管理体系

配合有关部门，推行全面质量管理，贯彻实施 GB/T 19000（等效于 ISO 9000）《质量管理和质量保证体系》系列标准，协调各单位的质量职能部门，建立健全质量体系，保障企业正常运行。

（6）学习先进的检验技术

及时了解国内外检测技术的动态，积极采用先进的检测技术和方法，不断提高检验工作的科学性、准确性、及时性。

（7）研发新产品

围绕提高质量、增加品种，积极开展科学研究，开发、研制新产品。

(8) 做好售后服务

负责水泥质量方面的技术服务，处理质量纠纷问题；配合有关单位做好售后服务工作，定期走访用户，征求对水泥质量的意见，不断提高和改进水泥的性能。

(9) 负责质量认证

负责企业的创优、创名牌及生产许可证、质量认证的申报和管理工作。

(10) 加强内部管理

加强化验室内部的思想建设和组织建设，做好质量教育、质量考核，不断提高检验人员的技术素质和工作质量；正确贯彻检验标准，严格遵守检验制度，最大限度地减少差错，不断提高检验水平。

### 0.1.4　化验室基本条件

0.1.4.1　化验室人员配备

(1) 为确保化验室对生产过程进行管理和对生产质量进行监督，化验室应配备主任、工艺、质量调度、统计及检验等专业技术人员和工人。检验人员数量必须满足检验工作需要，原则上不得低于全厂生产职工总数的4%(最少不得低于12人)。

(2) 水泥熟料生产企业、水泥粉磨站、钢渣水泥厂可根据实际情况配备专职或兼职人员。

(3) 化验室人员要具备以下条件：

主任：具有工程师以上职称或多年从事化验室工作，熟悉水泥生产工艺，具有较丰富的质量管理经验和良好的职业道德，有一定的组织能力，能坚持原则，熟知与本企业有关的各项标准和质量法规。

工艺技术人员：具有初级以上技术职称，具有良好的职业道德，经过专业训练，掌握水泥生产理论知识和检验技术，熟知有关标准和规章制度，坚持原则，认真负责。

检验员：具有高中(或相当于高中)以上文化水平，责任心强，熟知本岗位的操作规程、控制项目、指标范围及检验方法，经专门培训、考核，取得省级以上(含省级)政府建材行业主管部门或其授权的建材行业协会或其授权的质检机构颁发的操作合格证或省劳动与社会保障厅职业技能鉴定中心鉴定颁发的职业技能等级证书。

化验室人员要相对稳定，化验室内业务骨干的调动应征求化验室主任的意见。

0.1.4.2　化验室环境要求

(1) 必须建立满足产品质量检验用的试验室、样品存放室、药品试剂库等。周围环境的粉尘、噪声、振动、电磁辐射等均不得影响检验工作。

(2) 化验室的面积、采光、温度等均应满足检验任务及国家标准规定的要求。化学分析天平及高温设备(高温炉、烘干箱)要与分析实验室隔开。化验室小磨及高压釜应单独放置。

(3) 化验室内的仪器设备应放置合理，操作方便，保证安全。化验室应有通风柜，供排除有害气体用。

(4) 化验室应保持清洁，与化验室无关的物品不准带入。

0.1.4.3　化验室检验设备

(1) 出厂水泥检验以及生产控制所需设备应齐全，其性能应满足有关规定的技术要求，常用的仪器设备应有备用件。

(2) 计量器具应按期检定并有有效的计量检定合格证。检验仪器应按期校准并有有效的校验证书。在用仪器设备的完好率达百分之百。

(3) 化验室的仪器设备要列出仪器设备一览表和计量检定周期，并建立设备档案，档案内容包括名称、规格、型号、生产厂家、出厂日期、出厂合格证、使用说明书及使用过程中检修、检定、校验等记录及证书，并建立仪器设备使用、维修、管理和计量校准制度。

化验室仪器设备的技术要求和检定周期见表 0.1 所示。

**表 0.1 化验室仪器设备的技术要求和检定周期**

| 编号 | 仪器名称 | 技术要求 | 检定周期 |
| --- | --- | --- | --- |
| 1 | 水泥电动抗折试验机 | 示值相对误差 1.0%，使用中±2.0%<br>示值相对变动性小于或等于 1.0%，灵敏度大于或等于 1% | 12 个月 |
| 2 | 行星式水泥胶砂搅拌机 | 间隙范围：叶片与锅底、锅壁的工作间隙 3±1 mm<br>搅拌叶片的转速：低速挡自转 140±5 r/min；公转62±5 r/min<br>高速挡自转 285±10 r/min，公转 125±10 r/min | 12 个月 |
| 3 | 水泥胶砂振动台(一) | 振动频率：46.7～50 Hz(2800～3000 次/min)<br>振幅范围：0.85±0.05 mm(台面中心放上空试模和漏斗时的全波振幅) | 12 个月 |
| 4 | 水泥胶砂振动台(二) | 振动频率：46.7～50 Hz(2800～3000 次/min)<br>振幅范围：0.75±0.02 mm(台面中心放上空试模和漏斗时的全波振幅) | 12 个月 |
| 5 | 水泥胶砂试件成型振实台 | 振实台的振幅：15±0.3 mm<br>振动频率：60 次/(60±2) s<br>台盘装上空试模后包括臂杆、模套和卡具的总质量 20±0.5 kg<br>台盘中心到臂杆轴中心的距离：800±1 mm | 12 个月 |
| 6 | 40 mm×40 mm<br>水泥抗压夹具 | 上、下压板长度：40±0.1 mm<br>上、下压板宽度：>40 mm<br>上、下压板厚度：>10 mm<br>上、下压板与试件整个接触表面的平面公差：0.01 mm<br>上、下压板粗糙度：不低于$\overset{0.1}{\bigtriangledown}$，不高于$\overset{0.8}{\bigtriangledown}$<br>上、下压板自由距离：>45 mm<br>定位销高度：不高于下压板表面 5 mm，间距为 41～55 mm | 6 个月 |
| 7 | 40 mm×62.5 mm<br>水泥抗压夹具 | 上、下压板长度：40±0.1 mm<br>上、下压板宽度：>40 mm<br>上、下压板厚度：>10 mm<br>上、下压板与试件整个接触表面的平面公差：0.01 mm<br>上、下压板粗糙度：不低于$\overset{0.1}{\bigtriangledown}$；不高于$\overset{0.8}{\bigtriangledown}$<br>上、下压板自由距离：>45 mm<br>定位销高度：不高于下压板表面 5 mm，间距为 41～55 mm | 6 个月 |

**续表 0.1**

| 编号 | 仪器名称 | 主要技术要求 | 检定周期 |
|---|---|---|---|
| 8 | 水泥净浆搅拌机 | 搅拌叶与锅壁、锅底间隙:2±1 mm<br>搅拌叶负载公转:62±5 r/min(慢速);125±10 r/min(快速)<br>搅拌叶负载自转:140±10 r/min(慢速);285±20 r/min(快速) | 6个月 |
| 9 | 净浆标准稠度与凝结时间测定仪 | 试杆与试锥,试杆与试针的总质量为300±1 g<br>试锥最大偏离度:<1.5 mm(使用中)<br>试针应垂直,平头截面磨损:≤10% | 12个月 |
| 10 | 水泥安定性试验用沸煮箱 | 沸煮箱绝缘电阻:≥2 MΩ<br>两根电热管总功率:3600~4400 W<br>小功率电热管功率:900~1100 W<br>温控时间:自动升温30±5 min;恒沸180±5 min<br>手动:应具有在任意情况下使大功率电热管开、闭功能 | 12个月 |
| 11 | 水泥安定性试验用雷氏夹 | 雷氏夹弹性值:$\Delta d=d_2-d_1=17.5\pm2.5$ mm,$d_1=d_3$(卸荷后) | 3~6个月 |
| 12 | 雷氏夹膨胀测定仪 | 膨胀值标尺,弹性值标尺刻度相对误差:<±2% | 12个月 |
| 13 | 水泥标准筛 | 用标准粉检定时,新筛修正系数C应在0.80~1.20范围内;使用中的新筛修正系数C也应在0.80~1.20范围内 | 使用3个月或测150个样品后 |
| 14 | 透气法比面积仪 | 对比校验:用标准粉按检验方法标准中的规定进行,检测结果与原仪器采用的标准时间相差不超过2% | — |
| 15 | 秒表 | 精度:0.1 s | 12个月 |
| 16 | 游标卡尺 | 量程:200 mm<br>分度值:0.02 mm | 12个月 |
| 17 | 压力试验机 | 示值相对误差:±1.0%<br>示值相对变动性:1.0<br>示值相对回程误差:1.5% | 12个月 |
| 18 | 分析天平 | 分度值:0.1 mg,最大称量200 g | 12个月 |
| 19 | 电子天平 | 分度值:1 mg,最大称量200 g | 12个月 |
| 20 | 药物架盘天平 | 分度值:2 g,最大称量2000 g | 12个月 |
| 21 | 药物架盘天平 | 分度值:0.1 g,最大称量100 g | 12个月 |
| 22 | 胶砂成型称量用天平 | 分度值:1 g,最大称量1000 g | 12个月 |
| 23 | 高温炉(热电偶) | 使用温度:400~1300 ℃;热电偶精度:10 ℃ | 6个月 |
| 24 | 电热干燥箱(温度计) | 带鼓风设备,最高温度200 ℃,温度计精度1 ℃ | 12个月 |
| 25 | 水泥试件自动控温养护箱 | 温湿度均匀,温度20±1 ℃,相对湿度大于或等于90% | 6个月 |
| 26 | 酸度计 | 测量pH范围为0~14,最小分度为0.02 pH单位 | 12个月 |
| 27 | 分光光度计 | 稳定性:±5% | 12个月 |
| 28 | 水泥胶砂流动度跳桌 | 圆盘跳动落距:10+0.1 mm<br>跳动部分质量:3.45±0.01 kg<br>胶砂流动度标准样:检验流动度在允许范围内 | 12个月 |

**续表 0.1**

| 编号 | 仪器名称 | 主要技术要求 | 检定周期 |
|---|---|---|---|
| 29 | 水泥胶砂试模 | 模腔长度范围:160±0.8 mm<br>模腔宽度范围:40+0.2 mm<br>模腔高度范围:40.1+0.1 mm<br>试模质量:6～6.5 kg | 12 个月 |
| 30 | 下料漏斗 | 白铁皮厚度:0.5 mm<br>下料口宽度:4～5 mm<br>漏斗质量:2.0～2.5 kg | 用前自校 |
| 31 | 定硫仪 | 测试精度:0.10% | 用前自校 |
| 32 | 测氟仪 | 测试精度:0.10% | 用前自校 |
| 33 | 定碳仪 | 测试精度:0.2% | 用前自校 |
| 34 | 超微振动粉碎机 | — | 用前自校 |
| 35 | 化验室统一小磨 | 500 mm×500 mm,48 r/min,球配正确 | — |
| 36 | 混料机 | — | — |
| 37 | 振动筛分机 | — | — |
| 38 | 磁力搅拌器 | — | — |
| 39 | 蒸馏水器 | 5L/h | — |
| 40 | 离子交换器 | — | — |
| 41 | 酒精喷灯 | — | — |
| 42 | 水浴、砂浴 | — | — |
| 43 | 玛瑙研钵 | — | — |
| 44 | 煤工业分析专用器皿 | 挥发分坩埚,灰皿,架 | — |
| 45 | 铂坩埚与银坩埚 | 30 mL | — |
| 46 | 生料发热量测定仪(氧弹热量计) | 0.4% | — |

注:(1) 表中 1～12 项为水泥检验专用仪器,由水泥专用仪器检验校准机构进行校准。
(2) 表中 15～24 为通用计量器具,送有关计量检定机构定期计量检定。
(3) 表中 13～14、25～33 为自校检验器具,按周期自校。
(4) 表中 34～36 为一般检验仪器设备,使用中维护和保养。

### 0.1.5 化验室质量管理制度

按照《水泥企业质量管理规程》要求,企业要制订质量管理实施细则,编制生产过程质量控制图表和原燃材料、半成品、成品的内控质量指标,参照 GB/T 19000(等效于 ISO 9000)族标准编制为保证质量管理体系有效运行所必需的程序文件。化验室作为水泥企业进行质量管理的专门机构,应建立健全内部管理规章制度,主要包括以下内容:

(1) 各组职责范围、岗位责任制和作业指导书。

(2) 质量事故报告制度。

(3) 抽查对比制度(包括与上级对比验证和内部抽查对比)。

① 按照《水泥企业产品质量对比验证检验管理办法》的要求,企业化验室要定期向国家水

泥质量监督检验中心或省级建材(水泥)质量监督检验站寄(送)样品,进行对比验证检验,不断提高检验水平,同时接受质量监督机构的监督,检验结果以质量监督机构的结果为准,凡是无故不按规定寄(送)样品者,对比合格率按零统计。

② 为确保检验资料的准确性和复演性,化验室对各检验岗位人员要组织定期密码抽查和操作考核。

抽查次数为:生产控制岗位每人每月不少于 4 个样品;化学全分析岗位每人每月不少于 2 个样品;单项物理检验岗位每人每月不少于 4 个样品;强度检验岗位每人每月不少于 2 个样品;同一岗位的对比检验(操作)每月进行一次。

③ 必须参加国家或省级建材行业质检机构组织的物理检验和化学分析大对比。检验中所用的基准物质必须是标准样品和标准物质。

④ 水泥及原燃材料质量的各种试验、检验方法要严格执行有关标准。

⑤ 试验允许误差见表 0.2 所示。

**表 0.2　试验允许误差**

| 试验项目 | 允许误差范围 | | 误差类别 |
|---|---|---|---|
| | 同一试验室 | 不同试验室 | |
| 水泥密度 | ±0.02 g/cm³ | ±0.02 g/cm³ | 绝对误差 |
| 水泥比表面积 | ±3.0% | ±5.0% | 相对误差 |
| 水泥细度 | 筛余小于或等于 5.0%的为±0.5%<br>筛余大于 5.0%的为±1.0% | 筛余小于或等于 5.0%的为±1.0%<br>筛余大于 5.0%的为±1.5% | 绝对误差 |
| 标准稠度用水量 | ±3.0% | ±5.0% | 相对误差 |
| 凝结时间 | 初凝:±15 min;终凝:±30 min | 初凝:±20 min;终凝:±45 min | 绝对误差 |
| 抗折强度 | ±7.0% | ±9.0% | 相对误差 |
| 抗压强度 | ±5.0% | ±7.0% | 相对误差 |
| 水化热 | ±10 J/g | ±15 J/g | 绝对误差 |
| 白度 | ±0.5% | ±1.5% | |
| 不溶物 | ±0.10% | ±0.10% | |
| 水泥烧失量 | ±0.15% | ±0.30% | |
| 水泥中的三氧化硫 | ±0.15% | ±0.20% | |
| 水泥(熟料)中的氧化镁 | ±0.20% | ±0.30% | |
| 稠化时间 | ±4 min | ±5 min | |
| 胶砂流动度 | ±5 mm | ±8 mm | |
| 生料细度 | ±1.0% | | |
| 生料水分(湿法) | ±0.5% | | |
| 生料碳酸钙(氧化钙) | ±0.3%(±0.25%) | | 绝对误差<br>(简易分析) |
| 生料氧化铁 | ±0.15% | | 绝对误差 |
| 立窑全黑生料发热量 | ±0.4% | | 相对误差 |

(4) 检验和试验仪器设备、化学试剂的管理制度：

必须按照《水泥企业化验室基本条件》所规定的要求，配置齐全各种仪器设备，并符合有关技术标准。指导和执行仪器的检定、校验制度；建立仪器设备档案。校验用的化学试剂应验证生产企业的名称、产品等级、执行标准及生产许可证的编号，严禁使用不符合要求的化学试剂。

(5) 标准溶液专人管理和复标制度。

(6) 水泥用标准砂管理制度。

(7) 文件管理制度。

(8) 样品管理制度。

(9) 人员培训和考核制度：

每年要制订检验人员培训与考核计划，并且按计划实施，以不断提高检验人员的质量意识和检验技术。考核成绩应作为检验人员技术素质评价的依据。连续两次考核不合格者，应调离质量检验岗位。

(10) 检验的原始记录、台账与检验报告填写、编制、审核制度：

① 按照《档案法》的要求，检验的原始记录表和台账最好使用统一表格；要有完整的检验原始记录和分类台账，并且按月装订成册。原始记录册专人保管，保存三年；分类台账应存放技术档案室长期保存。

② 填写原始记录和分类台账必须清晰整齐，不得任意涂改。如有填错或笔误时，应在该数据的中央划两条横杠，在其上方填写更正的内容并加盖修改人的印章。重要检验记录如出厂水泥检验记录的更正要有化验室主任的签字。

③ 每月对质量检验资料进行整理、分析和小结，全年进行一次专题总结。

④ 质量月报于每月 10 日前、年报于次年 2 月 10 日前报相应的管理部门，同时抄报与之进行对比验证的质检机构。

## 0.2 质量管理基础知识

### 0.2.1 质量的基本概念

物理学中的质量是指物体含有物质的多少。质量不随物体形状、状态、空间位置和温度的改变而改变，是物体的基本属性，通常用 $m$ 表示。在国际单位制中质量的单位是千克(kilogram)，即 kg。

工程术语中的质量是指产品或服务的总体特征和特性，基于此能力来满足明确或隐含的需要。

经济学中的质量是指物品的有用性、适用性，即质量是指商品的使用价值。

管理学中，管理学家认为质量包括三方面的含义：性能、适用性和满意程度。性能是指天然固有的特性；适用性是指客观特性相对于人类主观需要的适用程度；满意程度是指在最终结果方面对要求的满足程度。

现实生活中，人们往往认为质量就是产品或工作的优劣程度。质量优良的物品，一定实用、好用、耐用且美观大方；质量好的工作，一定会让领导、同行或其他相关人员满意，一定满足规定要求。

现代关于质量的概念包括对社会性、经济性和系统性三方面的认识。

(1) 质量的社会性：质量的好坏不仅是从直接的用户，更是从整个社会的角度来评价，尤其关系到生产安全、环境污染、生态平衡等问题时更是如此。

(2) 质量的经济性：质量不仅从某些技术指标来考虑，还从制造成本、价格、使用价值和消耗等几方面来综合评价。在确定质量水平或目标时，不能脱离社会的条件和需要，不能单纯追求技术上的先进性，还应考虑使用上的经济合理性，使质量和价格达到合理的平衡。

(3) 质量的系统性：质量是一个受设计、制造、使用等因素影响的复杂系统。例如，汽车是一个复杂的机械系统，同时又是涉及道路、司机、乘客、货物、交通制度等的使用系统。产品的质量应该达到多维评价的目标。费根堡姆认为，质量系统是指具有确定质量标准的产品和为交付使用所必需的管理上和技术上的步骤的网络。

综上所述，质量是指"反映实体满足明确或隐喻需要的能力特性的总和"。或者是"一组固有特性满足要求的程度"。

### 0.2.2 "特性"与"固有特性"

"特性"是指可区分的特征，其中包括物理的、功能的、感官的、生理的、行为的、时间的等各种类型的特性。特性可以是固有的或被赋予的，也可以是定性的或定量的。"固有特性"是指在某事或某物中本来就有的、天然存在的、永久的特性。

物质产品的质量特性主要包括性能(如内在质量特性、外观质量特性)、适用性(如功能、使用条件)、可信性(如可靠性、维修性、维修保障性)和时间(如产品的使用寿命)。

软件产品的质量特性除以上所述外，还要求具有保密性和可移植性。

服务的质量特性除服务的功能、安全性、时间外，还特别强调服务提供的文明程度、服务接受者的舒适程度和满意程度。

过程的质量特性存在于具体的开发、设计、生产、制造、销售、服务等活动之中，各项活动的质量特性决定过程的质量特性。

体系的质量特性存在于体系的资源构成、技术水平、组织结构、人员职责等各项要素之中。体系的质量特性中最重要的是体系的运行效率和体系的保证能力。

### 0.2.3 "满足要求的程度"

"满足要求的程度"是指在满足规定的要求和预期的使用目的方面的客观情况，是固有特性的客观表现或反映，而不是人们的主观评价。

质量本身既不表示人们在主观比较意义上所做的优良程度评价、在定量意义上所做的技术水平评价、在效果意义上所做的适用性能评价，也不表示人们的主观质量要求。当人们对质量进行主观评价或提出主观要求时，通常使用"合格"、"不合格"、"等级"、"顾客满意"等术语。要准确把握"质量"的概念，必须认识"质量"与这些术语的联系与区别。

"合格"是指"满足要求"；"不合格"是指"未满足要求"。由于"要求"包括企业的技术标准或规范，国家的法律、法规、规章和强制性标准，顾客和相关方的要求或期望，其中顾客要求又是最重要的，因此，判定产品质量是否合格的主要不是生产厂家，而是顾客或被顾客认可的独立的质量检验机构。"质量"本身是指一种客观状态，"合格"或者"不合格"则是指顾客或市场对质量的判断。

"等级"是指对功能用途相同但质量要求不同的产品、过程或体系所做的分类或分级。"等级"的含义是:为了适应市场不同的需要,对同类产品规定不同级别的质量要求。等级高的产品在性能、适用性、顾客满意等方面并不一定比等级低的产品好;不同等级的产品不能在质量上进行比较,只能在同一等级上进行比较。

总之,要正确理解质量的定义必须把握以下要点:

(1) 明示的要求是指按照标准、规范、图样、技术要求、合同等文件明确规定的要求。明示的要求特别强调技术要求、市场要求和社会要求,在法律法规有明确规定或有关产品、服务、项目合同有明确规定的情况下,"要求"应以文件的形式明确地加以规定。

(2) 通常隐含的需求或期望包括两层含义:一是顾客和其他相关方在现有条件下的合理的"需求或期望";二是人们公认的、无需明确规定的"需求或期望",包括通行的惯例和做法。需求是指人的需要或要求,通常可以用语言明确地表示出来,也可以形成具有确定含义的文件。期望是指人的期待和盼望,通常是比较模糊的意愿,可以用语言大致地描述,但难以用文字确切地表示,也无法形成具有确定含义的文件。

(3) 必须履行的要求是指法律法规规定必须履行的有关健康、安全、环境、能源、自然资源、社会保障等方面的要求。

### 0.2.4 质量的地位与作用

现代社会,"质量"二字已深入到人们日常生活的各个方面,质量对国民经济和社会发展以及人们的生活产生了深远影响。日本工业之所以在二战后能很快地从战争的废墟中重振雄风,其发展速度令人瞠目结舌,很大的一个原因是日本的企业界非常重视产品的质量。随着市场竞争的加剧,质量越来越被消费者和企业重视。21 世纪是质量世纪。质量不仅关系到消费者的利益,更是企业的生命线。

(1) 质量是人们生活的保障

产品质量与人们的工作和生活息息相关。在生活上,人们希望居住宽敞舒适的房屋,使用经济实惠、可靠耐用的生活用品,得到热情周到的服务;在工作上,人们希望得到方便加工的原材料,精密可靠的仪器仪表,操作方便的机器设备,安全文明的生产环境……这些都反映出人们对质量的要求,可以形象地把质量比作人们在现代社会赖以生存的大坝,生活在江河堤坝背后的人们,依赖着结实牢固的大堤做保护,才能安居乐业。

(2) 质量是企业生存和发展的保障

现代社会,竞争无处不在、无处不有,凡是有战略眼光的企业家,一定会把质量看做是企业的生命,并将其贯穿于企业的生产经营活动之中。随着人们生活水平的日益提高,对产品质量的要求也越来越高,企业的产品能否满足市场的需求,已成为企业生存、发展的关键。有好的产品,企业才能生存和发展,才能有立足之地。

(3) 质量是一个国家科技水平和经济水平的综合反映

产品质量的高低是一个国家经济水平和科技水平的体现。高质量的产品需要设计、制造等一系列的过程,如果技术水平不高,是无法保证生产出优质产品的。在竞争激烈的全球经济中,没有高质量的商品,就会直接影响这个国家的经济竞争力,进而影响这个国家的竞争实力。

### 0.2.5 质量管理与 ISO 9000 族标准

#### 0.2.5.1 质量管理概念

质量管理是指在质量方面进行的一种有目的、有计划、有组织的活动，即在质量方面的指挥和控制活动，通常包括制订质量方针和质量目标以及质量策划、质量控制、质量保证和质量改进。

#### 0.2.5.2 质量管理原则

(1) 以顾客为关注焦点；

(2) 领导作用；

(3) 全员参与；

(4) 过程方法；

(5) 管理的系统方法；

(6) 持续改进；

(7) 基于事实的决策方法；

(8) 与供方互利的关系。

#### 0.2.5.3 质量管理的发展过程

(1) 质量检验阶段

20 世纪前，产品质量主要依靠操作者本人的技艺水平和经验来保证，属于“操作者的质量管理”。20 世纪初，以 F. W. 泰勒为代表的科学管理理论的产生，促使产品的质量检验从加工制造中分离出来，质量管理的职能由操作者转移给工长，是“工长的质量管理”。随着企业生产规模的扩大和产品复杂程度的提高，产品有了技术标准(技术条件)，公差制度也日趋完善，各种检验工具和检验技术也随之发展，大多数企业开始设置检验部门，有的直属于厂长领导，这时是“检验员的质量管理”。上述几种做法都属于事后检验的质量管理方式。

(2) 统计质量控制阶段

1924 年，美国数理统计学家 W. A. 休哈特提出控制和预防缺陷的概念。他运用数理统计的原理提出在生产过程中控制产品质量的“6σ”法，绘制出第一张控制图并建立了一套统计卡片。与此同时，美国贝尔研究所提出关于抽样检验的概念及其实施方案，成为运用数理统计理论解决质量问题的先驱，但当时并未被普遍接受。以数理统计理论为基础的统计质量控制的推广应用始自第二次世界大战。由于事后检验无法控制武器弹药的质量，美国国防部决定把数理统计法用于质量管理，并由标准协会制定有关数理统计方法应用于质量管理方面的规划，并且成立了专门委员会，于 1941—1942 年先后公布一批美国战时的质量管理标准。

(3) 全面质量管理阶段

20 世纪 50 年代以来，随着生产力的迅速发展和科学技术的日新月异，人们对产品的质量从注重产品的一般性能发展为注重产品的耐用性、可靠性、安全性、维修性和经济性等。在生产技术和企业管理中要求运用系统的观点来研究质量问题。在管理理论上也有新的发展，突出重视人的因素，强调依靠企业全体人员的努力来保证质量。此外，随着“保护消费者利益”运动的兴起，企业之间市场竞争越来越激烈。在这种情况下，美国 A. V. 费根鲍姆于 60 年代初提出全面质量管理的概念。他提出，全面质量管理是“为了能够在最经济的水平上，考虑到充分满足顾客要求的条件下进行生产和提供服务，并把企业各部门在研制质量、维持质量和提高质量方面的活动构成为一体的一种有效体系”。中国自 1978 年开始推行全面质量管理，并取得了一定成效。

(4) 质量保证阶段

全面质量管理是针对企业内部的管理，它有助于提高企业的产品质量和竞争力。但是全面质量管理并没有增加和改变企业原有的质量责任，顾客也不可能在选择和采购商品时直接了解到企业全面质量管理的水平。在市场上，顾客最需要的是对产品质量的保证，基于此，20 世纪 80 年代，提出了质量保证。

质量保证的关键是向顾客及公众做出质量承诺，保证为顾客提供符合规定的质量要求的产品或服务。质量保证的形式一般是通过质量保证文件，比如生产厂家的产品质量合格证书、权威检验机构的检验合格报告、质量认证机构的质量认证书等，规定企业为顾客提供产品或服务的质量和责任，从而使该产品及其生产企业取得顾客的信任，赢得市场，获得质量效益，同时也使顾客得到质量可靠的产品，使消费者的合法权益得到保障。

0.2.5.4 ISO 9000 族标准

(1) ISO 9000 族标准的产生及其必然性

ISO 是国际标准化组织(International Organization for Standardization)的简称，它和 IEC(国际电工委员会)是当今世界上两个最大的国际标准化机构。

为了适应世界经济和国际贸易发展的需求，确保消费者的利益，国际标准化组织(ISO)根据英国 BSI 的提议，于 1979 年成立 ISO/TC176“质量管理和质量保证技术委员会”，其目标是制定一套质量管理和质量保证国际标准。经过 7 年的努力，国际标准化组织(ISO)于 1986 年完成了《质量管理和质量保证》(ISO 9000—9004)系列标准，并于 1987 年 3 月正式发布。

1994 年 ISO/TC 176 完成了对 1987 版 ISO 9000 系列中的 6 项标准的修订(即第一阶段的修订工作)，发布了 1994 版的 6 项国家标准和 10 项指南性国际标准。后来，1994 版 ISO 9000 族标准已发展到 27 项标准和技术报告，但实际上只有少数几项标准得到广泛应用。ISO/TC 176根据对标准使用者的调查情况，制定了 2000 版 ISO 9000 族标准。在 2000 版 ISO 9000族标准中，只包括 ISO 9000、ISO 9001、ISO 9004、ISO 9011 四个核心标准。

所谓 ISO 9000 族标准，是指由 ISO/TC176 制定的所有国际标准。

① 产品质量责任引起对质量管理体系的需要

随着现代科学技术的发展，新产品不断涌现，产品的复杂程度越来越高，产品质量责任也越来越大。对于技术含量高、制造工序多、参与设计或制造的前段时间或个人多的产品，消费者是无法凭自己的知识经验判断其质量状况的，在这种情况下，人们迫切需要对产品质量责任做进一步规定。

产品质量责任是指产品在生产、安装、销售、服务等方面存在缺陷，并由此造成消费者、使用者或第三方的人身伤害或财产损失，由负有责任的侵害人如该产品的设计者、生产者、销售者、供应者、安装者、服务者等对受害人承担的一种赔偿责任。20 世纪 70 年代以来，许多国家开始制定产品质量责任法，这些法律虽然有效地解决了产品质量责任的归责和赔偿问题，但并没有减少人们对产品质量的担心，反而进一步导致人们对质量管理的关注。

在现代工业社会中，与健康、安全有关的产品以及对可靠性要求高的产品，人们对其质量的关注绝不是渴望得到因质量事故带来的赔偿，而是关心怎样稳定可靠地确保产品质量符合要求。产品质量形成于产品的设计、采购、制造、运输、安装、服务活动的全过程，如果企业的生产体系不完善，技术、组织和管理措施不协调，即使产品标准再好，也很难保证产品质量始终满足规定的要求。因此，无论是消费者还是生产者，从产品质量责任的重要性出发，都希望建立一套质量管理体系，对产品形成的全过程进行有效控制，以保证产品质量稳定可靠。

② 国家贸易要求引起对质量管理体系标准的需要

在国际贸易中，产品质量从来都是交易的重要条件。对进出口商品质量进行控制的基本手段是根据产品标准进行商品检验。但是，仅靠商品检验并不能完全满足国际贸易中对质量保证的需要，因为商品检验只能在一定程度上保证该批产品的质量，不能保证以后各批产品的质量，一旦长期多批订货出现质量问题，将造成停工、延误交货等经济损失。因此，顾客在订购商品前，除了要对供方的产品进行检验外，还需要对供方的生产体系进行考察，直至确认该体系运行可靠，才能与供方订立长期的大量采购合同。随着国际贸易的增加，对生产体系进行评价的活动不断增多，于是，产生了建立国际统一的评价企业质量保证能力的质量管理体系标准的需要。

(2) ISO 9000 族标准的推广

加入 WTO 后，我们必须特别注意各个成员国有可能会使用一些技术性贸易措施来干预对外贸易，它对国际贸易的制约和阻碍使世贸组织成员之间仍会存在歧视和不公平竞争。很多西方发达国家和地区都先后提出，凡没有取得由其认可的 ISO 9000 认证合格证书的企业，其产品不得进入他们的经济贸易区域和国家，因此 ISO 9000 证书成为进入国际市场的“通行证”，这一标准在当今国际贸易中已成为惯例并获 WTO 认可。另一方面，随着各国环保标准的日趋严格，国际贸易中的环境保护已成为强制性标准和技术法规，推行 ISO 14000 环境系列标准符合 WTO《贸易技术壁垒协定》中关于环境的技术法规和标准要求。除了 ISO 9000 管理体系认证外，西方发达国家还开始采用电信通信业标准（TL 9000）、汽车行业标准（QS 9000）、职业安全与卫生管理标准（OHSAS 18000）、社会责任管理标准（SA 8000）等国际标准。这些国际标准一方面是为了保护本国人员、动植物、环境，但另一方面也是出于贸易政策的需要，在客观上阻碍了我国产品进入欧盟和北美等西方市场。由于 WTO/TBT 协定中规定对于涉及安全、健康、环境和国防安全的产品，政府可用“有限干预原则”实行强制性认证。因此，我国的出口企业要想进入西方国家市场，就必须要突破上述技术壁垒，而要突破壁垒，就必须通过贯彻实施 ISO 9000、ISO 14000 等国际质量标准，拥有一个健全的、运行有效的、可以让贸易伙伴信赖的管理体系。

ISO 9000 族标准是一种高度抽象的质量管理体系工具，它应用于各行业时需要与该行业的具体特点和要求相结合。为了便于实现这种结合，一些行业组织提出了质量管理体系标准在本行业应用的指南，还有一些组织应用 ISO 9000 族标准的思想方法提出了本行业或专业领域的管理体系标准。这些都是 ISO 9000 族标准在不同领域的展开和推广，或者是在借鉴 ISO 9000族成功经验基础上的管理体系创新。

ISO 9000 族质量管理体系标准的修订和发展最突出地表现在建立和实施质量管理体系的必要性方面：

① ISO 9000—1987 版标准体现系统化管理思想。ISO 9000—1987 版标准引言中指出：大多数组织如工业的、商业的、政府的都希望提供的产品或服务满足顾客的需要或要求，这样的要求通常由规范来体现。如果规范或设计及提供产品或服务的组织体系不完善，那么技术规范本身就不可能保证顾客的要求始终得到满足，因此，促成了质量体系标准和指南的产生，

作为对技术规范中有关产品或服务要求的补充。ISO 9000—1987版标准关于建立和实施质量管理体系必要性的逻辑是：为了保证产品质量，不仅需要明确产品技术要求，还需要建立质量管理体系，进行系统化管理；通过实施质量管理体系，使产品质量稳定地得到保证。

② ISO 9000—1994版标准体现市场竞争思想。ISO 9000—1994版标准在保留ISO 9000—1987版标准所体现的系统化管理思想外，增加了关于竞争的思想。全球竞争的加剧已经导致顾客对质量的期望越来越高，为了竞争和保持良好的经济效益，组织（供方）需要使用更加行之有效的体系，这样的体系应促进持续的质量改进并不断提高顾客和其他受益者的满意程度。ISO 9000—1994版标准关于建立和实施质量管理体系必要性的新理由是：ISO 9000族质量管理和质量保证体系标准有助于企业加强管理，促进持续的质量改进，提高顾客和其他相关方的满意程度。企业为了在激烈的市场竞争中获胜，就必须建立ISO 9000族质量管理和质量保证体系。

③ ISO 9000—2000版标准体现顾客满意思想。ISO 9000—2000版标准中第2.1条关于"质量管理体系的理论说明"指出："质量管理体系能够帮助组织增强满意"。顾客要求产品具有满足其需求和期望的特性，这些需求和期望在产品规范中表述，并集中归结为顾客要求。顾客要求可以由顾客以合同方式规定或由组织自己规定。在任一情况下，产品是否可接受最终由顾客决定。因为顾客的要求和期望是不断变化的，再加上竞争的压力和技术的发展，这些都促使组织持续地改进产品和进程。ISO 9000—2000版标准在关于建立和实施质量管理体系的必要性方面，比1987版和1994版标准前进了一大步。首先，明确指出产品质量的本质是顾客要求，改变了过去人们对质量直接的注意力主要集中在工程师规定的产品性能参数方面的局限，从而使保证产品质量直接与满足顾客要求相联系；其次，明确指出竞争和在产品及过程方面的改进从根本上是为了满足不断变化的顾客需求和期望，这就排除了纯商业利益方面的恶意竞争或不正当竞争，从而使提高竞争力的所有改进措施都致力于满足顾客要求；最后，明确指出建立和实施质量管理体系的根本目的是增强顾客满意度。

(3) ISO 9000族标准的特点

ISO 9000族标准有如下几方面的特点：

① 编制该标准系列的目的在于提供指导。

② 在合同中，质量保证模式标准是对技术规范的补充。

③ 可用于质量管理体系情况和所有产品类别。

④ 强调了以预防为主和全面质量改进。

⑤ 提供了不同模式，可广泛、灵活地应用。

#### 0.2.5.5 质量管理与质量控制的意义

质量管理即确定质量方针、目标和职责，并在质量管理体系中通过诸如质量策划、质量控制、质量保证和质量改进，使其实施的所有活动；质量控制即为达到质量要求所采取的作业技术和活动。实施质量管理和质量控制的意义如下：

(1) 整合组织中的智能与力量，灵活地运用组织系统，促进企业（组织）内人、事、物的质量改善，全面提高各部门的管理水平。

(2) 监视过程并排除质量环节中所有阶段导致不满意的原因，预防不合格产品和不合格事项的发生，将不合格产品和不合格事项消灭在产出之前，从而使生产出来的产品都是合格品。

(3) 使生产出来的产品（或提供的服务）满足规定的需要和用途，满足顾客对产品质量的要求和期望。

(4) 用最经济的手段提供满意的产品,并使企业获得良好的盈利。

## 0.3　分析检验工作中的误差及数据处理

在分析检验中,由于受到分析方法、仪器、试剂和人的主观条件等方面的限制,使测得的结果不可能和真实值完全一致。一位很熟练的分析工作者,用最好的仪器,对同一样品进行多次测定,其结果也不会完全一致。所以,在进行分析检验时,不仅要得到被测组分的含量,而且必须对分析结果进行评价,分析测定结果的准确性,检查误差的来源,采取有效的措施,从而使分析结果达到较高的准确度。

### 0.3.1　分析检验中的误差

#### 0.3.1.1　误差的种类及产生原因

分析结果与真实值之间的差值称为误差。它有正负之分,分析结果大于真实值,误差为正;分析结果小于真实值,误差为负。

误差可按其性质与产生原因分为系统误差和偶然误差两类。

(1) 系统误差

系统误差又称可测误差,它是由某些固定的因素造成的,对测得结果的影响比较固定,使分析结果系统地偏高或偏低。在同一条件下,重复测定时,会重复出现。系统误差具有单向性,其大小、正负可预先估计。

系统误差又可根据其产生原因分为:

① 方法误差:它是由分析方法本身所造成的。例如,在质量分析法中,由于沉淀的溶解、共沉淀现象、灼烧时沉淀的分解或挥发等因素,都会导致分析结果系统地偏高或偏低。

② 仪器误差:它是由仪器本身不够精确或未经校正引起的。例如,天平、容量器皿,仪表刻度不准确,砝码质量未经校正,坩埚灼烧后失重,试剂的质量不符合要求等,都会产生系统误差。

③ 试剂误差:它是由于使用的试剂纯度未满足要求或蒸馏水中含有微量杂质所引起的误差。

④ 操作误差:它是指在正常操作情况下,操作者掌握操作规程与控制操作条件稍有出入而造成的误差。例如,分析工作者在称取试样时未注意防止试样的吸湿;洗涤沉淀时洗涤过分或不充分;灼烧沉淀时温度过高或过低;称量沉淀时坩埚及沉淀未完全冷却;在滴定分析中对滴定终点的颜色判断不准确;读取滴定管刻度值时偏高或偏低等。

系统误差的出现是必然的,但可用各种办法加以校正,使系统误差接近消除。

(2) 偶然误差

偶然误差又称不可测误差,它是由一些偶然因素引起的。例如,测定时气温、气压、湿度、仪器的微小变化等,这些不可避免的偶然因素,都能使分析结果在一定范围内波动而引起误差。这种误差是由一些不确定的因素造成的,因而它是可变的,正负大小难以预测,在分析操作中也是不可避免的。但只要进行多次测定,便会发现数据的分布符合一般的统计规律,其主要特点为:

① 绝对值相近的正、负误差出现的概率相等。

② 小误差出现的概率大,大误差出现的概率小,特别大的误差出现的概率非常小。

偶然误差的这种规律性，可用图 0.2 中的曲线表示（即误差的正态分布曲线）。

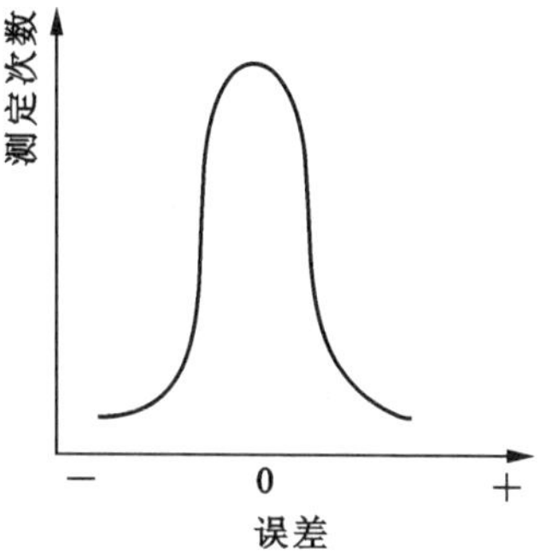


图 0.2 误差的正态分布曲线

由上述规律可以得出，随着测定次数的增加，多次测定结果的平均值更接近于真实值。实验表明，测定的次数不多时，偶然误差随测定次数的增加而迅速减小；当测定多于 10 次以上时，误差减小到不很显著的数值。但是，从时间和经济效益考虑，次数越多，不仅费时间，而且消耗试剂多。所以，在准确度要求许可的范围内，应尽可能减少测定次数。

0.3.1.2 *误差的表示方法*

(1) 准确度和误差

误差是指分析结果和真实值之间的差值，而准确度则表示分析结果与真实值相接近的程度。因此，分析过程中的误差越小，则说明分析结果的准确度就越高；反之，误差越大，准确度越低。所以，误差的大小是衡量准确度高低的尺度。

误差的表示方法有绝对误差和相对误差。

$$\text{绝对误差 } E = \text{个别测得值} - \text{真实值}$$

$$\text{相对误差 } R_E = \frac{\text{个别测得值} - \text{真实值}}{\text{真实值}} \times 100\% = \frac{\text{绝对误差}}{\text{真实值}} \times 100\%$$

**【例 0.1】** 某硅酸盐样品中 $SiO_2$ 的真实含量为 37.34%，测得结果为 37.30%，求测得的绝对误差和相对误差。

**【解】**

$$\text{绝对误差 } E = 37.30\% - 37.34\% = -0.04\%$$

$$\text{相对误差 } R_E = \frac{-0.04\%}{37.34\%} \times 100\% = -0.11\%$$

应注意的是，在绝对误差和相对误差的运算中是有正、负值的。正值表示分析结果偏高，负值表示分析结果偏低。

绝对误差和相对误差的计算都必须先知真实值的大小，但是，在一般情况下，真实值是不知道的，因此，常用偏差代替误差。

(2) 精密度与偏差

精密度是指在相同条件下，对同一试样多次重复测定时，所得各次分析结果互相接近的程度。精密度通常用偏差的大小来表示。偏差越小、精密度越高，即偏差的大小是衡量精密度高低的尺度。偏差值为个别测得值与各次分析结果平均值的差。

① 绝对偏差和相对偏差

$$\text{绝对偏差 } d = \text{个别测得值} - \text{测得平均值}$$

$$\text{相对偏差 } R_d = \frac{\text{绝对偏差}}{\text{平均值}} \times 100\%$$

② 算术平均偏差和相对平均偏差

在对同一试样进行多次测定，所得结果为：$x_1, x_2, \cdots, x_n$，那么它们的算术平均值表示为：

$$\bar{x} = \frac{x_1 + x_2 + \cdots + x_n}{n}$$

算术平均偏差：

$$\overline{d}=\frac{|x_1-\overline{x}|+|x_2-\overline{x}|+\cdots+|x_n-\overline{x}|}{n}$$

$$相对平均偏差=\frac{\overline{d}}{\overline{x}}\times 100\%$$

**【例 0.2】** 电动抗折机测得三块试体抗折强度为 5.21、5.63、5.72 MPa，求此组试体抗折强度的算术平均偏差和相对平均偏差。

**【解】** 该组试体的抗折强度算术平均值为：

$$\overline{x}=\frac{5.21+5.63+5.72}{3}=5.52\ \text{MPa}$$

算术平均偏差为：

$$\overline{d}=\frac{|5.21-5.52|+|5.63-5.52|+|5.72-5.52|}{3}=0.21\ \text{MPa}$$

$$相对平均偏差=\frac{0.21}{5.52}\times 100\%=3.8\%$$

③ 标准偏差和相对偏差

标准偏差又称均方根偏差，用 $S$ 表示，当测定次数不多($n<20$)时

$$S=\sqrt{\frac{\sum d^2}{n-1}}=\sqrt{\frac{(x_1-\overline{x})^2+(x_2-\overline{x})^2+\cdots+(x_n-\overline{x})^2}{n-1}}$$

当 $n\geqslant 20$ 时，则分母 $n-1$ 可用 $n$ 代替。

若测定所得数据的分散程度较大时，仅从平均偏差还不能看出精密度的好坏，而标准偏差不仅避免了单次测量偏差相加时正负相互抵消，更重要的是使偏差更显著地表现出来，它能更好地说明数据的分散程度，或者说，能更好地衡量精密度的好坏。

标准偏差占平均值的百分率称相对标准偏差，又称变动系数。

$$相对标准偏差=\frac{S}{\overline{x}}\times 100\%$$

**【例 0.3】** 某水泥厂五月份出了 10 个编号的 325# 矿渣水泥，28 d 抗压强度为：37.3、35.0、38.4、35.8、36.7、37.4、38.1、37.8、36.2、34.8 MPa，求月标准偏差为多少？

**【解】**

$$\overline{x}=\frac{37.3+35.0+38.4+35.8+36.7+37.4+38.1+37.8+36.2+34.8}{10}=36.8\ \text{MPa}$$

$x-\overline{x}$，$(x-\overline{x})^2$ 由下表计算出：

| | $x_1$ | $x_2$ | $x_3$ | $x_4$ | $x_5$ | $x_6$ | $x_7$ | $x_8$ | $x_9$ | $x_{10}$ |
|---|---|---|---|---|---|---|---|---|---|---|
| | 37.3 | 35.0 | 38.4 | 35.8 | 36.7 | 37.4 | 38.1 | 37.8 | 36.2 | 34.8 |
| $x-\overline{x}$ | 0.5 | −1.8 | 1.6 | −1.0 | −0.1 | 0.6 | 1.3 | 1.0 | −0.6 | −2.0 |
| $(x-\overline{x})^2$ | 0.25 | 3.24 | 2.56 | 1.00 | 0.01 | 0.36 | 1.69 | 1.00 | 0.36 | 4.00 |

月标准偏差为：

$$S=\sqrt{\frac{0.25+3.24+2.56+1.00+0.01+0.36+1.69+1.00+0.36+4.00}{9}}=1.27\ \text{MPa}$$

(3) 准确度和精密度

从以上讨论可知，定量分析的结果都存在系统误差和偶然误差。系统误差影响分析结果的准确度，偶然误差影响分析结果的精密度。精密度并不能说明测定值和真实值之间的关系，它只能表示测定结果的重复性，准确度高才能说明测定结果的正确，但精密度高不一定准确度高，因为这时可能有较大的误差系统。因此，只有在消除了系统误差以后，精密度高的分析结果才是既准确又精密的。

从以上分析可以看出，准确度高一定需要精密度好，但精密度好不一定准确度高。

精密度是保证准确度的先决条件，只有在精密度比较高的前提下，才能保证分析结果的可靠性。若精密度很低，说明所测结果不可靠，虽然由于次数多可能使正负偏差相互抵消，但已失去衡量准确度的前提。对于一个合乎要求的分析测定结果，应同时有较高的精密度和准确度。因此，应将分析中的系统误差和偶然误差综合起来考虑，以提高分析结果的准确度。

(4) 公差

误差与偏差具有不同的含义，前者以真实含量为标准，后者以多次测定值的平均结果为标准。但是由于真实值无法知道，人们只能通过多次反复测定得到一个真实含量的平均结果，用这个平均值代替真实值计算误差，显然这样计算出来的误差还是偏差。因此，在生产部门，并不强调误差与偏差两个概念的区别，而是用"公差"范围表明对于分析结果的允许误差范围。如果分析结果超出允许的公差范围，称为"超差"。遇到这种情况，该项分析应重做。

在 GB/T 176—2008《水泥化学分析方法》中，将允许误差改为"重复性限"和"再现性限"。"限"意指限量。

① 重复性条件：在同一实验室，由同一操作员使用相同的设备，按相同的测试方法，在短时间内对同一被测试对象进行独立测试的条件。

② 再现性条件：在不同的实验室，由不同的操作员使用不同设备，按相同的测试方法，对同一被测对象进行独立测试的条件。

③ 重复性限：一个数值，在重复性条件下，两个测试结果的绝对差小于或等于此数的概率为 95%。

④ 再现性限：一个数值，在再现性条件下，两个测试结果的绝对差小于或等于此数的概率为 95%。

GB/T 176— 2008《水泥化学分析方法》规定的重复性限和再现性限为绝对偏差，以质量分数表示。详见表 0.3。

**表 0.3 化学分析方法测定结果的重复性限和再现性限**

| 成 分 | 测定方法 | 含量范围(%) | 重复性限(%) | 再现性限(%) |
|---|---|---|---|---|
| 烧失量 | 灼烧差减法 | | 0.15 | 0.25 |
| 不溶物 | 盐酸-氢氧化钠处理 | ≤3<br>>3 | 0.1<br>0.15 | 0.1<br>0.2 |
| 三氧化硫(基准法) | 硫酸钡重量法 | | 0.15 | 0.2 |
| 二氧化硅(基准法) | 氯化铵重量法 | | 0.15 | 0.2 |
| 三氧化二铁(基准法) | EDTA 直接滴定法 | | 0.15 | 0.2 |
| 三氧化二铝(基准法) | EDTA 直接滴定法 | | 0.20 | 0.30 |

续表 0.3

| 成　分 | 测定方法 | 含量范围(%) | 重复性限(%) | 再现性限(%) |
|---|---|---|---|---|
| 氧化钙(基准法) | EDTA 滴定法 | | 0.25 | 0.40 |
| 氧化镁(基准法) | 原子吸收光谱法 | | 0.15 | 0.25 |
| 二氧化钛 | 二胺替比林甲烷分光光度法 | | 0.05 | 0.10 |
| 氧化钾(基准法) | 火焰光度法 | | 0.10 | 0.15 |
| 氧化钠(基准法) | 火焰光度法 | | 0.05 | 0.10 |
| 氯离子(基准法) | 硫氰酸铵容量法 | ≤0.1<br>>0.1 | 0.003<br>0.010 | 0.005<br>0.015 |
| 硫化物 | 碘量法 | | 0.03 | 0.05 |
| 一氧化锰(基准法) | 高碘酸钾氧化分光光度法 | | 0.05 | 0.10 |
| 五氧化二磷 | 磷钼酸铵分光光度法 | | 0.05 | 0.10 |
| 二氧化碳 | 碱石棉吸收重量法 | ≤5<br>>5 | 0.20<br>0.30 | 0.35<br>0.45 |
| 二氧化硅(代用法) | 氟硅酸钾容量法 | | 0.20 | 0.30 |
| 三氧化二铁(代用法) | 邻菲罗啉分光光度法 | | 0.15 | 0.20 |
| 三氧化二铁(代用法) | 原子吸收光谱法 | | 0.15 | 0.20 |
| 氧化钙(代用法) | 氢氧化钠熔样-EDTA 滴定法 | | 0.25 | 0.40 |
| 氧化钙(代用法) | 高锰酸钾滴定法 | | 0.25 | 0.40 |
| 氧化镁(代用法) | EDTA 滴定差减法 | ≤2<br>>2 | 0.15<br>0.20 | 0.25<br>0.30 |
| 三氧化硫(代用法) | 碘量法 | | 0.15 | 0.20 |
| 三氧化硫(代用法) | 离子交换法 | | 0.15 | 0.20 |
| 三氧化硫(代用法) | 铬酸钡分光光度法 | | 0.15 | 0.20 |
| 三氧化硫(代用法) | 库仑滴定法 | | 0.15 | 0.20 |
| 氧化钾(代用法) | 原子吸收光谱法 | | 0.10 | 0.15 |
| 氧化钠(代用法) | 原子吸收光谱法 | | 0.05 | 0.10 |
| 氯离子(代用法) | 磷酸蒸馏-汞盐滴定法 | ≤0.10<br>>0.10 | 0.003<br>0.010 | 0.005<br>0.015 |
| 一氧化锰(代用法) | 原子吸收光谱法 | | 0.05 | 0.10 |
| 氟离子 | 离子选择电极法 | | 0.05 | 0.10 |
| 游离氧化钙(代用法) | 甘油酒精法 | ≤2<br>>2 | 0.10<br>0.20 | 0.20<br>0.30 |
| 游离氧化钙(代用法) | 乙二醇法 | ≤2<br>>2 | 0.10<br>0.20 | 0.20<br>0.30 |

0.3.1.3 提高分析检验结果准确度的方法

要提高分析检验结果的准确度，必须考虑在分析过程中可能产生的各种误差，并采取有效措施，将这些误差减小到最小。

(1) 选择合适的分析方法

各种分析方法的准确度是不同的。化学分析法对高含量组分的测定能获得准确和较满意的结果，相对误差一般在千分之几。而对低含量组分的测定，化学分析法就达不到这个要求。仪器分析法虽然误差较大，但是由于灵敏度高，可以测出低含量组分。在选择分析方法时，一定要根据组分含量及准确度的要求，在可能条件下选择最佳分析方法。

(2) 增加平行测定的次数

增加平行测定次数可以减小随机误差。在一般分析工作中，测定次数为2～4次。如果没有意外误差发生，基本上可以得到比较准确的分析结果。

(3) 消除测定中的系统误差

消除测定中的系统误差可采取以下措施：

① 做空白实验。即在不加试样的情况下，按试样分析规程在同样操作条件下进行分析，所得结果的数值称为空白值。然后从试样结果中扣除空白值就得到比较可靠的分析结果。

② 注意仪器校正。具有准确体积和质量的仪器，如滴定管、移液管、容量瓶和分析天平砝码，都应进行校正，以消除仪器不准所引起的系统误差。因为这些测量数据都是参加分析结果计算的。

③ 做对照试验。对照试验就是用同样的分析方法在同样的条件下，用标样代替试样进行的平行测定。将对照试验的测定结果与标样的已知含量相比，其比值称为校正系数。

$$\text{校正系数}=\frac{\text{标准试样组分的标准含量}}{\text{标准试样测定的含量}}$$

$$\text{被测试样的组分含量}=\text{测得含量}\times\text{校正系数}$$

综上所述，在分析过程中检查有无系统误差存在，做对照试验是最有效的办法。通过对照试验可以校正测试结果，消除系统误差。

## 0.3.2 分析检验中的数据处理

0.3.2.1 有效数字及其应用

在科学实验中，对于任何一种物质的测定，都要求得到准确的测定结果。因此，不仅要在消除各种误差的基础上准确地测定各种数据，而且还要正确地记录和计算。分析结果的数值不仅表示试样中被测组分含量的多少，同时还反映了测定的准确程度。实验数据和计算结果应保留几位数字是一件很重要的事，不能随便增加或减少位数。

(1) 有效数字

有效数字是指在分析工作中实际上能测量到的数字。在记录数据和计算结果时所保留的有效数字中，只有最后一位数字是可疑的。

例如，用分析天平可以称到小数点后第四位，若用分析天平称得某物质的质量为0.3450 g，小数点第四位可能有±0.0001 g的误差，也就是说，该物质的质量应在0.3449 g至0.3451 g之间，但不可记作0.345 g，这样就表示第三位是可疑值，它的误差为±0.001 g，这与称量的准确度不相符。如果写成0.34500 g也同样与称量的准确度不符。所以，记录数据或计算结果应保留几位数字，需根据使用仪器的准确度或测定方法来确定。而有效数字的位数直接与测定的相对误差有关。如 0.6450 g 和 0.645 g 相对误差分别为：

$$\frac{\pm 0.0001}{0.6450} \times 100\% = \pm 0.02\%$$

$$\frac{\pm 0.001}{0.645} \times 100\% = \pm 0.2\%$$

这表明千分之一天平的准确度仅是万分之一天平的准确度的十分之一。0.6450 为四位有效数字，0.645 为三位有效数字。所以，在测量准确度的范围内，有效数字位数越多，测量就越准确，但超过准确度范围过多的位数是无意义的。

(2) 有效数字的位数

① 数字中有“零”时，“零”可能是有效数字，也可能是非有效数字。有效数字中间的“零”都是有效数字，例如，1.0009 中的“零”都为有效数字，在数字前面的“零”只起定位作用，不是有效数字，例如，0.0045 中三个“零”都不是有效数字。对于数字后面的“零”，要根据具体情况而定，例如，3200 这个数字，可能为 2 位、3 位或 4 位有效数字。遇到这种情况，应根据实际情况分别写成 $3.2\times10^3$、$3.20\times10^3$、$3.200\times10^3$ 以明确有效数字的位数。

例如：

| | |
|---|---|
| 1.0001，2.0205 | 五位有效数字 |
| $2.203\times10^2$，0.5500，25.05% | 四位有效数字 |
| 0.0450，$8.61\times10^{-5}$ | 三位有效数字 |
| 0.0045，0.40% | 二位有效数字 |
| 0.4，0.001% | 一位有效数字 |
| 1200，200 | 有效数字位数不定 |

② 分数中分母或倍数中系数为自然数时，它为非测量所得，不表示有效数字位数，而应视为无限多位。例如，从 250 mL 容量瓶中移取 25 mL 溶液，取 1/10(25/250)，这里的“10”即为足够有效位的自然数。

(3) 有效数字的运算规则

在分析结果的数据处理时，常涉及各测量值的有效数字位数由于受仪器准确度的限制而不相同。因此，按照一定的计算规则，合理地取舍各数据的有效数字位数，既可节省时间，又可避免得出不合理的结论。一般根据以下规则进行运算。

① 几个数据相加或相减时，它们的和或差的有效数字的保留，应以小数点后位数最少(即绝对误差最大)的数字为依据。例如，0.0121+25.64+1.05782，其中 25.64 中的“4”已是可疑数字，有±0.01 的误差，因此，最后的结果也只能保留到小数点第二位，再多就没有意义了。其他数据小数点第二位后的数字都要按数字修约规则取舍后再进行运算。

② 几个数据相乘除时，积或商的有效数字的保留，应以其中有效数字位数最少即相对误差最大的数字为依据。例如，0.0121×25.64×0.15782，最后结果的有效数字位数以 0.0121 确定，其他数据在运算前按照数字修约规则取舍。

在过去，人们习惯采用“四舍五入”的数字修约规则，现在则通行“四舍六入五留双”的修约规则。尾数≤4 时舍去；尾数≥6 时进位；尾数=5 时，所保留数字末位为奇数则进 1，为偶数则不进。

(4) 计算实例

**【例 0.4】** 求$(1.276\times4.17+1.70\times10^{-4})-(0.0021764\times0.0121)$的值。

**【解】**计算可分步进行：

$$
\begin{aligned}
&(1.276\times4.17+1.70\times10^{-4})-(0.002176\times0.0121)\\
&=(1.28\times4.17+1.70\times10^{-4})-(0.00218\times0.0121) \quad \text{(修约)}\\
&=(5.34+1.70\times10^{-4})-2.64\times10^{-5}\\
&=(5.34+0.00)-0.00 \quad \text{(再修约)}\\
&=5.34
\end{aligned}
$$

从以上计算可知，在有效数字计算前，要先修约数据，再运算，分步计算还要多次修约。

在有效数字的取舍过程中，还需注意以下几个问题：

① 若某一数据的第一位数字大于或等于8，则有效数字的位数可多算一位。如8.37可看成四位有效数字。

② 所有计算式中，$\pi$、$t$、$\sqrt{2}$、1/2等的有效数字可根据需要取舍。

③ 在大多数情况下，表示误差时取一位有效数字已足够，最多取二位。

0.3.2.2 分析结果的处理

在分析检验中，若平行测得几个数据，就可能发现其中有的数据偏离其他数据较大，这个相差较大的可疑数据是舍弃还是保留，不能随意决定，而要根据误差理论的规定，决定可疑值的取舍。

目前常用取舍的方法有四倍偏差法、Q检验法、标准偏差法和置信区间法。下面介绍四倍偏差法。四倍偏差法简单但不够严格，适用于4～8次测定，方法如下：

(1) 除可疑数值外，求其余数据的平均值$\overline{x}$和平均偏差$\overline{d}$。

(2) 求可疑值与平均值之差，若差值大于或等于$4\overline{d}$，则弃去该可疑值。

**【例 0.5】** 测某溶液的物质的量浓度：0.1014 mol/L，0.1012 mol/L，0.1019 mol/L，0.1016 mol/L，问0.1019 mol/L是否该弃去？

**【解】**平均值$\overline{x}=0.1014$

平均偏差$\overline{d}=0.00013$

可疑值$x=0.1019-0.1014=0.0005$

$4\overline{d}=4\times0.00013=0.00052$

故0.1019不该弃去。

## 思考与练习

1. 水泥企业化验室工作有哪些特点？
2. 简述水泥企业化验室的任务。
3. 质量管理八项原则是什么？
4. 分析检验工作中的常见误差有哪些？
5. 用正确的有效数字表示下列测定结果。

(1) 用绝对误差为0.1 g的托盘天平称取5 g重。

(2) 用绝对误差为10 mg的天平称取30 mg重。

(3) 用绝对误差为0.1 mg的天平称取10 mg重。

6. 下列数据各有几位有效数字？

(1) $2.86\times10^{-3}$；(2) 0.003080；(3) 10.030；(4) pH4.74；(5) $6.023\times10^{-32}$；(6) 0.2080

7. 用有效数字规则计算下列各式：

(1) $2.187\times0.854+9.6\times10^{-5}-0.0326\times0.00814$

(2) $\dfrac{51.0\times4.03\times10^{-4}}{2.512\times0.002034}$

8. 有一样品送至甲、乙两处分析，分析方法相同，其分析结果为：

(1) 50.15%，50.14%，50.16%

(2) 50.02%，50.25%，50.18%

试分别计算两处的精确度(标准偏差和相对偏差)。问哪处分析结果较为可靠？

9. 用沉淀滴定法测定纯 NaCl 中 $Cl^-$ 的质量分数，得到下列结果：

59.82，60.06，60.46，59.86，60.24。

计算平均结果及算术平均偏差、相对平均偏差。

# 项目1　水泥生产的质量控制

## 任务1　平均试样的采取与制备

**知识目标**：本部分从水泥企业化验室质量控制工种的具体岗位出发，介绍了生产过程中原燃材料、半成品及成品试样的采样、平均试样的制备与保管等知识。

**能力目标**：掌握原燃材料、半成品及成品试样最低质量的确定方法；掌握各种材料的平均试样制备方法以及制备试样的注意事项和试样保管方法等内容；能独立完成水泥企业例行控制组的取样和制样工作。

**任务描述**：本部分讲述了总体和样品的概念，总体、样品和试样间的关系；总体和样品、样品的代表性评价和如何保证样品代表性的方法措施，水泥生产过程中的采样及采样点设置等。

由于采取的样本物料质量很大，需要进行缩分制成测定试样，本部分还讲述了采集样本后制备平均试样的五道工序、试样的缩分方法及试样最低可靠质量的确定等。

## 1.1　总体、样品及试样的有关概念

在生产质量控制的过程中，我们面对的是大批的原燃材料，不可能为了检测某一材料的成分而对其进行逐一测定，只能从中抽取一定数量的材料作为样品，再从样品缩分为分析试样，然后从试样的检测结果来推断整批原燃材料（总体）的成分。

### 1.1.1　总体与样品

总体即各种原燃材料。它是所要测定分析的具体对象的全体。比如，为了分析某一原燃材料的质量状况或材料中某一物质的成分，那么被研究分析的原燃材料就是总体。总体可以是有限的，也可以是无限的，例如：某水泥企业今天进 1000 t 煤，尽管数量相当大，但总是可以数得清楚，因此可以说这批被分析的煤 1000 t 是有限总体。然而对于水泥生产来说，其中还有许多工艺环节，例如：对于根据计算结果配制出来的生料及经窑煅烧后的熟料等材料来说，过去、现在都是连续生产，而且以后将继续生产使用这些材料，这样它的数量就无法数清了，因此，可将这些材料的过去、现在、将来视为无限总体。

从总体中随机抽取出来并且对它进行测定分析的一部分个体称样品（也叫子样）。样品中所含的试样数目，一般叫样品大小或样品容量，常用符号 $n$ 表示。比如，从 100 t 煤所设取的采样点中抽取 10 kg 的煤，则被抽取 10 kg 的煤就组成一个样品，即 $n=10$。换句话说，这个样品由 10 kg 的煤样品组成，样品的大小为 10。可见，从每一个采样点中抽取的煤都可以叫做样品。在水泥生产中，从每一个采样点采取的样本可视为是一个“样品”。

抽样，就是指从总体中随机抽取样品的过程。

随机抽样，就是要使总体中的每一个个体都有同等机会被抽取出来组成样品的过程。

抽取样品来检测是为获得样品的信息，从而研究分析试样质量状况或试样中某一物质的成分。在质量控制中，常用这种通过研究局部去推断全局，通过样品的分析结果去估计、预测整个原燃材料的成分，然后结合合理的工艺参数来调整各种原燃材料的掺加量，从而达到保证产品质量和提高产品质量的目的。当然运用样品的分析结果来估计、推断总体会存在一定的误差和判断错误，但可以采取一定措施(见 1.1.3 节内容)，让这种误差和错误尽量减少。

### 1.1.2 样品的代表性及其评价方法

在质量控制中，通常是通过研究分析抽取的样品的质量信息来判断整批原燃材料或某道工序中材料质量状况。既然是用样品的检测结果作为判断依据，这就存在着所抽取的样品的质量状况是否与所代表的这批原燃材料的平均质量相一致？其一致的程度怎样？也就是说，样品的质量状况能不能代表整批原燃材料或某道工序材料的质量状况。这是一个非常重要的问题，即：样品的代表性问题。

对于抽样检测结果来说，样品的代表性十分重要。因为，如果样品没有代表性，就不能反映整批原燃材料或某道工序中材料的真实质量状况。在生产质量控制中，如果根据没有代表性的样品的检测结果作出判断，将得到不正确的结果，从而失去生产质量控制的作用。样品的代表性实际是指样品与整批原燃材料或某工序材料质量一致性程度的高低。从质量一致的产品中所抽取的样品的代表性是不成问题的，但在水泥工业生产过程中，从原燃料到半成品、成品都不是匀质的，其材料的成分及性能都会随生产波动。因此，在生产过程中所抽取的样品的代表性如何是一个值得注意的问题。

根据数理统计原理：评价样品代表性的度量值是抽样误差。抽样误差是指样品指标与相应总体指标之差，例如样品的均数与总体均数之差，样品比率与总体比率之差等。抽样误差愈小，用样品推断总体的精确度就愈高；反之亦然。

评价样品质量状况与所代表的整批原燃材料或某道工序材料的平均质量状况一致性程度的度量值是均数抽样误差，它的估计值实用公式如下：

$$S_{\bar{x}} = \frac{S}{\sqrt{n}} \tag{1.1.1}$$

式中 $S_{\bar{x}}$——均数抽样误差；

$n$——样品容量；

$S$——样品标准偏差(即标准偏差)，见计算公式 1.1.2。

样品标准偏差 $S$ 是衡量各样品的检测值分散程度的度量值。$S$ 值大，说明各样品的检测值间的差异较大；反之，说明各样品的检测值间的差异小。

样品标准偏差 $S$ 的计算公式如下：

$$S = \sqrt{\frac{1}{n-1}\sum_{i=1}^{n}(x_i - \bar{x})^2} \tag{1.1.2}$$

式中 $x_i$——各样品的质量检测值；

$\bar{x}$——各样品的质量检测值的算术平均值；

$n$——样品的个数，即样品容量。

由式(1.1.1)计算的均数抽样误差 $S_{\bar{x}}$ 是估计值，$S_{\bar{x}}$ 小说明样品的代表性好，即由样品的平均质量状况推断整批产品或某道工序产品平均质量状况的精确度也高；反之亦然。

### 1.1.3　样品代表性的保证措施

综上所述:样品的代表性十分重要。要保证样品具有代表性,就要从保证样品取样和制备及检测试样的工作质量入手。根据工厂的具体情况,应注意以下几个方面的问题:

(1) 样品的数量

保证抽取的样品数量。由式(1.1.1)可知抽样误差与样品容量成反比。要想抽样误差小,样品容量就要大,即抽样的样品数量越多,则抽样误差就越小。在实际工作中,对均匀性差的材料,取的样品要多一些;均匀性好的材料,取的样品可少一些。

(2) 取样方案

取样前应设计好取样方案,确定取样点的分布和取样点的数量,取样时严格按照制订的方案进行取样。

(3) 取样方法

要采取科学合理的取样方法,保证样品抽取的随机性,不能带有主观倾向,即:要按科学的取样方法来取样(具体方法见1.2.1节样品的采取)。

(4) 熟练技能

抽取样品和制备平均试样的人员应有高度的责任心和熟练的操作技能。

(5) 严格的制样程序

制备平均试样时应严格按照制样程序进行,以防止任何因人为因素而造成样本失真现象的发生。

## 1.2　任务实施

### 1.2.1　样品的采取

1.2.1.1　随机抽样方法

(1) 简单随机抽样法

这种方法就是通常所说的随机抽样法。之所以叫简单随机抽样法是指总体中每个个体被抽到的机会是相同的。要实现抽样的随机化,可采取抽签、抽取随机数值等办法。例如,要从100件产品中随机抽取10件组成样品,可把这100件产品从1到100编号,然后用抽签的办法,任意抽出10张,假如抽到的编号是3、7、15、18、23、35、46、51、72、89,就把这10个编号的产品拿出来组成样品,这就是简单随机抽样法。这个办法的优点是抽样误差小,缺点是抽样手续比较繁杂。在实际工作中,真正做到总体中的每个个体被抽到的机会完全一样是不容易的,这往往是由各种客观条件和主观心理等许多因素综合影响造成的。因此,在水泥企业中这种方法很少使用。

(2) 系统抽样法

系统抽样法又叫等距抽样法或机械抽样法。

首先应将100件产品按1、2、3、…、100顺序编号;第二,用抽签或抽取随机数值的方法确定1～10号中的哪个号数是入选样本号(此处假定是以3号为标准);第三,其余依次入选样品的产品编号是:3、13、23、33、43、53、63、73、83、93;最后由编号为3、13、23、33、43、53、63、73、

83、93 的 10 件产品组成样品。

由于系统抽样法操作简单，实施起来不易出差错，因而在生产质量控制中常使用这种方法。如在某道工序中定时抽取一种物料来检测其成分（如：水泥生料中 $CaCO_3$ 滴定值的测定，只不过此处是以时间为标准），就可以看做是系统抽样。

在物料的品质质量发生较大变化的情况下，不宜使用这种抽样方法。

（3）整群抽样法

整群抽样法又叫集团抽样法。这种方法是将总体分成许多群，然后随机地抽取若干群，并由这些若干群体中的所有个体组成样品。这种抽样法的背景是：有时为了实施上的方便，常以群体（工厂、车间、班组、工序或一段时间内生产的一批产品等）为单位进行抽样，凡抽到的群体就全面检测。这种抽样方法的优点是抽样实施方便；缺点是由于样品只来自个别群体，而不能均匀地分布在总体中，因而代表性差，抽样误差大。这种方法常用在工序控制中（如：水泥熟料全分析，每班做一个样品）。

#### 1.2.1.2 矿山取样

水泥生产使用的原料大多数是从矿山开采的原料（石灰石、粘土等）。这些原料的化学成分、物理性质等通常都不均匀，特别是大块、小块和粉末共存时，更是如此。

对原料的采样不能直接应用上述随机抽样的方法。但为了保证样品的代表性，在采样中常采用拣块取样、方格取样、刻槽取样、炮眼取样和沿矿山开采面取样等方法。

（1）拣块取样

拣块取样就是在掌子面爆破堆上或矿体适当部位，拣大块物料（整体要把表面风化层去掉）作为样品，这种方法简单易行，但有相当的主观性。取样人员必须对矿山资源品质情况相当了解，经验丰富，拣块取样才有代表性。

（2）方格取样

方格取样是指有规律地布置取样点，如在矿体上划定方格或菱形网格，在格子的各角采取质量相等的物料组成样品。样块大小由需要原始样品的质量而定。格子的大小根据矿体确定。

（3）刻槽取样

此法就是在矿体不同部位刻上规则的槽，刻槽时凿下的碎屑碎粉就作为样品。槽的断面一般是长方形，也有半圆形或三角形，在一般情况下，断面为（3 cm×2 cm）～（10 cm×5 cm），深度 1～10 cm。刻槽前，要将矿体表面整平扫净。

（4）炮眼取样

炮眼取样就是取矿山打眼时凿出的碎屑细粉组合成样品。

上述几种采样方法适用于水泥生产中主要原料如石灰石、粘土、煤等矿山的采样。

若矿山各部位物料的品质、质量差异较大时，可将矿山分成若干层，然后在各层上分别取样分析。

矿山材料的取样检测分析，主要目的有两点：首先是为了指导矿山的开采作业，使矿山资源得以充分利用；其二，可根据取样检测分析数据，对品质质量不同的原料进行合理搭配使用，确保生产中所使用的原料质量稳定，产品质量稳定。

1.2.1.3　生产过程中取样

(1) 生产原料、燃料的取样

① 在料堆上进行采样

水泥生产企业根据自身生产规模都设置有原料和燃料堆场。进厂的原料和燃料都分批、按质分别堆放,在使用前一定要按规定进行取样检验,即坚持先检测后使用的原则。

取样时先在原、燃料堆的周围从地面起每隔 0.5 m 用铁铲划一根横线,然后每隔 1～2 m 从上到下划一根竖线,以横线与竖线的交点作为取样点(如图 1.1.1 所示)。在取样点处深入 0.3～0.5 m用铁铲挖取 50 g 左右原料或燃料样品。如遇块状物料可用铁锤取一小块,将各点取的样品混合而成样品。

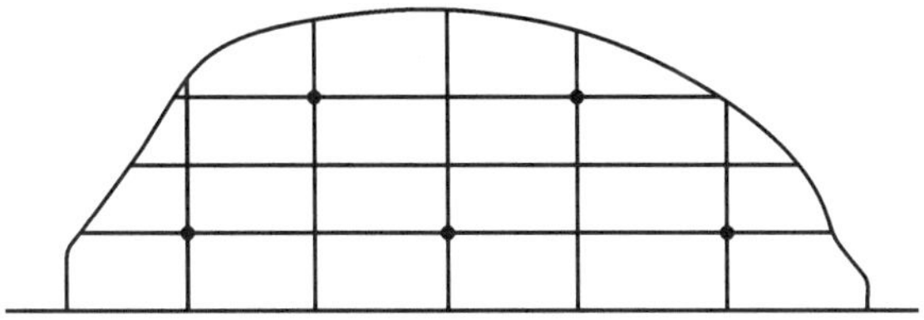

图 1.1.1　取样点示意图

② 输送设备上取料

水泥生产过程中,许多的原料和燃料是由输送设备(皮带输送机、螺旋输送机等)送到生产现场内,在这些输送设备上运行的物料呈流动状态,对这些流动物料的取样都是采用横向截取法,即每隔一定时间,在垂直于物料流动的方向上截取一定量的物料作为样品。若在输送设备上取样时,一定要把输送设备上整个横截面的所有物料都取下来作为样品,不能只取一个层面的物料。如果是在喂料设备上取样时,喂料设备在取样时间内所给出的物料一定要全部接取作为样品,而不能只接取其中的一部分物料,这样才能确保样品具有代表性。

(2) 原料、燃料样品最低质量的确定

① 原料样品最低质量的确定

根据经验,矿物原料最小样品质量与其最大颗粒直径的平方成正比,经验公式如下:

$$Q = Kd^2 \qquad (1.1.3)$$

式中　$Q$——矿物原料最小样品质量,kg;

$K$——根据矿石特性而确定的经验系数,见表 1.1.1 所示;

$d$——样品物料的最大颗粒直径,mm。

**表 1.1.1　矿石特性经验系数 $K$ 值**

| 矿石的均匀程度 | $K$ 值 |
|---|---|
| 较均匀的 | 0.01～0.03 |
| 不均匀的 | 0.04～0.06 |
| 很不均匀的 | 0.07～1.0 |

例如:采取铁矿样品时,$K$=0.06,此矿石最大颗粒的直径为 20 mm,则应采取的样品矿石最小质量为:

$$Q = Kd^2 = 0.06 \times 20^2 = 24(\text{kg})$$

② 煤炭样品最低质量及样品数目的确定

水泥厂大多数都是在煤堆上采集煤样。每堆煤总量为 1000 t 时，采取的样品数目按表 1.1.2确定。

**表 1.1.2 1000 t 煤采取样品数目**

| 煤炭品种 | 原煤 | 筛选煤 | 炼焦用精煤 | 其他洗煤（包括中煤） |
|---|---|---|---|---|
| | 灰分≤20% | 灰分>20% | | |
| 样品数目 | 30 | 60 | 15 | 20 |

煤量不足 1000 t 时，样品数目按比例递减。由于在煤堆上采取的商品煤样的代表性很差，所以样品数目不能少于表 1.1.2 规定数目的一半。煤量大于 1000 t 时，采取样品数目按下列公式计算得出：

$$n = n_{1000}\sqrt{\frac{M}{1000}} \tag{1.1.4}$$

式中 $n$——实际应采取的样品数目，个；

$n_{1000}$——1000 t 煤应采取的样品数，个；

$M$——实际煤量，t。

对煤炭的取样，取样点要分布均匀，取样的质量与煤炭最大粒度有关。煤炭取样最低质量与煤炭最大粒度规定如表 1.1.3 所示。

**表 1.1.3 煤炭最大粒度与取样最低质量**

| 煤炭最大粒度(mm) | 原煤 | <100 | <50 | <25 | <13 | <6 | <3 | <2 | <1 | ≤0.15～0.2 |
|---|---|---|---|---|---|---|---|---|---|---|
| 煤样最低质量(kg) | 400 | 250 | 100 | 60 | 15 | 6 | 3 | 2 | 1 | 0.1～0.3 |

(3) 经过配料混合后物料样品的采取

出磨生料和出磨水泥都是经过合理配料后混合均匀的粉状物料，又是连续生产连续输送的，因此一般都采取一定时间间隔（如每天、每班、每时等）的样品。可采用人工定时取样和自动连续取样两种方法。

① 人工取样

人工取样可根据各水泥企业的生产情况和生产质量控制的要求制订具体的时间和地点，然后严格按照规定时间间隔、地点随机采取。

② 自动连续取样

● 螺旋输送机：在螺旋输送机（绞刀）的外壳上，钻一个 1～1.5 cm 的小圆孔，放入用钢丝做的弹簧，利用螺旋输送机的转动使弹簧将物料弹出，流入取样桶内。

螺旋取样机可以用一直径 10～15 mm 的小铁棍缠上一圈一圈的 8 号铁丝制成。也可制作一螺旋杆。后者比较坚固耐用，但遇潮湿的物料时容易将凹槽堵塞。

● 皮带输送机：在皮带输送机上可有两种方法取样，其一：在皮带的托轮旁安装一刮片，刮取的物料收集在取样桶内；其二，在皮带输送机上的计量器旁取样。

● 磨机：在磨机上料口的下料斜溜子上，安装一个螺旋取样器，利用磨机传动轴的转动带动螺旋转动，使物料连续流出，收集在取样桶内。

(4) 水泥熟料样品的采取

煅烧好的熟料，总是不可避免地带有黄粉，因此取样时必须特别注意。为了保证样品检验结果的代表性，生产工艺中如果熟料是连同其中的黄粉一起粉磨，也应将熟料连同黄粉一起取样(在这种情况下，就要按黄粉所占的比例一起取样)。否则应将筛弃黄粉的熟料作为样品取样。

如果熟料是按质量好坏(如按块状、粒状)分堆存放时，应在不同料堆上分别按照出窑比例取样检验。

(5) 水泥成品实验样品的抽取

① 自动取样器取样

采用取样装置(图 1.1.2 所示)取样时，一般将取样器安装在尽量接近于水泥包装机的管路中，从流动的水泥中取出样品，然后将样品放入洁净、干燥、不易受污染的容器中。

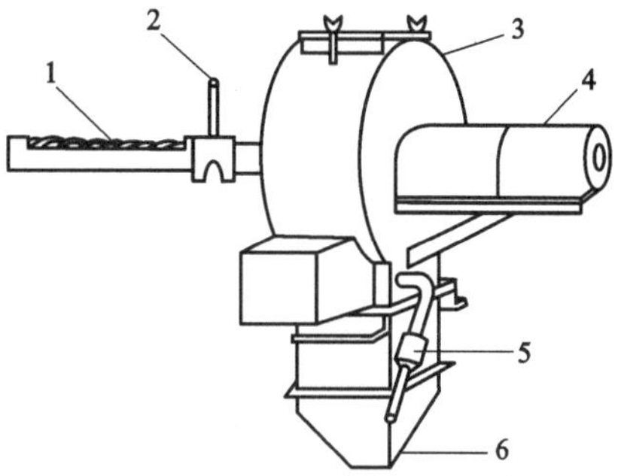


图 1.1.2　自动连续取样器

1—入料处；2—调节手柄；3—混料筒

4—电机；5—配重锤；6—出料口

② 取样管取样

采用图 1.1.3(袋装水泥)和图 1.1.4(散装水泥)的取样管取样。随机选择 20 个以上不同的部位，将取样管插入水泥适当的深度，用大拇指按住气孔，小心抽出取样管，将所取样品放入洁净、干燥、不易受污染的容器中。

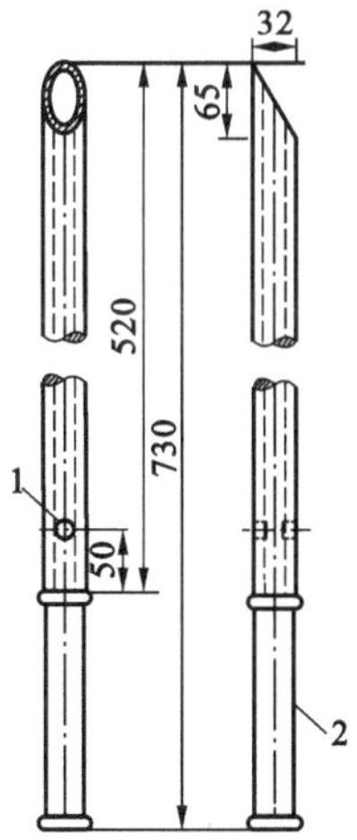


图 1.1.3　袋装水泥取样管(单位：mm)

1—气孔；2—手柄

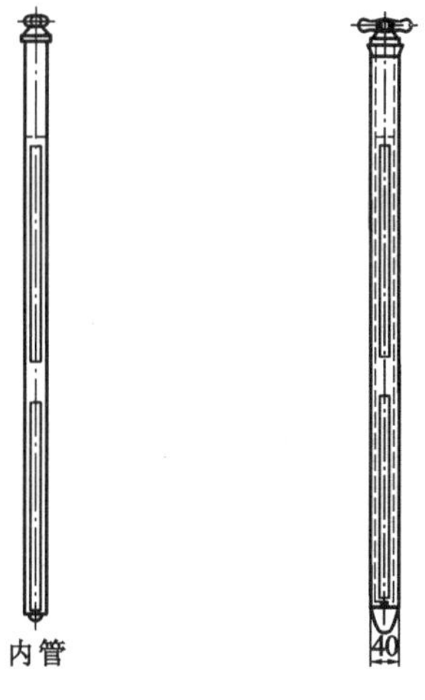


图 1.1.4　散装水泥取样管(单位：mm)

③ 槽形管状取样器取样

当所取水泥深度不超过 2 m 时，采用图 1.1.4 的槽形管状取样器取样。转动取样器内管控制开头，在选定位置插入水泥中(控制一定深度)，关闭后小心抽出取样器，将所取样品放入盛样容器中。

采取水泥样品时，要符合相关水泥取样的规定。对袋装水泥，每 1/10 编号从一袋中至少取 6 kg；对散装水泥，每 1/10 编号在 5 min 内至少取 6 kg。

### 1.2.2 平均试样的制备与保管

#### 1.2.2.1 平均试样的制备

采集的样品物料体量大、不均匀，一般不能直接进行品质检测，需要进行一系列加工处理，使之满足检测的要求。对样品物料的加工处理过程称为平均试样的制备。

平均试样的制备一般要经过烘干、破碎、过筛、混匀、缩分五道工序，具体可根据试样的种类和用途而定。如果试样是要进行筛分分析测定粒度，则必须保持原来的粒度组成，不能进行破碎、过筛，而只需将样本物料混匀和缩分即可。

(1) 平均试样的烘干

当采取的样品物料过于潮湿，粉碎、研细与过筛有困难时(如发生湿粘或堵塞现象)，少量的样品物料可在烘箱中烘干，温度保持在 105～110 ℃。对易分解的样品物料，如煤粉、含结晶水的石膏等，温度应低一些，一般可在 60～65 ℃下进行。没有烘箱时，也可以在红外线灯下烘干。

(2) 平均试样的破碎

采取的原料、燃料矿物样品，颗粒较大的须先破碎。样品物料的破碎有粗碎、中碎、细碎和粉碎。

① 粗碎

若样品物料的粒度过大，可先用大锤敲碎至最大颗粒直径 $d<50$ mm，然后用颚式破碎机将直径 $d<50$ mm 的颗粒破碎至 $d<4$ mm。

② 中碎

用磨盘式破碎机或辊式破碎机将粗碎后的样品物料破碎至 $d<0.82$ mm。

③ 细碎

用磨盘式破碎机将中碎样品物料破碎至 $d<0.18$ mm。

④ 粉碎

用球磨机或密封式实验用碎样机将细碎后的样品物料粉碎至 $d<0.08$ mm。

(3) 平均试样的过筛

过筛有预先过筛和检查过筛两种。试样加工破碎过程中，物料粒径变化很大，为了减少重复劳动，在破碎之前先进行过筛，称为预先过筛。对于筛下部分不必破碎，只破碎筛上颗粒大的物料。为了保证样本物料的加工细度，在破碎之后要进行过筛检查，称为检查过筛。检查过筛中的筛上物，绝不能强制过筛或抛弃，必须继续破碎直至全部物料能自然通过选定的筛子为止。

(4) 平均试样的混匀

从矿山、料堆或生产线取来的平均试样往往含有密度、硬度等物理性质差别较大的几种矿物，而且化学组分随密度、硬度的不同而不同。所以，必须对平均试样加以充分的混合均匀，以保证样品有良好的代表性。

混匀样品物料常用以下几种方法：

① 移堆法

移堆法适合于大批量的样品物料混匀。该方法是用铁铲将样品物料堆成锥形，堆锥时每一铲样品物料必须从锥堆的中心给下，使物料从锥顶大致等量地流向各个方向。样品物料全部堆成锥形后，用铁铲将该料堆一铲一铲地堆成另一堆，如此反复操作 3～5 次，把样品物料混匀。

② 环锥法

这种方法同样适用于大批量样品物料混匀。先用铲子将样品物料堆成一个规则的圆锥体，然后用木板或金属板从锥顶的中心插入，以锥体轴为中心将板转动，把圆锥体变成一个环形，环形直径要比锥体直径大两倍左右，然后再用铲子沿环形的外圆或内圆将样品物料重新堆成圆锥体。如此反复进行 2～3 次以上，可将物料混匀。操作时应注意每一铲物料都必须准确地撒在锥体的顶部。

③ 机械法

在实验室中对少量的样品物料可用分样器混匀，即将样品物料反复倒入分样器中，达到混匀样品物料的目的。另外，实验室的球磨机在磨细物料的过程中，本身就是很好的混匀样品物料的过程。

(5) 样品物料的缩分

由于采集的样品物料质量往往都很大，检测所需的试样质量并不大。因此，需要将样品物料缩分后才能制得平均试样。样品物料缩分的先决条件是必须在样品物料充分混匀之后进行。缩分是整个平均试样制备过程中非常重要的一环。缩分通常采用锥形四分法、正方形法(挖取法)和分样器缩分法三种。

① 锥形四分法

将混匀的样品物料堆成圆锥体。然后用铲子或木板将锥体顶部压平，使其成为圆锥台。通过圆心将圆锥台分为四等份。去掉任意的相对两等份，剩下的两等份再混匀堆成圆锥体。如此反复进行，直至达到规定的试样数量为止(如图 1.1.5 所示)。

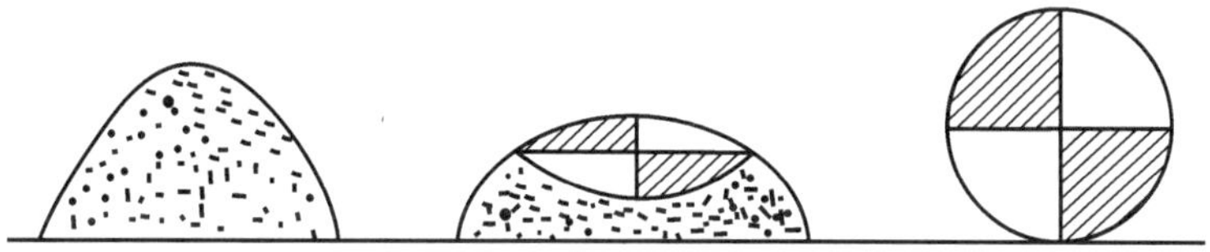

图 1.1.5　锥形四分法示意图

② 正方形法(挖取法)

将混合均匀的样品物料铺成正方形的均匀薄层，用小铲子划成若干个小正方形(如图 1.1.6所示)，将每一间隔的小正方形中的物料全部取出(图中阴影部分或无阴影部分)，剩余的部分按上述方法反复进行，直到所需的试样数量为止。

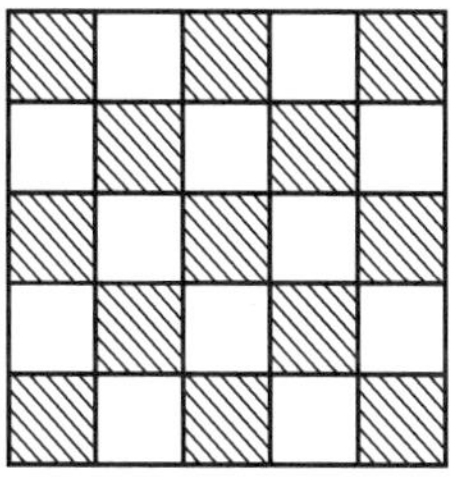

图 1.1.6　正方形法(挖取法)示意图

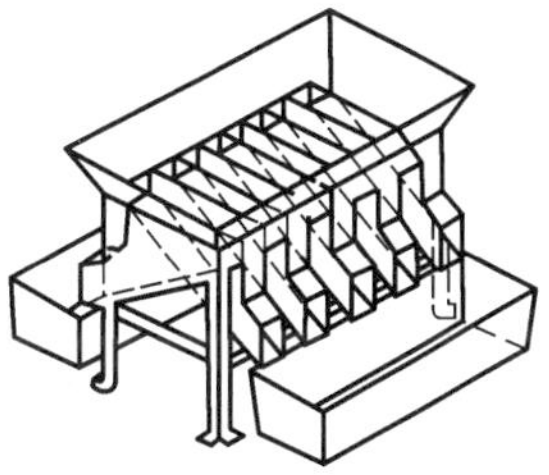

图 1.1.7　槽形分样器

③ 分样器缩分法

分样器的种类很多，最简单的是槽形分样器，如图 1.1.7 所示。分样器中有数个左右交替的用隔板分开的小槽(一般不少于 10 个，而且必须是偶数)，在下面两侧分别放有承接试样的

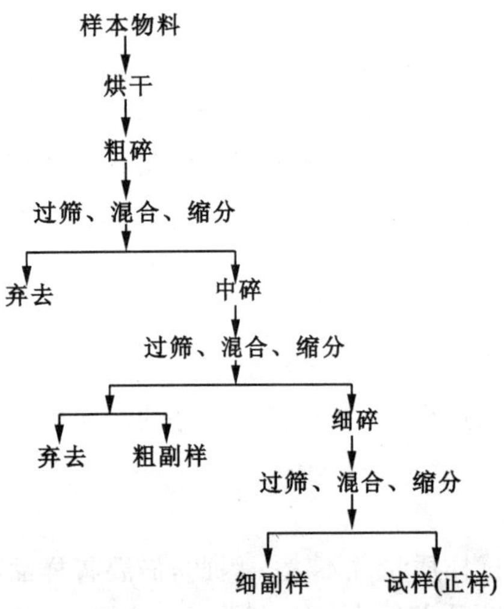


图 1.1.8 平均试样的制备过程示意图

样槽。当试样倒入分样器后，即从两侧流入两边的样槽内，于是把物料均匀地分成两等份，达到缩分的目的。

用分样器缩分，可不必预先将样本物料混匀而直接进行缩分。但样本物料的最大直径不应大于格槽宽度的1/2。

平均试样的制备过程可归纳为如图1.1.8所示。

(6) 样品最低可靠质量的确定

送到实验室的样品物料是经过逐次破碎和缩分制成的平均试样，为使缩分后的试样能代表原始样品的组成，其样品最低可靠质量可按式(1.1.3)计算。

(7) 制备试样时应注意的事项

① 在破碎、磨细试样前，对每一件实验用品如碾子、磨盘、乳钵、颚板、铁锤和钢板等都需用刷子刷净，不应有其他试样粉末残留。最好再用少量待磨细的试样"清洗"2～3次后再使用。

② 应尽量防止试样小块和粉末飞撒。

③ 磨细过筛后的筛余试样一律不许弃去，须继续进行粉碎，直至全部试样都通过筛子为止。

④ 避免试样在制备过程中被玷污，因此要避免机械、器皿污染，试样和试样之间的交叉污染。

⑤ 制备好的合格试样应及时封存保管，并贴上试样标签，以便识别。标签应注明试样名称、检验项目、取样日期、制样人等项目。试样交实验者时应有签收手续。

(8) 制备分析试样的要求

供化学分析用的试样必须要求颗粒细而均匀。在制备过程中，除以上所叙述的注意事项外，还必须做到以下几点：

① 试样必须全部通过0.080 mm孔径的筛网，无筛余。

② 在分析前试样需在105～110 ℃的电热烘干箱内烘烤1～1.5 h(石膏除外)，以去掉附着水分。

③ 采用锰钢磨盘研磨的试样，必须用磁铁将其引入的铁尽量吸掉，以减少污染。据报道：用锰钢磨盘将试样研磨至0.10～0.15 mm，可以引入0.1%左右的金属铁。这种污染的程度视试样的硬度而异。

(9) 制备供测试化学成分及工业分析用的煤样时需注意的事项

① 严格按采样方法进行采样；

② 将在70～80 ℃温度下测定外在水分的煤样磨碎至全部通过筛孔为0.2 mm的筛；

③ 过筛的试样应放在浅盘中置于40～45 ℃烘箱中烘干。

1.2.2.2 试样的保管

当试验有误差时需要进行再试验；在抽查分析结果或分析结果发生纠纷进行仲裁时，均需要用原来试样，因此，试样要妥善保管。标签要准确无误，水泥、熟料等易受潮的试样应用封口铁桶和带盖磨口瓶保存。保存期，除出厂水泥需要保存三个月外，其他试样各厂可根据情况自定，一般至少应保存一周以上。

### 思考与练习

1. 什么是样品的代表性？为保证样品的代表性应采取哪些措施？
2. 随机抽样有几种方法？各种方法有哪些优缺点？
3. 矿山采样有哪几种方法？
4. 假设某厂原料堆的底部直径约 5 m，高约 2 m，其中原料最大粒径约 30 mm，均匀程度很差。试根据料堆采样和样品物料最低质量要求设计取样方案（包括取样点、每个采样点样品质量和样品物料最低质量）。
5. 平均试样制备有哪几道工序？样品物料缩分有哪几种方法？
6. 制备平均试样时应注意哪些问题？

# 任务 2　水泥生产原燃材料质量控制与检验

**知识目标**：水泥生产工艺是连续性很强的过程，各生产工序之间关系密切，每道工序的质量都与最终的产品质量有关。只有控制生产过程中每道工序的产品质量，把质量控制工作贯穿于水泥生产的全过程中，才能保证出厂水泥的质量符合国家标准中规定的各项品质指标。

水泥生产原燃材料质量控制主要做到：一是按照水泥生产的工艺布局，制订出合理的生产线取样点和取样间隔时间；二是控制好进厂原料、燃料、混合材料质量，以保证水泥生产按预定要求进行。

**能力目标**：能独立完成水泥企业化验室控制组的原燃材料验收工作；熟悉各种原燃材料的性能和其在水泥中的作用；熟知工厂工艺线上各取样点的布局和各种物料的取样间隔时间。

**任务描述** ：结合水泥生产知识的学习，掌握工厂中各取样点的分布和水泥生产工艺间的关系，学会判断各种水泥生产原燃材料的性能和各种不同物料间的合理搭配使用。

## 2.1　水泥生产原料、燃料的质量要求

生产硅酸盐水泥的主要原料为石灰质原料和粘土质原料。有时还要根据原燃料品质和生产水泥的品种，掺加校正原料以补充某些成分的不足，也还可以利用工业废渣作为水泥的原料或混合材料进行生产。

原料质量好坏是制备成分合适且稳定的生料的先决条件，燃料的质量不仅影响熟料的煅烧也影响熟料的质量。因此，要生产符合国家标准要求的水泥，必须保证原料、燃料的质量能够满足生产工艺要求。

### 2.1.1　石灰质原料

凡以碳酸钙为主要成分的原料都属于石灰质原料。石灰质原料是制造硅酸盐水泥的主要原料，主要提供水泥矿物中的氧化钙。常用的石灰质原料有石灰石、泥灰岩、白垩、大理石、贝壳等。我国大部分水泥企业使用石灰石原料，每生产 1t 熟料，大约需要 1.3 t 石灰石。

2.1.1.1　*石灰质原料的种类和性质*

(1) 石灰石

石灰质原料是指由碳酸钙所组成的化学与生物化学沉积岩，主要矿物是方解石（$CaCO_3$），

并含有白云石($MgCO_3 \cdot CaCO_3$)、石英(结晶 $SiO_2$)、燧石(结晶 $SiO_2$ 比石英少)、含铁矿物和粘土杂质,具有微晶或隐晶结构的致密岩石。纯的石灰石含有 56% CaO 和 44% $CO_2$,为白色。在自然界中,因其所含杂质不同而呈青灰色、灰白色,水分随气候不同而异,通常小于 1.0%。

(2) 泥灰岩

泥灰岩是由碳酸钙和粘土物质同时沉积所形成的均匀混合的沉积岩,是一种由石灰岩向粘土过渡的岩石,其化学成分和性质随粘土含量不同而变化。泥灰岩的颜色为从青灰色、土黄色到灰黑色,其硬度低于石灰石,粘土含量越高,硬度越低,耐压强度通常小于100 MPa。如泥灰岩中 CaO 含量在 43%~45%时,可直接用来烧制水泥。

(3) 白垩

白垩是海生生物外壳与贝壳堆积而成,主要由隐晶或无定型碳酸钙所组成的石灰岩,主要成分是碳酸钙,含量 80%~90%,有的碳酸钙含量高达 90%以上。白垩一般呈黄白色、乳白色,有的因风化及含不同杂质而呈浅灰、浅黄、浅褐色等。白垩结构疏松,碳酸钙含量高,易于粉磨和煅烧,是生产水泥的最佳原料。

(4) 贝壳、珊瑚类

主要有贝壳、蛎壳和珊瑚石,含碳酸钙 90%左右。

我国水泥企业中,由于受石灰质原料矿山的限制,白垩类、贝壳类、珊瑚类只有在很少地区使用。此外,有许多工业废渣,如电石渣、糖滤渣、碱渣、白泥等都可以作为水泥生产的石灰质原料。

2.1.1.2 *石灰质原料的质量要求*

石灰石是使用最广泛的石灰质原料,其主要成分为 $CaCO_3$,其品位高低主要由 CaO 含量来确定。用于水泥生产的石灰石其 CaO 含量并不是越高越好,还要看它的酸性氧化物的含量,如 $SiO_2$、$Al_2O_3$、$Fe_2O_3$ 等是否满足配料要求。石灰石要注意其有害成分如 MgO、$R_2O$($Na_2O$、$K_2O$)、游离 $SiO_2$、$SO_3$ 等的控制。石灰质原料的一般质量要求见表 1.2.1。

**表 1.2.1 石灰质原料的质量要求(%)**

| 名称品位 | | CaO | MgO | $R_2O$ | $SO_3$ | 石英或燧石 |
|---|---|---|---|---|---|---|
| 石灰石 | 一级品 | >48 | <2.5 | <1.0 | <1.0 | <4.0 |
| | 二级品 | 45~48 | <3.0 | <1.0 | <1.0 | <4.0 |
| 泥灰岩 | | 35~45 | <3.0 | <1.2 | <1.0 | <4.0 |

石灰石二级品和泥灰岩在一般情况下,都需与石灰石一级品搭配使用,当用煤作燃料时,搭配后 CaO 含量要求达到 48%以上。如采用白云石($MgCO_3 \cdot CaCO_3$)作石灰质原料,为了不使煅烧后的熟料中 MgO 超标(超标后影响水泥安定性),应严格控制石灰质原料中 MgO 含量小于 3.0%。

燧石或石英含量较高的石灰岩,表面通常有褐色的凸出或呈结核状的夹杂物,其质地坚硬,难磨难烧,应控制 $f\text{-}SiO_2 \leqslant 4.0\%$。新型干法水泥生产中,考虑到 $K_2O$、$Na_2O$、$SO_3$、$Cl^-$ 离子等微量组分对水泥质量的影响,在原料质量指标中都作了限制。

2.1.1.3 *石灰质原料的质量管理*

石灰质原料在生料中配比约占 80%,所以石灰石的质量控制尤为重要。石灰石的质量控制包括矿山的质量管理、外购石灰石质量控制和进厂石灰石质量控制三部分。

(1) 石灰石矿山的质量管理

根据石灰石质量变化规律，在矿山开采的掌子面上，根据实际开采的使用情况，定期按一定的间距、纵向、横向布置检测点，测定石灰石的主要化学成分。如果矿山质量稳定，可1～2年测定一次，检测点间的距离也可适当放大；如果矿山构造复杂，成分波动大，应半年甚至一季度测定一次。通过对矿山质量检测的全面判定，工厂就可以全面掌握石灰石矿山质量变化规律，预测开采情况和进厂石灰石的质量情况，更加主动地充分合理利用矿山资源。

根据所掌握的石灰石矿山质量变化规律，编制出季度、年度开采计划，按计划进行开采。对低品位的石灰石矿床也应考虑如何搭配使用，充分利用矿山资源，降低生产成本，提高经济效益。

做好不同质量石灰石的搭配使用工作，及时掌握石灰石矿各开采区的质量情况，爆破前在钻孔中取样，爆破后在石灰石料堆上取样、检验，确定适当的搭配比例和调整采矿计划。还可以在矿车上取样，每车取几个点，多个点合成一个平均样，用这种方法了解进厂石灰石的质量情况。

为加强矿山管理，应制订本厂矿山管理规程，遵循"采剥并举、剥离先行"的原则。应控制石灰石矿山的表层土夹层杂质掺入石灰石的数量，如果它们掺入不均匀，将直接影响配料成分的准确；在雨季因土质的粘性较大，还会影响运输、破碎、粉磨等工序的正常进行。因此，要及时地做好矿山剥离和开采准备工作，除掉表层土质和清除夹层杂质，对维护生产的正常进行和保证生料质量很重要。特别是新建矿山和新采区，更应提前做好剥离和开采准备工作。

(2) 外购石灰石的质量控制

外购石灰石的企业在签订供货合同前，化验室应先了解该矿山的质量情况，同时按不同的外观特征取样检验，制成不同质量品位的矿石标本。化验室根据本厂生产水泥熟料的配料要求，判定出石灰石的质量指标，并由企业领导批准后，交供销部门组织订货，在签订供货合同时，应同时签订质量指标及验收规则，以保证进厂石灰石的质量。

(3) 进厂石灰石的质量控制

进厂石灰石的质量控制可分两种情况：

① 外购大块石灰石进厂后要按指定地点分批分堆存放，检验后搭配使用。

② 有矿山的企业，石灰石在矿山破碎后进厂或进厂后直接进破碎机破碎并贮入石灰石库，如果进厂石灰石的成分波动大，应考虑石灰石的预均化。

### 2.1.2　粘土质原料

粘土质原料是含水铝硅酸盐原料的总称。粘土质原料的主要化学成分是$SiO_2$，其次还含有$Al_2O_3$、$Fe_2O_3$和CaO。它提供水泥熟料中的$SiO_2$、$Al_2O_3$及少量$Fe_2O_3$。我国水泥企业采用的天然粘土质原料种类很多，有黄土、粘土、页岩、粉砂岩、河泥等，其中黄土和粘土用得最为广泛。

2.1.2.1　粘土质原料的种类与性质

(1) 粘土

粘土是多种微细的呈疏松或胶状密实的含水硅酸盐矿物的混合体，主要由钾长石($K_2O \cdot Al_2O_3 \cdot 6SiO_2$)、钠长石或云母($K_2O \cdot 3Al_2O_3 \cdot 6SiO_2$)等的风化物组成。水泥生产采用的粘土由于其形成和产地不同，成分差别较大，加之所含杂质不同，颜色不一，多呈黄色、褐色或红色。

(2) 黄土

黄土是没有层理的粘土和微粒矿物的天然混合物。黄土的化学成分以 $SiO_2$、$Al_2O_3$ 为主，其次还有 $Fe_2O_3$、MgO、CaO 以及 $R_2O$，$R_2O$ 主要由云母、长石带入，含量可高达3.5%～4.5%；黄土的硅酸率较高，在 3.5～4.5 之间，铝氧率在 2.3～2.8 之间，颜色以黄褐色为主。

(3) 页岩、粉砂岩

页岩是粘土经长期胶结而成的粘土岩。页岩的主要成分是 $SiO_2$、$Al_2O_3$，还有少量的 $Fe_2O_3$、$R_2O$ 等。页岩可作为粘土使用，但其硅酸率较低，一般为 2.1～2.8，颜色一般为灰黄、灰绿、黑色及紫红等。

粉砂岩是粉砂经长期胶结变硬后的碎屑沉积岩。粉砂岩的主要矿物是石英、长石、云母、方解石以及其他岩石碎屑，其硅酸率较高，一般大于 3.0，铝氧率一般为 2.4～3.0，含碱量为 2%～4%，颜色呈淡黄、淡红、淡棕、紫红色等。

(4) 河泥、湖泥类

江河、湖泊由于水流速度分布不同，使夹带的泥沙有规律地分级沉积。可利用挖泥船在合适的固定区域内进行采掘。这一类原料储量丰富，化学成分稳定，颗粒级配均匀，生产成本低，且不占农田。缺点是此类物料量不大，且物料含水量大。

2.1.2.2　粘土质原料的质量要求

粘土质原料主要提供水泥熟料所需的 $SiO_2$、$Al_2O_3$ 和 $Fe_2O_3$。衡量粘土的质量主要看粘土的化学成分（硅酸率、铝氧率）、含砂量、含碱量、可塑性、需水性等工艺性能，生产方法不同，对粘土的质量要求也不尽相同。对粘土质原料的一般要求见表 1.2.2。

**表 1.2.2　粘土质原料的质量要求（%）**

| 品位 | 硅酸率 | 铝氧率 | MgO | $R_2O$ | $SO_3$ |
|---|---|---|---|---|---|
| 一级品 | 2.7～3.5 | 1.5～3.5 | <3.0 | <4.0 | <2.0 |
| 二级品 | 2.0～2.7 或 3.5～4.0 | 不限 | <3.0 | <4.0 | <2.0 |

2.1.2.3　粘土质原料的质量控制管理

(1) 进厂前的质量控制

粘土的形成较为复杂，成分稳定性相对较差，因此，对粘土质原料矿床也应采取分层取样，测定粘土质原料的化学成分，全面制订矿山质量管理体制。应按不同品位，分区分层开采。表层土和杂质也应先剥离，后开采。有粘土矿山的企业，最好在粘土质原料进厂前先搭配开采和装运。无粘土质矿山的企业，进厂后要按指定地点分批堆放，检验后搭配使用。

(2) 进厂后的质量控制

为保证生产的连续进行和有利于质量控制，粘土应有 10 d 以上的储量。进厂后的粘土质原料应按时取样，每批进行一次全分析，主要控制其硅酸率($n$)和铝氧率($p$)。水泥生产用粘土质原料，硅酸率最好为 2.7～3.1，铝氧率为 1.5～3.0，此时氧化硅含量相应为 55%～72%（一般氧化硅含量都大于 60%）。如果粘土硅酸率过高，大于 3.5 时，则可能是含粗砂（粒径大于 0.1 mm）过多的沙质土；如硅酸率过小，小于 2.3，配料时除非石灰质原料含有较高的 $SiO_2$，否则就要添加难磨难烧的硅质校正原料（在实际生产中，硅质校正原料尽量少加，否则会使得磨、窑产量降低，能耗增加）。粘土的铝氧率不符合要求时，也要加校正原料。

粘土中应尽量不含碎石、卵石，粗砂含量应小于5.0%。这是因为粗砂为难磨的结晶状态的游离 $SiO_2$，未磨细的结晶 $SiO_2$ 会影响生料的易烧性，不利于窑、磨的产量提高。

新型干法窑生产由于无需成球，故对粘土的可塑性不作要求。

为保证生料中碱含量小于1.0%，应控制粘土中碱含量小于4.0%。当生产低碱硅酸盐水泥时，要求碱含量（$Na_2O+0.658\ K_2O$）不得大于0.60%。悬浮预热器窑、预分解窑生产硅酸盐水泥时，应尽量降低粘土中的碱含量，以防止窑内结皮堵塞。

氯根（$Cl^-$）易引起新型干法窑的结皮，应限制氯根的含量，一般要求生料中 $Cl^-$ 含量不超过0.015%。

为保证水泥的安定性，粘土中氧化镁含量应小于3.0%。

### 2.1.3　校正原料

#### 2.1.3.1　校正原料的种类

当石灰质原料和粘土质原料配合所得生料成分不符合生产相应标号水泥的配料方案时，必须根据所缺少的组分掺加相应的原料。这种以补充水泥生产原料中某些成分不足的原料称为校正原料，主要有以下三种。

（1）铁质校正原料的质量控制

生料中氧化铁含量不足时，应掺加氧化铁含量大于40%的铁质校正原料。常用的有硫铁矿渣（即铁粉），主要成分为 $Fe_2O_3$，其中的 $Fe_2O_3$ 含量一般大于50%，为红褐色粉末，含水量较大。其他还有低品位铁矿石、铅矿渣、铜矿渣等。

配制生料的铁质原料一般用量不多，且成分波动不大，进厂后应分批存放，每批进行一次全分析，先检验后分批使用。

铁质校正原料一般应有10 d以上的储量。

（2）硅质校正原料

当生料中氧化硅含量不足时，应掺加氧化硅含量在70%～90%的硅质校正原料。常用的有石英砂、砂岩、河砂、粉砂岩等。

（3）铝质校正原料

当生料中氧化铝含量不足时，应掺加氧化铝含量大于30%的铝质校正原料。常用的有煤渣、煤矸石、铝矾土等。

#### 2.1.3.2　校正原料的质量要求

对校正原料的一般质量要求如表1.2.3所示。

**表1.2.3　校正原料质量要求**

| 校正原料 | $n$ | $SiO_2$(%) | $R_2O$(%) |
|---|---|---|---|
| 硅质 | >4.0 | 70～90 | <4.0 |
| 铝质 | $Al_2O_3$>30% | | |
| 铁质 | $Fe_2O_3$>40% | | |

2.1.3.3　其他材料

(1) 萤石的质量控制指标

萤石在水泥生产中往往作为矿化剂使用。矿化剂是一种可以改善生料易烧性、提高熟料质量、降低能耗的外加剂。矿化剂的种类很多，如萤石、氟化钠、氟硅酸钠、石膏、磷石膏、铜矿渣、铅矿渣、钛矿渣等。其中萤石是水泥工业使用最久、最普遍、效果较好的一种。采用萤石作矿化剂时掺入量要适当，而且要准确和均匀。矿化剂也可以两种或两种以上同时使用，称为复合矿化剂。较常用的复合矿化剂是萤石＋石膏。

一般萤石中主要成分为 $CaF_2$，其含量在 60%～90% 的范围内。用作矿化剂的萤石其 $CaF_2$ 的含量最好大于或等于 60%，以减少某些有害成分的带入而影响水泥的质量。

萤石进厂后要分批堆放，每批检验一次。通常只做萤石中 $CaF_2$ 的含量检测，也可以做萤石的全分析，一般根据萤石中 $CaF_2$ 的含量计算萤石掺加量。

萤石应有 15 d 的储存量。入磨萤石的粒度最好小于 20 mm。

(2) 石膏的质量控制

石膏在水泥工业中既可作为缓凝剂，调节水泥的凝结时间，也可作为矿化剂，对提高熟料质量和产量有明显效果。在矿渣水泥中，它还是矿渣的活性激发剂，可以增加矿渣水泥的强度，改善矿渣水泥的一些性能。

依据《石膏和硬石膏》(GB/T 5483—1996)，对石膏和硬石膏的质量控制要求是：

① 附着水：产品的附着水含量不得超过 4%(m/m)。

② 块度尺寸：产品的块度不大于 400 mm。如有特殊要求，由供需双方商定。

③ 分级：各类产品按其品位分级，并应符合表 1.2.4 要求。

**表 1.2.4　石膏分级**

| 产品名称 | 石膏(G) | 硬石膏(A) | 混合石膏(M) |
|---|---|---|---|
| 品位(%)<br>级别 | $CaSO_4\cdot 2H_2O$ | $CaSO_4+CaSO_4\cdot 2H_2O$<br>且 $\frac{CaSO_4}{CaSO_4+CaSO_4\cdot 2H_2O}\geqslant 0.80$(质量比) | $CaSO_4+CaSO_4\cdot 2H_2O$<br>且 $\frac{CaSO_4}{CaSO_4+CaSO_4\cdot 2H_2O}<0.80$(质量比) |
| 特级 | ≥95 | — | ≥95 |
| 一级 | ≥85 | | |
| 二级 | ≥75 | | |
| 三级 | ≥65 | | |
| 四级 | ≥55 | | |

石膏进厂一批取样化验一次，基本测定成分是附着水、结晶水和三氧化硫，其他项目由供需双方商定。

根据规定，供方应在发货 7 d 之内向需方提供产品基本分析检验单。

入磨石膏的粒度小于或等于 30 mm。

石膏应有 20 d 以上的储存量。

### 2.1.4　燃料

水泥生产需要消耗大量的燃料。我国水泥工业大部分采用煤来煅烧水泥熟料。常用的有烟煤、无烟煤、褐煤和焦炭。但煤除了供给熟料烧成所需的热量外，由于煤燃烧后产生的灰分绝大部分落入熟料中，从而影响水泥熟料的性质，所以，煤又是水泥生产的一种“原料”。因此，对于水泥企业用煤，进行质量控制是非常重要的。

（1）无烟煤

无烟煤又称硬煤、白煤，是一种炭化程度最高、干燥无灰基挥发分含量小于10%的煤。其收到基低热值一般为20900～29700 kJ/kg（5000～7000 kcal/kg），结构致密坚硬，有金属光泽，密度较大，含碳量高，着火温度为600～700 ℃，燃烧火焰短，是立窑煅烧熟料的主要燃料。

立窑煅烧熟料时，由于燃煤挥发分的分解温度比其燃点低，在煅烧过程中，燃料还没有进入高温带，挥发分就在高温缺氧的预热带逸出并被废气带走，造成热量的浪费。所以立窑煅烧熟料尽可能采用挥发分低的煤，最好挥发分不超过10%，故需用无烟煤。

（2）烟煤

烟煤是一种炭化程度较高、干燥无灰基挥发分含量为15%～40%的煤。其收到基低热值一般为20900～31400 kJ/kg（5000～7500 kcal/kg），结构致密，较为坚硬，密度较大，着火温度为400～500 ℃，是回转窑煅烧熟料的主要燃料。

煤燃烧时，挥发分低的煤不易着火，火焰短，高温集中；挥发分高的煤着火快，火焰长。为使回转窑火焰长些，煅烧均匀些，一般要求煤的挥发分在22%～32%。因此，回转窑煅烧熟料最好使用发热量和挥发分适中的烟煤。

回转窑用煤，需将煤磨成煤粉再入窑。煤粉太粗，则煤燃烧不完全，增加煤耗；煤粉细，虽然燃烧快，但太过细会降低磨机产量，增加磨机电耗，一般控制0.080 mm方孔筛筛余8%～15%。

（3）预分解窑对燃料的质量要求

新型干法水泥生产采用了多风道燃烧器、充气梁篦冷机（篦式冷却机）等，提高了二次风温度，对燃料要求相对较低，目前预分解窑用低质煤煅烧水泥熟料技术已成熟。

① 热值：燃料热值高，可以提高发热能力和煅烧温度；热值低，使煅烧熟料的单位煤耗增加，窑的单位产量降低。一般要求燃料的低位热值大于21000 kJ/kg。

② 挥发分：挥发分和固定碳是可燃成分。挥发分低，着火温度高，黑火头长，热力不集中。一般要求煤的挥发分在18%以上。但随着能源紧张和燃烧器的改进，低挥发分煤在回转窑上的应用越来越普遍。如福建普遍采用挥发分在3%～5%的无烟煤，也能正常生产。

③ 细度：煤粉太粗，燃烧不完全，增加能耗，同时煤灰落在熟料表面，降低熟料质量。煤粉细度要求控制在0.080 mm方孔筛筛余量小于15%。煤粉细度主要取决于燃煤种类和质量。煤种不同，煤粉质量不同，煤粉的燃烧温度、燃烧所产生的废气量也不同。对正常运行的回转窑，在燃烧温度和系统通风量基本稳定的情况下，煤粉的燃烧速度与煤粉的细度、灰分、挥发分和水分含量有关。绝大多数水泥厂，水分一般都控制在1.0%以下。所以挥发分含量越高，细度越细，煤粉越容易燃烧。当水泥厂选定某矿点的原煤作为烧成用煤时，挥发分和灰分基本固定，只有改变煤粉细度才能满足燃烧工艺要求。但煤粉磨得过细，既增加能耗，又容易引起煤粉自燃和爆炸。因此确定符合本厂需要的煤粉细度，对稳定烧成系统的热工制度，提高熟料产量、质量和降低热耗都是非常重要的。

必须指出，许多水泥厂对煤粉水分控制不够重视，认为煤粉中的水分能增加火焰的亮度，有利于烧成带的辐射传热。但是，煤粉水分高，煤粉松散度就差，煤粉颗粒易黏结使其细度变大，影响煤粉的燃烧速度和燃尽率；煤粉仓也容易起拱，影响喂煤的均匀性。生产实践证明，控制入窑煤粉水分不超过1.0%对水泥生产和操作都是有利的。

## 2.2　混合材的质量控制

混合材也是水泥工业重要的原材料之一。水泥中使用混合材可以增加水泥产量，节约能源，降低成本，改善和调节水泥的某些性能，综合利用工业废渣，减少环境污染；但混合材掺入也会影响水泥的一些性能，如早期强度下降等。因此，混合材的质量控制是非常重要的。

混合材按其性质可以分为两大类：活性混合材和非活性混合材。

### 2.2.1　活性混合材

凡是天然的或人工制成的矿物质材料，加水后本身不硬化，但与石灰加水调和成胶泥状态，不仅能在空气中硬化，并能继续在水中硬化，这类材料称为活性混合材或水硬性混合材。

生产通用水泥时，国家标准规定的活性混合材主要有以下三类：

(1) 粒化高炉矿渣、粒化高炉铬铁渣、粒化高炉钛矿渣。

(2) 粉煤灰。

(3) 火山灰质混合材。

### 2.2.2　非活性混合材

非活性混合材是指活性指标不符合以上技术标准要求的粉煤灰、火山灰质混合材料、粒化高炉矿渣以及石灰石、砂岩、生页岩等。目前，只有在生产普通水泥、混合水泥时才使用非活性混合材。例如：只有在三氧化二铝含量不得超过2.5%时，才可用石灰石和矿渣生产双掺水泥。非活性混合材和活性混合材的区别主要有以下两点：

(1) 非活性混合材促使水泥熟料水化能力变弱，即没有吸收 $Ca(OH)_2$ 的能力。

(2) 掺非活性混合材的水泥强度与硅酸盐水泥强度的比值，基本不随龄期的增长而变化；相反，掺活性混合材的水泥强度与硅酸盐水泥强度的比值，在龄期28 d至3个月期间增长很快，形成一个突变点。

掺石灰石的水泥其早期强度是比较高的，但后期强度却无多大增长，它与硅酸盐水泥的强度比值仍然比较稳定，但没形成一个突变点。

其他材料，如窑灰、钢渣、磷渣等工业废渣，用作混合材能有明显的经济效益，但要注意：材料的品质不同，不能乱用。

## 2.3　水泥生产流程质量控制图表

水泥生产流程质量控制图表是将生产过程中的质量控制情况集中在一张平面图上，清晰地表示出来，即为生产流程控制图；生产过程的各控制点按生产流程顺序列成一张表格，便成控制表。生产流程控制图表，要根据各厂的工艺流程的特点而定。通过生产流程质量控制图表，可以清楚地知道水泥厂的生产流程质量控制情况。

### 2.3.1　质量控制点、控制项目、控制指标的确定

从矿山到水泥出厂各主要环节设置的控制点称为质量控制点。控制点的确定，要做到能及时、准确地反映生产真实的质量情况，并能够体现"事先控制，把关堵口"的原则。

如果是为了检验某工序的产品质量是否满足要求，质量控制点应确定在该工序的终止地点或设备的出口处(例如：熟料的检测取样控制点设在窑卸料口处)，即工艺流程转换衔接、并能及时和准确地反映产品状况和质量的关键部位。如果是为了提供某工艺过程的操作依据，则应在物料进入设备前取样。每一控制点上的控制项目及控制指标，应根据国家标准、水泥企业质量管理规程等明文规定的控制管理文件来考虑。但这些文件仅规定了控制产品质量的最低限度，而在实际生产中，工厂为了严格控制各工序的产品质量，还必须制订切合本厂实际、有利于质量的控制项目及相应的控制指标。因此，在生产中工厂应根据水泥品种、等级的变化调整和制订相应的控制项目及控制指标，使产品质量更加稳定。

### 2.3.2　预分解窑生产工艺的生产流程质量控制图表

预分解窑生产工艺的生产流程质量控制图表见图 1.2.1、表 1.2.5。

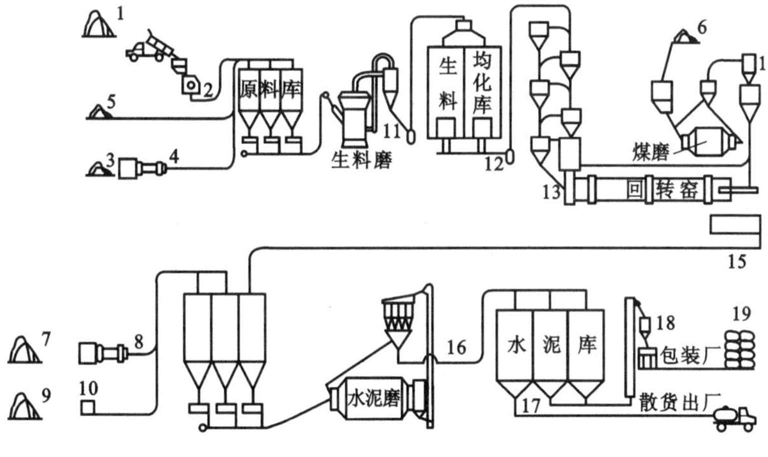


图 1.2.1　预分解窑生产流程质量控制网点示意图

1—石灰石矿山；2—入库石灰石；3—粘土堆场；4—入库粘土；5—铁粉堆场；6—原煤堆场；7—矿渣堆场；8—入库矿渣；9—石膏堆场；10—入库石膏；11—出磨生料；12—入旋风筒生料；13—入窑生料；14—煤粉；15—出窑熟料；16—出磨水泥；17—散装水泥；18—包装水泥；19—成品库

**表 1.2.5　预分解窑生产流程质量控制表**

| 物料名称 | 取样地点 | 检测次数 | 取样方法 | 检测项目 | 技术指标 | 合格率 | 备注 |
|---|---|---|---|---|---|---|---|
| 石灰石 | 矿山或堆场 | 每批一次 | 平均样 | 全分析 | CaO≥49%，MgO<3.0% | 100% | |
| | 破碎机出口 | 每日一次 | 瞬时样 | 粒度 | 粒度≤25 mm | 90% | |
| 粘土 | 粘土堆场 | 每批一次 | 平均样 | 全分析水分 | 符合配料要求水分<15% | 100% | |
| | 烘干机出口 | 2 h 一次 | 瞬时样 | 水分 | 水分<1.5% | 90% | |
| 铁粉 | 铁粉堆场 | 每批一次 | 平均样 | 全分析 | $Fe_2O_3$> 45% | | 贮存量>10 d |

**续表 1.2.5**

| 物料名称 | 取样地点 | 检测次数 | 取样方法 | 检测项目 | 技术指标 | 合格率 | 备注 |
|---|---|---|---|---|---|---|---|
| 煤 | 煤堆场 | 每批一次 | 平均样 | 工业分析<br>煤灰全分析<br>水分 | $A_{ad}<25\%$，$V_{ad}=22\%\sim32\%$<br>$Q_{net,ad}=22000$ kJ/kg<br>水分<10% | | 贮存量>20 d |
| 矿渣 | 矿渣堆场 | 每批一次 | 平均样 | 全分析 | 质量系数≥1.2 | | 贮存量>20 d |
| | 烘干机出口 | 1 h一次 | 瞬时样 | 水分 | 水分<1.5% | 90% | |
| 石膏 | 石膏堆场 | 每批一次 | 平均样 | 全分析 | $SO_3$>30% | | 贮存量>20 d |
| | 破碎机出口 | 每日一次 | 瞬时样 | 粒度 | 粒度≤30 mm | 90% | |
| 出磨生料 | 选粉机出口 | 1 h一次 | 瞬时样 | 细度 | 目标值±2.0%(0.080 mm筛) | 90% | 贮存量>7 d |
| | | 1 h一次 | 瞬时样 | 全分析 | 三个率值，四个化学成分 | 70% | |
| 入旋风筒生料 | 均化库底 | 1 h一次 | 瞬时样 | 细度 | 目标值±2.0%(0.080 mm筛) | 90% | |
| | | 1 h一次 | 瞬时样 | 全分析 | 三个率值，四个化学成分 | 80% | |
| 入窑生料 | 旋风筒出口 | 4 h一次 | 瞬时样 | 分解率 | 分解率>90% | | |
| 煤粉 | 入煤粉仓前 | 4 h一次 | 瞬时样 | 细度 | 目标值±2.0%(0.080 mm筛) | 90% | 4 h用量 |
| | | | | 水分 | 水分<1.0% | | |
| 熟料 | 冷却机出口 | 1 h一次 | 平均样 | 容积密度 | 容积密度>1300 g/L | 100% | 贮存量>5 d |
| | | 2 h一次 | 平均样 | *f*-CaO | *f*-CaO<1.0% | 100% | |
| | | 24 h一个综合样 | | 全套物检<br>全分析 | 强度≥45 MPa，<br>安定性一次合格，三个率值 | 100% | |
| 出磨水泥 | 选粉机出口 | 1 h一次 | 瞬时样 | 细度 | 细度≤目标值(0.080 mm筛) | 90% | |
| | | 1 h一次 | 瞬时样 | 比表面积 | 比表面积≤目标值 | 90% | |
| | | 4 h一次 | 平均样 | 矿渣掺量 | 目标值±2.0% | 90% | |
| | | 2 h一次 | 瞬时样 | $SO_3$ | 目标值±0.3% | 70% | |
| | | 每日一次 | 平均样 | 全套物检 | 达国家标准 | 100% | |
| 包装水泥 | 包装机下 | 每班一次 | 连续20包 | 袋重 | 20包>1000 kg，单包≥50 kg | 100% | 包装标志齐全 |
| 散装水泥 | 散装库出口 | 每编号一次 | 连续取样 | 全套物检烧失量，$SO_3$，*f*-CaO，MgO | 达到国家标准要求 | 100% | |
| 成品水泥 | 成品库 | 每编号一次 | 平均样 | 全套物检 | 达到国家标准 | 100% | 编号吨位符合规定 |
| | | | 取20包 | 均匀性试验<br>袋重 | 变异系数≤3.0%<br>20包>1000 kg，单包≥50 kg | | |

注：出磨生料和入旋风筒生料的全分析都用X荧光分析仪测。

# 2.4　水泥生产过程中的均化链

## 2.4.1　均化的基本概念

原料经过破碎后，有一个储存、再取用的过程。如果在这个过程中采用不同的储取方法，使储入时成分波动较大的原料至取出时成为比较均匀的原料，这个过程称为预均化。

粉磨后的生料在储存过程中利用多库搭配、机械倒库和气力搅拌三种方法，使生料成分趋于一致，这就是生料的均化。

2.4.1.1　生料的均化链

水泥生产过程是一个连续的过程，整个生产过程就是一个不断均化的过程，每经过一个过程都会使原料或半成品进一步得到均化。生料入窑前的一系列制备工作就是生料均化工作的一条完整的均化链，如图1.2.2所示。

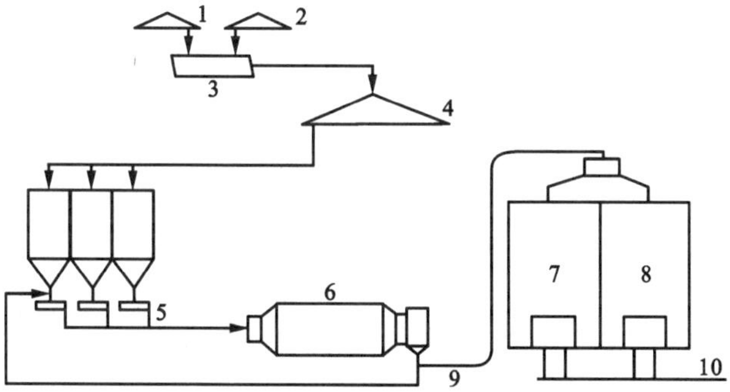


图1.2.2　生料制备及其均化工艺流程

1—石灰石堆场；2—第二种原料；3—破碎；4—预均化堆场；5—配料

6—粉磨；7—空气搅拌；8—备用贮库；9—取样；10—均化后入窑生料

从图中可知，生料制备过程的均化链主要包括以下四个环节：

(1) 矿山采掘时，按原料质量变化情况搭配开采，使矿石在采运过程中得到初步均化，以减小原料成分的波动；

(2) 原料进行预均化；

(3) 粉磨过程中的均化；

(4) 生料的均化。

在这条均化链中，最重要也是均化效果最好的是(2)、(4)两个环节，这两个环节担负着均化链全部均化80%左右的工作量。

2.4.1.2　均化效果的评价

经过均化后的生料，物料的成分是否均匀，可用标准偏差、变异系数、均化效果等参数来进行评价。

(1) 标准偏差

标准偏差是数理统计中的一个数学概念，又称标准差、方根差。标准偏差用于水泥行业时，表示物料成分的均匀性，其值越小，成分越均匀。

标准偏差可用下式计算：

$$S=\sqrt{\frac{1}{n-1}\sum_{i=1}^{n}(x_i-\overline{x})^2} \tag{1.2.1}$$

式中 $S$——标准偏差；

$n$——试样总数或测量次数，一般该值为 20～30；

$x_i$——物料中某成分的各次测量值，$i=1,\cdots,n$；

$\overline{x}$——各次测量值的平均值，即：

$$\overline{x}=\frac{1}{n}\sum_{i=1}^{n}x_i \tag{1.2.2}$$

目前，国内很多的水泥企业采用计算合格率的方法来评价物料的均匀性。合格率虽然可以反映物料成分的均匀性，但它并不反映全部样品的波动幅度及其成分分布特性。

例如：有两组石灰石样品，其 $CaCO_3$ 含量介于 90%～95%的合格率为 60%，每组 10 个样品的 $CaCO_3$ 含量如表 1.2.6 所示。

**表 1.2.6 $CaCO_3$ 含量**

| 样品编号 | 1 | 2 | 3 | 4 | 5 | 6 | 7 | 8 | 9 | 10 |
|---|---|---|---|---|---|---|---|---|---|---|
| 第一组 | 99.5 | 93.8 | 94.0 | 90.2 | 93.5 | 86.2 | 94.0 | 90.3 | 98.9 | 85.4 |
| 第二组 | 94.1 | 93.9 | 92.5 | 93.5 | 90.2 | 94.8 | 90.5 | 89.5 | 91.5 | 89.9 |

第一组样品 $CaCO_3$ 的平均含量为 92.58%，第二组样品 $CaCO_3$ 的平均含量为 92.03%，两者基本接近，合格率也都为 60%，但可以看出，两组样品的波动幅度相差很大。第一组波动幅度在平均值的±7%左右，第二组样品的波动幅度要小得多。

如果用标准偏差去衡量两组样品的波动幅度，计算可得，第一组的标准偏差 $S_1=4.68$，第二组的标准偏差 $S_2=1.96$。

显然，用合格率来衡量物料成分的均匀性是很不准确的，最好还是用标准偏差来衡量物料成分的均匀性比较科学。

(2) 变异系数

变异系数为标准偏差($S$)与试样各次测量值算术平均值($\overline{x}$)的比值，通常用符号 $C_V$ 表示，它表示物料成分的相对波动情况，变异系数越小，成分的均匀性越好。

变异系数可由下式求得：

$$C_V=\frac{S}{\overline{x}}\times 100\% \tag{1.2.3}$$

(3) 均化效果

均化效果亦称均化倍数或均化系数，是指均化前物料的标准偏差与均化后物料的标准偏差的比值。$H$ 值越大，表示均化效果越好。即：

$$H=\frac{S_{进}}{S_{出}} \tag{1.2.4}$$

式中 $H$——均化效果；

$S_{进}$——均化前物料的标准偏差；

$S_{出}$——均化后物料的标准偏差。

### 2.4.2 原、燃料的预均化

预均化技术的基本原理可简单地概括为“平铺直取”。即破碎后的原料在储存时，应尽量在水平方向上重叠同厚度料层进行堆料(平铺)，取用时要垂直于料层方向同时取不同料层，直到整个料层的物料取尽为止(直取)。这样取出的物料中包含了所有料层的物料，即同一时间取到了不同时间堆放的不均匀的物料，取料的同时完成了物料的混合均化(即物料中各成分平均化)。堆放的料层越多，出料成分就越均匀。

原料是否采用预均化，取决于原料成分波动的情况。原料成分波动性越大，越需要预均化。一般可用原料的变异系数 $C_V$ 来判断。

当 $C_V<5\%$时，说明原料的均匀性良好，不需要采用预均化。

当 $C_V=5\%\sim10\%$时，说明原料的成分有一定的波动。如果其他原料包括燃料的质量稳定，生料配料准确及生料均化设施的均化效果好，可以不考虑原料的预均化。反之，则应考虑该原料的预均化。

当 $C_V>10\%$时，说明原料的均匀性很差，成分波动大，必须进行预均化。当进厂煤的灰分波动大于$\pm5\%$时，也应同时考虑煤的预均化。

### 2.4.3 生料的均化

#### 2.4.3.1 生料均化的意义

原料的预均化，可使原料成分波动缩小 10%～15%。但是，即使均化得十分均匀，由于在配料过程中的设备误差、操作误差及物料在输送过程中物料离析现象的存在，出磨的生料仍会有一定的波动。因此，生料的均化是一个非常重要、必需的环节。

出磨生料的均化是通过采用一定的工艺措施，以达到降低生料化学成分波动幅度，使生料成分趋于均匀一致。

#### 2.4.3.2 均化方式

(1) 多库搭配

多库搭配均化，即出磨生料通过输送设备向各库层层布料，生料在库内进行自然堆积，并以正人字形进行分布，堆积到一定高度后，生料由库底均匀卸出，卸出的物料自下而上从中心部位流出，使库内的堆积状况逐步由正人字形变成倒人字形的漏斗形状。通过上述进料与出料过程，可使生料达到一定的均化作用。

(2) 机械倒库

机械倒库是将一个或几个库内的生料按一定的比例搭配后再倒入另一个库内，生料在入库时借其自然休止角呈倾斜分布堆积状态，而出库时则经自重作用切割料层卸料，从而起到均化作用。

(3) 空气均化

空气均化是从库底通入压缩空气，使库内生料呈流态化，生料在压缩空气的作用下，上下翻腾激烈混合，从而达到均化目的。空气均化效果好，可提高入窑生料成分的均匀性。空气均化分间歇式和连续式两种。

① 间歇式均化库：生料在均化库内堆积到一定的高度(约占库高 70%)，在库底通入压缩空气，使库内物料呈流态化，并按一定规律改变各区进气压力或流量，使库内生料产生差速流

态化运动和上下对流翻腾的搅拌作用，达到均化生料的目的。为了保证在空气搅拌下生料能够相互混合，一般采用分区搅拌的方法。库底分区方法有扇形、条形和环形等几种。

② 连续式均化库：连续式空气搅拌是生料均化过程连续化。它既是均化装置又是生料磨和窑之间缓冲、储存装置。出磨生料通过进料装置从库顶周围的各个区域依次进料，同时在库底使生料进入混合室，通过压缩空气作用在混合室内激烈搅拌而达到均化生料的目的。生料进库、均化、出库同时实现。这种均化方式要求原料成分波动小，适合于现代化大型水泥企业。

# 2.5 任务实施

## 2.5.1 有关质量控制参数的确定

### 2.5.1.1 取样方法

取样时，应保证所取样品具有实际生产的代表性和取样的可能性。取样方法有连续取样法和瞬时取样法两种。如要检验某一阶段内产品的质量，则可在一段时间内取平均样，即连续取样法，如每天的生料、水泥、出窑熟料取样检测等。如要控制某工序的操作稳定性，应取瞬时样，如出磨生料 $CaCO_3$ 滴定值、出窑熟料的 $f$-CaO 含量以及原燃材料的取样检测等。

### 2.5.1.2 取样次数与检验次数

取样次数与检验次数对质量控制的准确性影响极大。因此，应根据实际生产中的技术要求和质量波动情况来确定。

如实际生产中由于矿山等进厂物料在某段时间内变化波动大，那么在该段时间内就要增加检测次数；如控制项目对产品质量影响很大，也应增加检验次数。如 $CaCO_3$ 滴定值对熟料的煅烧和质量都有很大影响，因此检验次数较多，一般 1 h 一次，如水泥产量大，也可以 30 min 一次（根据企业生产实际情况自行制订）。总之，如原、燃材料成分波动较大时，取样次数与检验次数相应要增加；反之，则可减少。

### 2.5.1.3 检验方法

检验方法的选择应遵循简单、迅速、准确的原则。但在实际生产的检验工作中，传统的化学分析方法很难全部满足上述要求，只有仪器分析方法才能很好地达到要求，如钙铁煤分析仪、全煤分析仪、X 荧光分析仪等。现在使用较为广泛的是后两种仪器。

## 2.5.2 水泥原料的质量控制

水泥生产用原料的质量控制是制备成分合适、均匀稳定的生料的必要条件。因为有了成分合适、均匀稳定的生料才能保证煅烧优质的熟料。所以，水泥原料、燃料的质量控制是保证制备优质生料、煅烧合格熟料、生产达标水泥的基本条件。

### 2.5.2.1 石灰石控制指标及检测方法

为保证生产连续正常的进行并有利于质量控制，石灰石应有一定的储存量。外购石灰石的企业一般应有 15 d 以上的储量，有矿山的企业至少应有 5 d 的储量。

进厂一批石灰石进行一次 CaO 测定或做全分析。石灰石质量控制指标如下：

CaO≥48%；　MgO≤3.0%；　燧石或石英≤4.0%；
碱（$Na_2O+K_2O$）≤0.6%～1.0%；　$SO_3$≤1.0%；　粒度≤25 mm。

进厂石灰石质量控制原始记录见表1.2.7所示。

**表1.2.7　进厂石灰石质量控制原始记录**

| 进厂时间 | 班次 | 进厂车数 | 取样地点 | $CaCO_3$(%) | 粒度≤25 mm | 检验人 |
|---|---|---|---|---|---|---|
| | | | | | | |
| | | | | | | |
| | | | | | | |
| | | | | | | |

石灰石控制指标检测方法参见项目2化学分析部分。

2.5.2.2　粘土质原料的控制指标及检测方法

粘土质原料在生料中配比占15%～20%，质量波动相对较大，所以控制粘土的质量也很重要。粘土质原料的质量控制包括进厂前的质量控制和进厂粘土的质量控制两部分。

粘土质原料控制指标及检测方法参见项目2化学分析部分。

2.5.2.3　铁质校正原料、萤石和石膏的控制指标及检测方法

(1) 铁质校正原料的质量控制

要求铁质校正原料中 $Fe_2O_3 \geqslant 40\%$。

(2) 萤石的质量控制

萤石控制指标及检测方法参见项目2化学分析部分。

(3) 石膏的质量控制

石膏各控制指标及检测方法参见项目2化学分析部分。

### 2.5.3　水泥燃料的质量控制

要生产达标水泥，仅有成分合适、均匀稳定的生料是不够的，还必须控制好燃料的质量，才能保证熟料的煅烧及质量。

2.5.3.1　燃料的控制指标及检测方法

煤质量的评价可用元素分析的方法，也可用工业分析的方法。水泥企业一般用煤的工业分析方法。工业分析主要包括煤的水分、灰分、挥发分、发热量的测定及固定碳的计算(也可利用煤的工业分析结果计算煤的发热量)。现介绍煤的工业分析方法，主要参照(GB/T 212—1991)。

(1) 水分的测定

根据水在煤中存在的形态，分为游离水和化合水。游离水是以物理吸附的方式存在于煤中的；化合水是以化合方式同煤中的矿物质结合的水，也叫结晶水。化合水需在200 ℃以上才能分解放出。煤的工业分析测定的水分是游离水，不包括结晶水，只测定全水分、应用煤水分和分析样水分。全水分是指进厂煤的水分；应用煤水分是指在生产过程中使用的煤的水分；分析样水分是指进行煤的工业分析时所测定的空气干燥基煤样水分。

1) 全水分的测定步骤

① 取进厂煤，粒度破碎至13 mm以下，用已知质量的浅盘称取煤样500 g(精确到1 g)，并将其摊平。

② 将装有煤样的浅盘放入预先鼓风并加热到 105～110 ℃的干燥箱中，在不断鼓风的条件下，烟煤干燥 2～2.5 h，无烟煤干燥 3～3.5 h，褐煤在 145±5 ℃干燥 1.5 h，取出浅盘，趁热称重。进行反复烘干，每次 30 min，直到连续两次煤样的减少不超过 1 g 为止。

③ 全水分($M_t$)的质量百分数按下式计算：

$$M_t = \frac{m - m_1}{m} \times 100\% \tag{1.2.5}$$

式中 $m$——干燥前试样的质量，g；

$m_1$——干燥后试样的质量，g。

2）应用煤水分的测定步骤

① 用已知质量的浅盘称取煤样(粒度破碎至 6 mm 以下，有的企业为 5 mm 以下)50 g(精确到 0.1 g)，并将其摊平。

② 将装有煤样的浅盘放入预先鼓风并加热到 105～110 ℃的干燥箱中，在不断鼓风的条件下，烟煤干燥 1～1.5 h，无烟煤干燥 1.5～2 h，褐煤在 145±5 ℃干燥 1 h，取出浅盘，趁热称重。

③ 应用煤水分($M_{ar}$)的质量百分数按下式计算：

$$M_{ar} = \frac{m - m_1}{m} \times 100\% \tag{1.2.6}$$

式中 $m$——干燥前试样的质量，g；

$m_1$——干燥后试样的质量，g。

3）空气干燥基煤样水分的测定步骤

① 取粒度 0.2 mm 以下的空气干燥煤样(预分解窑取入窑煤粉，立窑可采用测定应用煤水分留取的平均煤样，并破碎至 0.2 mm 以下)，用预先干燥至恒量的称量瓶称取煤样 1±0.1 g(精确到 0.002 g)，摊平在称量瓶中。

② 将装有煤样的称量瓶放入预先鼓风并加热到 105～110 ℃的干燥箱中，在不断鼓风的条件下，烟煤干燥 1 h，无烟煤干燥 1～1.5 h，褐煤在 145±5 ℃下干燥 1 h。

③ 从干燥箱中取出称量瓶，立即盖上盖子，放入干燥器中冷却至室温(约 20 min)后称量。反复烘干，每次 30 min，直到连续两次煤样的减量不超过 0.001 g 为止。

④ 空气干燥基煤样水分($M_{ad}$)的质量百分数按下式计算：

$$M_{ad} = \frac{m - m_1}{m} \times 100\% \tag{1.2.7}$$

式中 $m$——干燥前试样的质量，g；

$m_1$——干燥后试样的质量，g。

(2) 灰分的测定

1）检测原理

称取一定量的空气干燥基煤样，放入马弗炉中，以一定的速度(升高不能过快)加热到 815±10 ℃，灰化并灼烧至质量恒定。以残留物的质量占煤样质量的百分数作为灰分产率。

2）测定步骤

① 用预先灼烧至恒量的灰皿称取粒度在 0.2 mm 以下的空气干燥煤样 1±0.1 g(精确到 0.002 g)，摊平在灰皿中。

② 将灰皿放入温度不超过 100 ℃的马弗炉中，关上炉门并使炉门留有 15 mm 左右的缝

隙。在不少于 30 min 的时间内将炉温升至约 500 ℃，并在此温度下保持 30 min。继续升温到 815±10 ℃，并在此温度下灼烧 1 h(在 500 ℃时保持温度的目的是使煤中的 $FeS_2$ 完全氧化，否则温度大于 750 ℃后煤中的碳酸钙分解出来的 CaO 和煤中 $FeS_2$ 作用形成 $CaSO_4$，其分解后的硫留于灰分中，会使灰分中硫的百分含量升高)。

③ 从炉中取出灰皿，在空气中冷却 5 min 左右，放入干燥器中冷却至室温后称量。反复干燥，每次 20 min，直到连续两次煤样的减量不超过 0.001 g 为止。

④ 空气干燥基灰分($A_{ad}$)的质量百分数按下式计算：

$$A_{ad} = \frac{m_1}{m} \times 100\% \tag{1.2.8}$$

式中　$m$——煤试样的质量，g；

$m_1$——灼烧后残渣的质量，g。

(3) 挥发分的测定

1) 检测原理

称取一定量的空气干燥基煤样，放在带盖的瓷坩埚中，在 900±10 ℃的温度下，隔绝加热 7 min，以减少的煤样的质量占煤样质量的百分数，减去该煤样的水分含量($M_{ad}$)作为挥发分产率。

2) 检测步骤

① 用预先在 900 ℃灼烧至恒量的带盖瓷坩埚称取粒度 0.2 mm 以下的空气干燥煤样 1±0.01 g(精确到 0.0002 g)，然后轻轻振动坩埚，使煤样摊平在坩埚中，盖上盖，放在坩埚架上。

② 将马弗炉预先加热至 920 ℃左右，迅速将放有坩埚的架子送入恒温区，关上炉门，加热 7 min。如炉温下降，必须在 3 min 内将炉温恢复至 900±10 ℃，否则此检测作废。加热时间包括恢复时间在内。

③ 从炉中取出坩埚，在空气中冷却 5 min 左右，移入干燥器中冷却至室温后称量。

④ 空气干燥基煤样挥发分($V_{ad}$)的质量百分数按下式计算：

$$V_{ad} = \frac{m - m_1}{m} \times 100\% - M_{ad} \tag{1.2.9}$$

式中　$M_{ad}$——空气干燥基煤样水分，%；

$m$——煤试样的质量，g；

$m_1$——煤样加热后的质量，g。

(4) 固定碳的计算

$$FC_{ad} = 100\% - (M_{ad} + A_{ad} + V_{ad}) \tag{1.2.10}$$

式中　$FC_{ad}$——空气干燥基煤样的固定碳含量，%；

$M_{ad}$——空气干燥基煤样水分含量，%；

$A_{ad}$——空气干燥基煤样灰分含量，%；

$V_{ad}$——空气干燥基煤样挥发分含量，%。

(5) 煤发热量的计算

烟煤低位发热量计算公式：

$$Q_{net,ad} = 35860 - 73.7V_{ad} - 395.7A_{ad} - 702.0M_{ad} - 173.6K_1 \tag{1.2.11}$$

式中　$Q_{net,ad}$——空气干燥基低位发热量,J/g;

$M_{ad}$——空气干燥基煤样水分含量,%;

$A_{ad}$——空气干燥基煤样灰分含量,%;

$V_{ad}$——空气干燥基煤样挥发分含量,%;

$K_1$——煤焦渣特征及挥发分对低位发热量的影响因子,见表1.2.8所示。

**表1.2.8　煤焦渣特征及挥发分对低位发热量的影响因子**

| 煤焦渣特征 | 各 $V_{ad}$ 范围对应的 $K_1$ 值 | | | | | | | | | |
|---|---|---|---|---|---|---|---|---|---|---|
| | 10%～13.5% | 13.5%～17% | 17%～20% | 20%～23% | 23%～29% | 29%～32% | 32%～35% | 35%～38% | 38%～42% | >42% |
| 1 | 352 | 337 | 335 | 329 | 320 | 320 | 306 | 306 | 306 | 304 |
| 2 | 352 | 350 | 343 | 339 | 329 | 327 | 325 | 320 | 316 | 312 |
| 3 | 354 | 354 | 350 | 345 | 339 | 335 | 331 | 329 | 327 | 320 |
| 4 | 354 | 356 | 352 | 348 | 343 | 339 | 335 | 333 | 331 | 325 |
| 5～6 | 354 | 356 | 356 | 352 | 350 | 345 | 341 | 339 | 335 | 333 |
| 7 | 354 | 356 | 356 | 356 | 354 | 352 | 348 | 345 | 343 | 339 |
| 8 | 354 | 356 | 356 | 358 | 356 | 354 | 350 | 348 | 345 | 343 |

无烟煤低位发热量计算公式:

$$Q_{net,ad} = 34814 - 24.7V_{ad} - 382.2A_{ad} - 563.0M_{ad} \tag{1.2.12}$$

褐煤低位发热量计算公式:

$$Q_{net,ad} = 31729 - 70.5V_{ad} - 321.6A_{ad} - 338.4M_{ad} \tag{1.2.13}$$

### 2.5.4　混合材的质量控制指标及检测方法

#### 2.5.4.1　混合材的质量控制指标

(1) 矿渣的质量控制

矿渣的质量要求和化学成分应符合表1.2.9要求。

**表1.2.9　矿渣的质量和化学成分要求**

| 技术指标＼等级 | 合格品 | 优等品 |
|---|---|---|
| 质量系数$=\frac{CaO+MgO+Al_2O_3}{SiO_2+MnO+TiO_2}$,不小于 | 1.20 | 1.60 |
| 二氧化钛($TiO_2$)含量(%)不大于 | 10.0 | 2.0 |
| 氧化亚锰(MnO)含量(%)不大于 | 4.0<br>15.0① | 2.0 |
| 氟化物(以F计)含量(%)不大于 | 2.0 | 2.0 |
| 硫化物(以S计)含量(%)不大于 | 3.0 | 2.0 |

注:① 冶炼锰铁时所用的矿渣。

矿渣质量控制要求还包括:矿渣在未经烘干前的储存期限自淬冷成粒时算起,不宜超过3个月。矿渣应按不同的等级分别储存和运输,且在储存和运输时不得与其他材料混装,车皮或车厢必须清除干净，以免混入杂质。

矿渣的储存量应在 10 d 以上。

(2) 火山灰质混合材料的质量控制

《用于水泥中的火山灰质混合材料》(GB/T 2847—1996)的主要内容如下：

火山灰质混合材的主要质量控制指标见表 1.2.10 所示。

一般水泥厂每月应对质量要求中的烧失量和三氧化硫进行检验，每季度应对火山灰性和胶砂强度比进行检验。

仅有烧失量和三氧化硫符合表 1.2.10 中要求的火山灰质混合材为非活性混合材；不符合烧失量和三氧化硫要求的火山灰质混合材不能作为水泥混合材或工程混凝土的掺和料使用。

火山灰质混合材在运输和储存时不得与其他材料混杂。

火山灰质混合材应有 10 d 以上的储量。

**表 1.2.10　火山灰的质量指标**

| 序号 | 项　目 | 指　标 |
|---|---|---|
| 1 | 烧失量(%)不大于 | 10 |
| 2 | 三氧化硫(%)不大于 | 3 |
| 3 | 火山灰性 | 合格 |
| 4 | 28 d 抗压强度比(%)不小于 | 62 |

(3) 粉煤灰的质量控制

粉煤灰的主要质量指标如表 1.2.11 所示。

**表 1.2.11　粉煤灰的质量指标**

| 序号 | 项　目 | 级　别 | |
|---|---|---|---|
| | | Ⅰ | Ⅱ |
| 1 | 烧失量(%)不大于 | 5 | 8 |
| 2 | 含水量(%)不大于 | 1 | 1 |
| 3 | 三氧化硫(%)不大于 | 3 | 3 |
| 4 | 28 d 抗压强度比(%)不小于 | 75 | 62 |

粉煤灰作为活性混合材必须按表 1.2.11 的要求进行检验。作为生产控制，要求三氧化硫和含水量每月检验一次，28 d 抗压强度比每季度检验一次。

凡质量要求达不到最低级别要求的粉煤灰为不合格品。

28 d 抗压强度比指标低于 62%的粉煤灰，可作为水泥生产的非活性混合材料。

粉煤灰应有 10 d 以上的储量。

(4) 矿渣粉的质量控制

矿渣粉的质量要求应符合表 1.2.12 的要求。

表 1.2.12 矿渣粉的质量要求

| 项目 | | 级别 | | |
|---|---|---|---|---|
| | | S105 | S95 | S75 |
| 密度($kg/m^3$)不小于 | | 2.8 | | |
| 比表面积($m^2/kg$)不小于 | | 350 | | |
| 活性指数(%)不小于 | 7 d | 95 | 75 | 55 |
| | 28 d | 105 | 95 | 75 |
| 流动度比(%)不小于 | | 85 | 90 | 95 |
| 含水量(%)不大于 | | 1.0 | | |
| 三氧化硫(%)不大于 | | 4.0 | | |
| 氯离子①(%)不大于 | | 0.02 | | |
| 烧失量②(%)不大于 | | 3.0 | | |

注:① 可根据用户要求协商提供。
② 选择性指标。当用户有要求时,供货方应提供矿渣粉的氯离子和烧失量数据。

2.5.4.2 混合材控制指标的检测方法

混合材控制指标的检测方法参见化学分析部分。

### 思考与练习

1. 控制点、控制项目、控制指标确定的依据是什么?
2. 编制生产过程质量控制图表的意义是什么?
3. 立窑和预分解窑对煤的要求有何不同?为什么?
4. 什么是原料的预均化?
5. 进厂石灰石有哪些控制项目?为什么要控制这些项目?
6. 硅质原料主要的控制项目有哪些?为什么要控制这些项目?
7. 进厂燃料主要的控制项目有哪些?为什么要控制这些项目?
8. 根据实训基地的生产情况,绘制质量控制图表。

## 任务3 生料质量控制与检验

**知识目标**:水泥生产工艺的连续性很强,每道工序的质量都与最终的产品质量有关,除控制好原燃材料的质量指标之外,控制好由配料计算结果配制出的生料质量也是十分重要的。本部分针对生料的质量控制指标和检测方法作进一步的阐述,只有控制好生料质量,才能保证后续工艺所用物料的质量;保证水泥生产按要求进行,保证出厂水泥质量的优质和稳定。

**能力目标**:通过该部分学习,应掌握生料的控制指标,熟练掌握各生料环节中应检验的项目、检验方法及检验所需仪器的工作原理。

**任务描述**:叙述生料在制备过程中各项目的质量控制要求,生料中各项目的测定方法、测定原理、测定步骤及测定注意事项。

生料的质量控制是水泥生产过程中一个非常重要的环节。生料质量的好坏，对熟料质量和煅烧操作有直接的影响。要获得成分合适、质量稳定的生料，必须加强生料制备过程的质量控制，确保配料方案的实现。

生料制备过程中的质量要求主要分三个部分叙述：入磨生料、出磨生料和入窖生料。

## 3.1　入磨生料的控制项目及检测方法

入磨生料在制备过程中的质量控制项目有：入磨物料的配比、粒度和水分等。

### 3.1.1　入磨物料的配比

入磨物料配比得准确与否，对出磨生料的质量、磨机产量及磨机电耗都有较大影响。保证喂料的准确与均匀，是保证生料成分均匀、稳定的重要环节。

### 3.1.2　入磨物料粒度

入磨物料的粒度是影响磨机产量和能耗的重要因素。适当降低入磨物料粒度可提高磨机产量，降低粉磨电耗。一般入磨物料粒度控制在25～30 mm。随着粉磨设备的大型化和生产技术的发展，具体入磨物料粒度应视各企业生产情况而定，以获得最佳经济效益。

### 3.1.3　入磨物料水分控制指标、检测方法及注意事项

#### 3.1.3.1　入磨物料水分控制指标

对普通干法球磨机而言，入磨物料水分对磨机产量有较大影响，如果入磨物料平均水分达4.0%，会使磨机产量下降20%，严重时会堵塞隔仓板，使粉磨难以进行。入磨物料过于干燥，会增加烘干电耗，磨内还会产生静电效应，降低粉磨效率。一般入磨物料的平均水分控制在1.0%～2.0%为宜。烘干兼粉磨的生料磨系统，入磨物料平均水分一般控制在小于6.0%。

入磨物料的水分控制指标为：粘土水分≤2.0%，合格率≥80%；煤水分≤4.0%，合格率≥80%。

#### 3.1.3.2　物料水分的检测方法

进厂物料大多含有一定的水分，物料水分的测定主要是测定物料附着水分的百分含量。物料水分对其化学分析结果及配料的准确性影响较大，在实际生产中，必须加强检测和控制。

水泥厂通常对矿渣、粘土、煤、生料球、石膏、铁粉等物料的水分进行控制，水分的检测方法如下：

(1) 用干燥箱测定水分

用1/10 g的天平准确称取50 g试样，倒入小盘内，放于105～110 ℃的恒温控制干燥箱中烘干1 h，取出冷却后称量。

物料中水分的百分含量按下式计算：

$$W = \frac{m - m_1}{m} \times 100\% \tag{1.3.1}$$

式中　$W$——物料中水分的百分含量，%；

$m$——烘干前试样质量，g；

$m_1$——烘干后试样质量，g。

(2) 用红外线干燥测定水分

用1/10 g的天平称取50 g试样，置于已知质量的小盘内，放在250 W红外线灯下3 cm处烘干10 min左右(湿物料需20～30 min)，取出，冷却后称量，计算公式同上。

注意：用红外线烘干试样时，严防冷物触灯，以免引起灯泡爆裂。

3.1.3.3 检测注意事项

石膏附着水分测定时烘干温度应为55～60 ℃；不得使用红外线灯，以免温度过高导致石膏脱水。

大块样品应先破碎到粒径小于2 cm再测定。

## 3.2 出磨生料的控制项目及检测方法

出磨生料的化学成分、均匀性、细度、含煤量等是否满足工艺要求，是保证熟料质量和维持正常煅烧操作的前提。生料的化学成分是通过化学分析来测量的。但由于全分析所需时间较长，分析结果反馈较慢，且只需要控制主要物质的化学成分即可。因此，在生产中往往采用一些简单、快速的检验方法控制生料的质量。

出磨生料的检测控制项目主要有：碳酸钙滴定值 $T_{CaCO_3}$(或氧化钙)、氧化铁、细度、生料中含煤量、生料中复合矿化剂掺量等。

### 3.2.1 碳酸钙滴定值 $T_{CaCO_3}$(或氧化钙)

3.2.1.1 碳酸钙滴定值控制指标

控制生料中 $CaCO_3$ 或CaO含量的主要目的是为了控制生料的石灰饱和系数。通过生料 $T_{CaCO_3}$(或CaO)的测定，基本上可以判断生料中石灰石与其他原料的比例。

测定法所测定的实际上是 $CaCO_3$ 和 $MgCO_3$ 及其他少量耗酸物质的合量。此法测定的结果比全分析方法换算出的滴定值偏低。该方法简单，并能快速及时地指导生产配料，满足生产质量控制的需要，因而在实际生产中应用广泛。尤其是石灰石中 $MgCO_3$ 较稳定时，生料的 $T_{CaCO_3}$ 与生料 $KH$ 相关性较好，控制生料的 $T_{CaCO_3}$ 基本上就可以达到稳定生料质量的目的。

但如果石灰石中 $MgCO_3$ 的含量波动较大，生料的 $T_{CaCO_3}$ 与生料 $KH$ 相关性就较差，用 $T_{CaCO_3}$ 控制生料成分就不能适应生产要求，在这种情况下应改用测定生料中CaO的方法，才能达到控制生产的目的。

生料 $T_{CaCO_3}$(或CaO)的控制指标，可按生料配料计算的要求配制小样进行滴定来确定，一般在实际生产中是化验室控制组直接取配制好的生料来滴定检测。如果把 $T_{CaCO_3}$ 和CaO的检测结合起来考虑确定控制指标更好，更有利于指导生产。

一般控制指标为：

$T_{CaCO_3}$(目标值)±0.5%，合格率≥60%；

CaO含量(目标值)±0.5%，合格率≥60%；

分磨1 h取样测定一次。

3.2.1.2 生料碳酸钙滴定值的检测方法

(1) 检测原理

生料试料中加入过量的已知浓度的盐酸标准溶液，加热煮沸使碳酸盐完全分解。剩余的盐酸标准溶液，以酚酞为指示剂，用氢氧化钠标准溶液返滴定，根据盐酸标准溶液的实际消耗量，计算碳酸盐的含量，以 $T_{CaCO_3}$ 表示，即碳酸钙滴定值。化学反应式如下：

$$CaCO_3 + 2HCl \xrightarrow{加热} CaCl_2 + H_2O + CO_2\uparrow$$

$$MgCO_3 + 2HCl \xrightarrow{加热} MgCl_2 + H_2O + CO_2\uparrow$$

$$HCl(剩余) + NaOH \longrightarrow NaCl + H_2O$$

(2) 检测步骤

准确称取约 0.5 g 生料试样，置于 250 mL 锥形瓶中，用少量水冲洗瓶壁使试料润湿。用滴定管准确加入 20.00 mL，0.5000 mol/L 的 HCl 标准滴定溶液，摇荡，使试料分散。置于电炉上加热至沸后，继续保持微沸 2～3 min，取下，用少量水冲洗瓶壁，稀释。加 2～3 滴酚酞指示剂(10 g/L)，用 0.2500 mol/L 的 NaOH 标准滴定溶液滴定至微红色，30 s 内不褪色为终点。

碳酸钙滴定值按下式计算：

$$T_{CaCO_3} = \frac{(C_1V_1 - C_2V_2) \times 50.0}{m \times 1000} \times 100 \qquad (1.3.2)$$

式中 $C_1$——HCl 标准滴定溶液的浓度，mol/L；

$V_1$——加入 HCl 标准滴定溶液的体积，mL；

$C_2$——NaOH 标准滴定溶液的浓度，mol/L；

$V_2$——滴定时消耗 NaOH 标准滴定溶液的体积，mL；

$m$——试样的质量，g；

50.0——$\frac{1}{2}CaCO_3$ 的摩尔质量，g/mol。

当 $C_1 = 0.5000$ mol/L、$V_1 = 20.00$ mL、$C_2 = 0.2500$ mol/L 和 $m = 0.5000$ g 固定不变时，计算公式简化为(这种方法在工厂中应用最多)：

$$T_{CaCO_3} = \frac{(0.5000 \times 20.00 - 0.2500 \times V_2) \times 50.0}{0.5000 \times 1000} \times 100 = 100 - 2.5V_2 \qquad (1.3.3)$$

(3) 检测注意事项：

① 加盐酸时应摇动锥形瓶，以防试料粘结瓶底，分解不完全。

② 加热温度不宜过高(微沸)，防止 HCl 标准滴定溶液挥发。加热时间不能少于 1 min，否则试料分解不完全，使结果偏低。

③ 试料若为黑生料，应在明亮处滴定，且近终点时滴定速度应慢些。

④ 盛装 NaOH 标准滴定溶液的试剂瓶应使用聚乙烯塑料瓶，且用装有碱石灰干燥管的橡胶塞密封，以防 NaOH 溶液吸收空气中的二氧化碳导致浓度发生较大变化。

⑤ 生料 $T_{CaCO_3}$ 实测值比根据生料全分析所得 CaO、MgO 值再按 $T_{CaCO_3} = 1.785\ CaO + 2.48\ MgO$ 计算的值偏低。其原因是，生料中的石灰石、粘土和煤等原燃材料中多少都会引入一些非碳酸盐矿物，还有作为矿化剂的萤石中带入的 $CaF_2$，在 $T_{CaCO_3}$ 的检测过程中，均不能被稀盐酸分解。而全分析测定 CaO 和 MgO 时，采用强碱高温熔样制备试样溶液，全部矿物均能

完全分解，在溶液中以 $Ca^{2+}$、$Mg^{2+}$ 形式存在，当全分析用 EDTA 配位滴定法检测时都能被检测出。所以 $T_{CaCO_3}$ 实测值比全分析检测计算值偏低。如有必要，可以结合本厂实际情况，通过配制小样试验确定差值，加以校正。

⑥ 实际上，生料碳酸钙滴定值是 $CaCO_3$、$MgCO_3$ 及其他少量耗酸物质含量的总和，当用 $MgCO_3$ 含量较稳定的石灰石进行配料时，生料碳酸钙滴定值与石灰饱和系数（$KH$）之间有较好的相关性。

⑦ 当进厂石灰石中 $MgCO_3$ 含量波动大，或其他原料中 $MgCO_3$ 含量波动大时，此法不适用于生产控制，在此情况下应改为测定生料中的 CaO，以 CaO 检测结果作为生产控制。

#### 3.2.1.3 生料中氧化钙的快速检测

(1) 检测原理

用盐酸分解试样后，加三乙醇胺掩蔽试液中的铁、铝等干扰离子，在 pH 值大于 12.5 的强碱性溶液中，以 CMP 为指示剂，用 EDTA 标准滴定溶液滴定，其反应式如下：

滴定前：$Ca^{2+} + CMP \xlongequal{} Ca^{2+}\text{-}CMP$

（红色）　（荧光绿色）

滴定反应：$Ca^{2+} + H_2Y^{2-} \xlongequal{} CaY^{2-} + 2H^+$

滴定终点：$Ca^{2+}\text{-}CMP + H_2Y^{2-}$（过量）$\xlongequal{} CaY^{2-} + 2H^+ + CMP$

终点颜色：绿色荧光消失到红色出现。

(2) 检测步骤

准确称取 0.1 g 试样，置于 300 mL 烧杯中，加入约 20 mL 蒸馏水，摇动烧杯使试样分散。盖上表面皿，慢慢加入 5 mL 盐酸(1+1)，加入 5 mL 氟化钾溶液(20 g/L)置于电炉上加热至沸，并保持微沸 2 min。取下稍冷，加水稀释至约 200 mL，加入 5 mL 三乙醇胺(1+2)及少许 CMP 指示剂，在搅拌下加入氢氧化钾溶液(200 g/L)至出现绿色荧光后再过量 5～8 mL。用 EDTA 标准溶液(0.02 mol/L)滴定至绿色荧光消失并呈现红色。

氧化钙的百分含量按下式计算：

$$CaO = \frac{T_{CaO} \times V}{m \times 1000} \times 100\% \tag{1.3.4}$$

式中 $T_{CaO}$——每毫升 EDTA 标准溶液相当于氧化钙的毫克数，mg/mL；

$V$——滴定时消耗 EDTA 标准溶液的体积，mL；

$m$——试料质量，g。

(3) 检测注意事项

① 本方法采用酸溶样，有一些酸不溶物未被溶解，测定结果可能稍偏低，但仍然可满足生产控制的要求，即：检测的误差对快速生产控制可忽略不计。

② 用盐酸(1+1)直接分解试样，会产生部分硅酸，对测定钙有影响，所以加入氟化钾溶液掩蔽其中的硅。氟化钾溶液加入量应视试样中硅的含量而定，一般采用该方法测定生料中氧化钙时，加入 3～5 mL 氟化钾(20 g/L)溶液就能达到目的。

③ 称样要准确，因为称取 0.1 g 试料直接测定氧化钙含量，称样量少，氧化钙含量高，称样是否准确对测定结果的准确度影响较大。

④ 石灰石中氧化钙的快速测定也可采用本方法，测定石灰石中氧化钙时，可以不加入氟化钾溶液(因其试样中硅含量较少)。

⑤ 若要同时快速测定试样中氧化钙和氧化镁含量，可称取 0.5 g 试样，用盐酸(1+1)分解后移至 250 mL 容量瓶中，用移液管移取两份 25 mL 试液，分别用 EDTA 标准溶液滴定氧化钙和钙、镁合量；然后再用差减法求得氧化镁的含量。

### 3.2.2　氧化铁

3.2.2.1　氧化铁的控制指标

控制生料中 $Fe_2O_3$ 含量的主要目的是为了及时调整铁质原料的加入量，稳定生料成分，达到控制熟料铝氧率的目的。水泥厂应力求做到铝氧率稳定，才能稳定窑的热工制度，保证熟料的质量。

出磨生料 $Fe_2O_3$ 的控制指标为：

$Fe_2O_3$ 目标值±0.5%，合格率≥80%；

分磨 2 h 取样测定一次。

3.2.2.2　生料中氧化铁的快速测定

生产控制测定 $Fe_2O_3$ 的方法除仪器分析外，多数采用 $K_2Cr_2O_7$ 氧化还原法。主要用铝片还原-$K_2Cr_2O_7$ 标准溶液滴定法、三氯化钛还原-$K_2Cr_2O_7$ 标准溶液滴定法。以前使用的 $SnCl_2$ 还原-$K_2Cr_2O_7$ 标准溶液滴定法，因测定中使用 $HgCl_2$ 剧毒试剂，污染环境，损害人体健康，已逐渐被以上无汞测定法所取代。

(1) 铝片还原-$K_2Cr_2O_7$ 标准溶液滴定法

1) 检测原理

生料试样用磷酸加热分解后，在盐酸溶液中，用铝片将 $Fe^{3+}$ 还原为 $Fe^{2+}$，以二苯胺磺酸钠为指示剂，用 $K_2Cr_2O_7$ 标准溶液滴定。根据 $K_2Cr_2O_7$ 标准溶液的浓度和滴定时消耗的体积，计算 $Fe_2O_3$ 的含量。其反应式如下：

溶样反应：$Fe_2O_3 + 6H^+ = 2Fe^{3+} + 3H_2O$

还原反应：$3Fe^{3+} + Al = 3Fe^{2+} + Al^{3+}$

　　　　（黄色）　　（无色）

滴定反应：$6Fe^{2+} + Cr_2O_7^{2-} + 14H^+ = 6Fe^{3+} + 2Cr^{3+} + 7H_2O$

2) 检测步骤

准确称取 0.5 g 试样，置于 250 mL 锥形瓶中，加入少许固体高锰酸钾(或浓度为 10 g/L 的高锰酸钾溶液 3～5 mL，白生料 3～5 滴即可；高锰酸钾的作用是还原试样中的碳)，用少许水冲洗瓶壁并加入 5 mL 磷酸，将锥形瓶置于电炉上加热使试样分解至白烟出现，再继续加热 1～2 min(中间应摇动数次，此时溶液应是绛紫色并呈油状)。取下稍冷，加入 20 mL 盐酸(1+1)，在摇动下加热至沸，以除尽试液中的氯气，溶液呈黄色。加入 0.13～0.16 g 铝片后置于电炉上，不断摇动锥形瓶，待铝片全部溶解且溶液呈无色。取下，立即用水冲洗锥形瓶内壁，并将溶液稀释至 150 mL 左右，加入 5 滴二苯胺磺酸钠指示剂(2 g/L)，用重铬酸钾标准溶液滴定至亮紫色为终点。

三氧化二铁的百分含量按下式计算：

$$Fe_2O_3 = \frac{C \times V \times 79.85}{m \times 1000} \times 100\% \qquad (1.3.5)$$

式中　$C$——重铬酸钾($\frac{1}{6}K_2Cr_2O_7$)标准溶液的浓度，mol/L；

$V$——滴定时消耗重铬酸钾标准溶液的体积，mL；

79.85——$\frac{1}{2}Fe_2O_3$ 的摩尔质量，g/mol；

$m$——试样的质量，g。

3）检测注意事项

① 分解试样时加入 $KMnO_4$ 的目的是为了除去生料中的煤炭（白生料中无）和少量有机物，否则会消耗 $K_2Cr_2O_7$ 标准滴定溶液，使检测结果偏高；$KMnO_4$ 的加入量以溶样后略有剩余为宜，不能加得太多。否则当加入盐酸溶液后会产生过多的氯气，对人体和环境都有害，所以应在通风橱内进行溶样操作。其反应式：

$$2KMnO_4+16HCl = 2KCl+2MnCl_2+5Cl_2\uparrow+8H_2O$$

② 用磷酸分解试样，中间要不断摇动锥形瓶，加热至溶液无气泡，液面上有雾气，溶液呈油状。应控制电炉温度和溶样时间，温度过高，时间过长，产生部分偏磷酸（$HPO_3$），包裹 $Fe^{3+}$，致使测定结果偏低；反之，加热时间短，温度低，氧化反应不完全，干扰测定，试样分解也不完全。

③ 用铝片（箔）还原 $Fe^{3+}$ 后，应立即用水稀释至约 150 mL，用 $K_2Cr_2O_7$ 溶液滴定。否则在加热的酸性介质中，$Fe^{2+}$ 会被大气中的 $O_2$ 重新氧化成 $Fe^{3+}$，致使测定结果偏低，其离子反应式：

$$4Fe^{2+}+O_2+4H^+ = 4Fe^{3+}+2H_2O$$

金属铝片的加入量应根据 $Fe_2O_3$ 含量的多少而定，以试样由黄色变为无色为准。

加铝片时的温度不宜过高，防止试液溅出影响结果。

金属铝片中含有微量铁，另外二苯胺磺酸钠指示剂被氧化，由无色到紫色，也消耗少量 $K_2Cr_2O_7$，这些原因都会使检测不准确。因此，每一批铝片都应做空白试验，选用纯度较高的铝片。

④ 注意：做空白试验时溶液中必须有少量 $Fe^{3+}$ 存在（其中不得有 $Fe^{2+}$），才能得到明显的终点。因为 $Fe^{3+}$ 对 $K_2Cr_2O_7$ 氧化二苯胺磺酸钠指示剂有诱导作用，所以在做空白试验时，用 $K_2Cr_2O_7$ 标准溶液滴定前，先加入少量 $Fe^{2+}$，再加入二苯胺磺酸钠指示剂。用 $K_2Cr_2O_7$ 标准溶液滴定，计算 $Fe_2O_3$ 百分含量时应减去空白试验消耗的 $K_2Cr_2O_7$ 标准溶液的体积。

（2）三氯化钛还原-重铬酸钾标准溶液滴定法

1）检测原理

试样用磷酸加热分解，在酸性介质中以钨酸钠为指示剂，滴加三氯化钛溶液将 $Fe^{3+}$ 还原为 $Fe^{2+}$；当 $Fe^{3+}$ 定量还原为 $Fe^{2+}$ 之后，稍过量的三氯化钛将无色的钨酸钠还原为五价钨的氧化物沉淀（蓝色），俗称“钨蓝”；稍过量的 $Ti^{3+}$ 在 $Cu^{2+}$ 催化作用下可被空气氧化除去，以溶液的蓝色刚好褪去为标志。

最终以二苯胺磺酸钠为指示剂，用 $K_2Cr_2O_7$ 标准溶液滴定，其反应式如下：

还原反应：$Fe^{3+}+Ti^{3+}+H_2O = Fe^{2+}+TiO^{2+}+2H^+$

显色反应：$2WO_4^{2-}+2Ti^{3+}+2H^+ = W_2O_5\downarrow+2TiO^{2+}+H_2O$

（无色）　　　　　（蓝色）

滴定反应：$6Fe^{2+}+Cr_2O_7^{2-}+14H^+ = 6Fe^{3+}+2Cr^{2+}+7H_2O$

2）检测步骤

准确称取0.5 g试料，置于250 mL锥形瓶中，加入少许固体高锰酸钾，用少许水冲洗瓶，加入5 mL磷酸(1+1)，将锥形瓶置于电炉上加热至有烟雾产生(中间应摇动数次)。取下稍冷，加入20 mL盐酸(1+1)，加热微沸，以驱尽氯气，溶液呈黄色。将溶液稀释至60 mL左右，加入5～6滴钨酸钠溶液(250 g/L)，滴加三氯化钛溶液(1.5% V/V)至呈蓝色，用水稀释至约150 mL，滴加1滴硫酸铜溶液(5 g/L)。摇动待蓝色褪去，加5滴二苯胺磺酸钠溶液(2 g/L)，用重铬酸钾标准溶液滴定至紫色。

三氧化二铁的百分含量按下式计算：

$$Fe_2O_3 = \frac{T_{Fe_2O_3} \times V}{m \times 1000} \times 100\% \tag{1.3.6}$$

式中　$T_{Fe_2O_3}$——重铬酸钾标准滴定溶液对三氧化二铁的滴定度，mg/mL；

$V$——滴定时消耗重铬酸钾标准滴定溶液的体积，mL；

$m$——试样的质量，g。

3）检测注意事项

过量$TiCl_3$的存在，可防止$Fe^{2+}$被重新氧化，因而铁被还原后放置时间的长短对结果影响不大。

硫酸铜溶液加入1滴即可，不宜过多，在这里只是起催化作用。如果没有$Cu^{2+}$的催化，溶液的蓝色(钨蓝)很难褪去。

三氯化钛溶液易被空气氧化，因此配好溶液后，在其上部加一层液状石蜡，以隔绝空气进行保护。

若测定铁含量较高的试样，只用$TiCl_3$少量还原，因溶液中引入较多的钛盐，在以水稀释试样溶液时，$TiO^{2+}$会发生水解而生成大量$TiO(OH)_2$沉淀，影响终点观察。因此可采用氯化锡+三氯化钛联合还原法，即先滴加$SnCl_2$溶液(50 g/L)至浅黄色，再以钨酸钠为指示剂，滴加$TiCl_3$溶液(1.5%V/V)至呈蓝色。

### 3.2.3　生料的细度

#### 3.2.3.1　生料细度控制指标

水泥熟料矿物的形成，主要是通过固相反应来完成的。在生料的物理性质、均化程度、煅烧温度和煅烧时间相同的前提下，固相反应的速度与生料的细度成正比关系。生料磨得越细，比表面积越大，增加了煅烧时颗粒之间的接触面积，熟料越易煅烧，熟料中$f$-CaO含量越低。从理论上讲，生料磨得越细，对煅烧越有利。但在实际生产中，生料磨得过细，会降低磨机产量，增加电耗。研究表明，生料细度超过一定限度(比表面积大于500 $m^2/kg$)对熟料质量的提高并不明显(这种情况下，要多增加电耗30%左右)。因此在实际生产中应结合熟料质量、磨机产量、电耗等方面进行综合考虑，确定合理的生料细度控制指标。

合理的生料细度应考虑两个方面：一定范围的平均细度及生料细度的均齐性。也就是应尽量避免粗颗粒。有关资料表明，当生料中0.2 mm筛余大于1.4%时，熟料中的$f$-CaO含量明显增加。所以在水泥企业中，化验室控制组的生料控制项目中，还要强调控制粗颗粒，即：控制0.2 mm方孔筛筛余(见表1.3.1所示)。

**表 1.3.1　生料岗位原始记录**

| 项目 / 时间 | 入磨水分(%) | 出磨生料(%) | | | 入磨生料(%) | | 签字 |
|---|---|---|---|---|---|---|---|
| | | 水分 | 0.080 m 筛余 | 0.2 mm 筛余 | 水分 | 0.080 m 筛余 | |
| | | | | | | | |
| | | | | | | | |
| | | | | | | | |
| | | | | | | | |
| | | | | | | | |
| | | | | | | | |
| 备注 | | | | | | | |

生料粉磨细度与熟料中 *f*-CaO 含量的关系见表 1.3.2 和表 1.3.3 所示。

**表 1.3.2　生料 0.2 mm 方孔筛筛余对熟料 *f*-CaO 的影响(%)**

| | | | | |
|---|---|---|---|---|
| 0.2 mm 方孔筛筛余 | 0.90 | 1.40 | 2.42 | 3.06 |
| 熟料中的 *f*-CaO 含量 | 0.76 | 0.84 | 1.54 | 2.24 |

**表 1.3.3　生料 0.080 mm 方孔筛筛余对熟料 *f*-CaO 的影响(%)**

| | | | | | | | | |
|---|---|---|---|---|---|---|---|---|
| 0.080 mm 方孔筛筛余 | 13.6 | 13.2 | 12.5 | 11.6 | 10.7 | 10.4 | 9.3 | 5.1 |
| 熟料中的 *f*-CaO 含量 | 2.15 | 1.48 | 1.08 | 1.04 | 0.94 | 0.74 | 0.67 | 0.44 |

出磨生料细度一般控制指标为：

0.2 mm 方孔筛筛余<1.5%；

0.080 mm 方孔筛筛余小于或等于目标值，合格率≥87.5%；

分磨 1 h 测定一次。

3.2.3.2　生料细度的测定方法

对细度的表示方法有筛余百分数、比表面积和颗粒级配三种。目前，水泥企业大都采用筛余量来表示生料的细度，测定方法多是采用水筛法和负压筛法两种，具体参见项目 3 水泥物理检验中水泥细度的测定方法。

### 3.2.4　生料中的含煤量

3.2.4.1　生料中含煤量的控制指标

生料配煤是立窑生产特有的工艺环节。立窑采用半黑生料或全黑生料生产工艺时，配煤的准确性不仅对熟料的煅烧和热耗有直接影响，而且还影响生料的成分。在实际生产中，通常只控制生料的 $T_{CaCO_3}$，而 $T_{CaCO_3}$ 仅能反映石灰石原料与其他原料的比例，其中粘土和煤的比例却不能正确地反映出来。因此，尽管 $T_{CaCO_3}$ 符合要求，而煤和粘土的比例不合适，也会引起生料石灰饱和系数的波动。因此，生产中仅仅控制生料的 $T_{CaCO_3}$ 还不能完全保证生料成分的稳定，还应对生料的含煤量进行控制。

出磨生料含煤量的控制指标为：

目标值±0.5%，合格率≥80%；

分磨 4 h 取样测定一次。

#### 3.2.4.2　全(半)黑生料中含煤量的测定

测定生料中含煤量的方法有烧失量法、湿法氧化法及钙铁煤分析仪等，现重点介绍常用的烧失量法及湿法氧化法。

(1) 烧失量法

1) 检测原理

全(半)黑生料的烧失量主要是由碳酸盐分解出来的二氧化碳及煤的可燃部分组成。因此用全(半)黑生料的烧失量减去碳酸盐、粘土、铁粉等组分的烧失量(即为黑生料中煤的烧失量)除以煤的烧失量，就可以得到全(半)黑生料中的含煤量。

2) 检测步骤

烧失量的测定：准确称取试样 0.5 g，放入已灼烧至恒量的瓷坩埚中，置于高温炉内(温度 950～1000 ℃)灼烧 10～15 min 至恒量。取出坩埚稍冷，放入干燥器内冷却至室温，称量。

烧失量按下式计算：

$$L=\frac{m_1-m_2}{m}\times 100\% \tag{1.3.7}$$

式中　$L$——生料烧失量，%；

$m_1$——灼烧前试样和坩埚质量，g；

$m_2$——灼烧后试样和坩埚质量，g；

$m$——试样质量，g。

生料 $T_{CaCO_3}$ 的测定：生料 $T_{CaCO_3}$ 具体的检测步骤参见本部分生料 $T_{CaCO_3}$ 的测定方法。

生料中含煤量的计算：

$$含煤量=\frac{L-T_{CaCO_3}\times 0.44-K}{100-A_{ad}}\times 100\% \tag{1.3.8}$$

式中　$L$——生料烧失量，%；

$T_{CaCO_3}$——生料碳酸钙滴定值，%；

0.44——碳酸钙对二氧化碳的换算系数；

$K$——常数，一般取 1～1.3；

$A_{ad}$——空气干燥基煤样挥发分含量，%。

3) 检测注意事项

如果生料不测定 $T_{CaCO_3}$ 滴定值，而是测定钙、镁含量，则含煤量的计算公式为：

$$\begin{aligned}含煤量&=\frac{L-(1.78\,CaO+2.48\,MgO)\times 0.44-K}{100-A_{ad}}\times 100\%\\&=\frac{L-0.785CaO-1.091MgO-K}{100-A_{ad}}\times 100\%\end{aligned} \tag{1.3.9}$$

式中　CaO——生料中 CaO 的百分含量，%；

MgO——生料中 MgO 的百分含量，%。

注意：计算式中的 $K$ 值不是固定不变的，当配料方案改变、原材料成分波动较大，尤其是石灰石中氧化镁波动较大时，应及时做小磨试验，修正 $K$ 值。

(2) 湿法氧化法

湿法氧化法是 20 世纪 80 年代初中国建材研究院研究的成果，经过近 20 多年的应用和研究，现在已能解决具体实际应用中存在的问题，使操作更简化、结果更准确。该方法所采用的仪器为定碳仪(用 DTN-Ⅲ型的居多),此法已在立窑水泥厂得到了广泛的应用。

1) 检测原理

生料试样先用磷酸分解其中的碳酸盐,并将生成的二氧化碳排除:

$$CaCO_3+2H^+ = Ca^{2+}+CO_2\uparrow+H_2O$$

$$MgCO_3+2H^+ = Mg^{2+}+CO_2\uparrow+H_2O$$

在排净二氧化碳的试样中,再以磷酸为介质,采用重铬酸钾加二氧化锰和硫酸为氧化剂,在加热条件下,将煤中的单质碳氧化为二氧化碳,反应式为:

$$2K_2Cr_2O_7+3C+8H_2SO_4 = 2Cr_2(SO_4)_3+2K_2SO_4+3CO_2\uparrow+8H_2O$$

$$5MnO_2+3H_2SO_4 = 3MnSO_4+2HMnO_4+2H_2O$$

$$4KMnO_4+5C+6H_2SO_4 = 4MnSO_4+2K_2SO_4+5CO_2\uparrow+6H_2O$$

$$2H_2SO_4+C = 2SO_2+CO_2\uparrow+2H_2O$$

生成的气体经过高锰酸钾溶液洗瓶和 $MnO_2$ 洗瓶后,除二氧化碳以外,其他气体被吸收除去。再用乙二胺-乙醇溶液将 $CO_2$ 吸收,以百里酚酞为指示剂,用氢氧化钾-乙醇溶液进行跟踪滴定,直至吸收溶液保持稳定的蓝色(与参比溶液颜色一致),根据氢氧化钾标准滴定溶液的消耗体积,计算生料中的碳量(或含煤量)。

$$KOH+CO_2 = KHCO_3$$

2) 检测仪器

定碳仪主要由空气净化、试样反应、反应气体过滤及吸收滴定四个部分组成(如图 1.3.1 所示)。

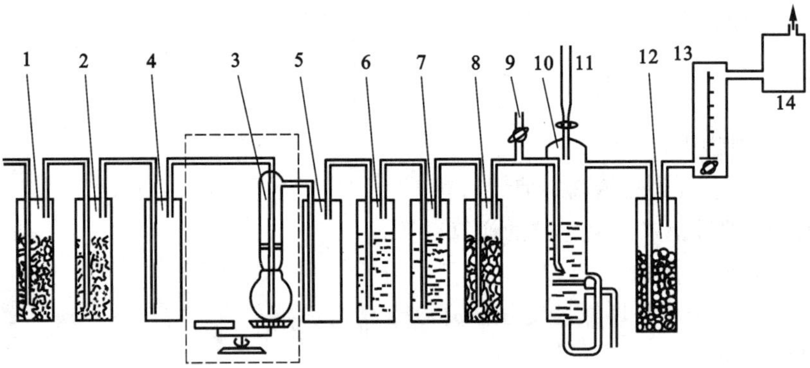


图 1.3.1　定碳仪(DTN-Ⅲ型)

1、2—钠石灰吸收瓶;4、5—空瓶;3—电炉、反应瓶、冷凝管;6、7—高锰酸钾洗气瓶;8—二氧化锰洗气瓶;9—三通活塞;10—滴定池;11—滴定管(25 mL 碱式);12—干燥剂;13—流量计;14—抽气泵

空气净化部分:主要作用是吸收空气中的二氧化碳。

试样反应部分:主要发生上述的化学反应。

反应气体过滤和吸收滴定部分:是将煤在硫酸中加热氧化产生的除待测的二氧化碳以外的其他气体洗净过滤除去,对待测气体 $CO_2$ 进行吸收滴定。

3) 检测步骤

将电炉低温预热,滴定池中预先加入 30 mL 吸收液。

准确称取 0.2~0.5 g 生料试样,放入干燥的反应瓶中,加入 4 mL 浓磷酸,在通风柜中加热至沸,微沸 30 s。接入排气管,启动排气泵,吹气 5 min,将碳酸盐分解产生的二氧化碳排净。

反应瓶中加入 0.5 g 二氧化锰、0.3 g 重铬酸钾、7 mL 浓硫酸,接入冷凝管,启动抽气泵,调节气体流量 150～160 mL/min,抽气搅拌 1～1.5 min,随时用氢氧化钾溶液跟踪滴定至终点蓝色(不计读数)。

读取滴定管起始点读数,调节电压 60～90 V,使电炉丝外圈为暗红色,内圈为明显亮红色(以后也须注意调节),并旋转至反应瓶下进行加热。在滴定池内加入约为需要量 2/3 的氢氧化钾标准滴定溶液(约 8 mL),开始计时。当吸收液慢慢褪色时要随时补充滴定溶液,并使吸收液总比终点颜色深一些,保持微沸 7 min。

关闭电炉,将托盘转至反应瓶下,增大气体流量至 200 mL/min,继续吸收 7 min,并跟踪滴定至终点蓝色。

关闭抽气泵,取下反应瓶。旋转三通活塞与大气相通,读数。

黑生料中煤的掺入量按下式计算:

$$\text{煤的加入量} = \frac{T_{\text{煤}} \times V}{m \times 1000} \times 100\% \tag{1.3.10}$$

式中 $T_{\text{煤}}$——用平均煤样标得的氢氧化钾标准溶液对煤的滴定度,mg/mL;

$V$——滴定时所消耗的氢氧化钾标准滴定液的体积,mL;

$m$——称取生料试样的质量,g。

试样中的含碳量可用下式计算:

$$\text{含碳量} = \frac{T_{C} \times V}{m \times 1000} \times 100\% \tag{1.3.11}$$

式中 $T_C$——每毫升氢氧化钾标准滴定溶液相当于碳的毫克数,mg/mL;

$V$——滴定时消耗氢氧化钾标准滴定液的体积,mL;

$m$——称取生料试样的质量,g。

4) 检测注意事项

① 称样量应根据生料中煤的掺入量进行折算,使称取的生料中含 20 mg 左右的煤。

② 反应瓶磨口不能漏气。反应瓶不能放在电炉上烤干,应在烘箱中烘干。

③ 冷凝管插入反应瓶后其导气管应插进硫酸盐溶液中。

④ 每次测定完后,应先使三通活塞与大气相通,防止突然停泵产生负压使滴定池内的导管发生倒流。

⑤ 每次测定前将滴定管内的氢氧化钾标准溶液一次性装好,测量过程不能添加溶液,否则会导致检测结果不准确。

出磨生料质量控制原始记录见表 1.3.4 所示。

**表 1.3.4　出磨生料质量控制原始记录**

| 时间 | $T_{CaCO_3}$(%) | | | | 细度(0.080 mm) | | $Fe_2O_3$(%) | | | |
|---|---|---|---|---|---|---|---|---|---|---|
| | 起值 | 终值 | 耗酸 | 结果 | 筛余 | 结果 | 起值 | 终值 | 耗酸 | 结果 |
| | | | | | | | | | | |
| | | | | | | | | | | |
| | | | | | | | | | | |
| | | | | | | | | | | |
| | | | | | | | | | | |
| 班次 | | | 分析人 | | | | | | | |

## 3.3　入窑生料的控制项目及检测方法

为保证入窑生料成分的均匀和稳定，除了对出磨生料进行控制外，还应在生料入窑煅烧之前进行调配和均化。

生料的均化方式有多库搭配、机械倒库和空气搅拌三种。中小型水泥厂多采用多库搭配和机械倒库方式。多库搭配和机械倒库的均化方式，在生料出磨时，可向各库平均进料，生料入窑时，则各库同时出料，调配后入窑。

生料的调配量可按下面的方法确定（以两库为例）：

1号库调配量：

$$x_1 = \frac{s - s_2}{s_1 - s_2} \tag{1.3.12}$$

2号库调配量：

$$x_2 = 1 - x_1 \tag{1.3.13}$$

式中　$s$——生料 $T_{CaCO_3}$ 的控制指标；

$x_1$——1号库需调配的生料量；

$x_2$——2号库需调配的生料量；

$s_1$——实测1号库生料的 $T_{CaCO_3}$；

$s_2$——实测2号库生料的 $T_{CaCO_3}$。

按上述计算结果进行搭配，基本能满足控制指标的要求。若无法实测生料库的 $T_{CaCO_3}$，可用入库时的出磨 $T_{CaCO_3}$ 的算术平均值代替。

空气搅拌仅起到均化生料的作用，要使均化后的生料成分符合控制要求，在搅拌之前也应进行入库生料的调配。具体做法是：将出磨生料送入生料库，装至搅拌量的70%左右（搅拌量为库容量的70%），可按下式进行配库计算：

$$m_1 T_{C1} + m_2 x = (m_1 + m_2) T_C$$

$$x = \frac{(m_1 + m_2) T_C - m_1 T_{C1}}{m_2}$$

式中　$x$——配库所需的 $T_{CaCO_3}$；

$m_1$——已入库的生料质量；

$m_2$——准备继续入库的生料质量；

$T_{C1}$——已入库生料 $T_{CaCO_3}$ 的平均值；

$T_C$——生料 $T_{CaCO_3}$ 的控制指标。

入窑生料控制指标为：

$T_{CaCO_3}$（目标值）±0.5%，合格率≥80%；

CaO（目标值）±0.5%，合格率≥80%；

1 h取样测定一次。

### 思考与练习

1. 测定生料水分的方法有哪些？

2. 为何要控制生料 $T_{CaCO_3}$（或 CaO）含量及合格率？
3. 测定生料 $T_{CaCO_3}$ 滴定值时应注意哪些问题？
4. 如何提高入窑生料 $T_{CaCO_3}$（或 CaO）的合格率？
5. 生料的细度及均匀性对熟料煅烧和熟料质量有何影响？
6. 在实际生产中可采取哪些措施保证生料成分的稳定性？

# 任务4　熟料质量控制与检验

**知识目标**：明确熟料质量控制的重要性；掌握熟料质量控制点、控制项目及控制指标。

**能力目标**：通过完成实训任务，掌握熟料质量控制主要项目的检验方法；能熟练使用检验仪器和设备；能正确计算检验结果。

**任务描述**：本节的任务主要是针对化验室质量控制组的工作进行知识学习和技能训练，即学习使用相关的仪器设备，学会熟料质量控制与检验的方法。通常熟料质量控制项目包括：熟料的化学成分（即三个率值）、烧失量、游离氧化钙、氧化镁、容积密度及物理性质等检验。

## 4.1　熟料质量控制项目

熟料质量控制是水泥生产中最重要的工作之一。因为熟料质量是保证出厂水泥质量的基础，即强度高、性能好的熟料是保证水泥质量的核心。因此，水泥生产中，除了应该严格控制生料成分和燃煤的质量以外，还应严格控制熟料的质量。

由于生产工艺、煅烧设备的不同，在熟料质量控制方面也有所不同，有的控制项目多一些，有的控制项目少一些。主要控制项目是：三个率值、游离氧化钙、氧化镁、容积密度及物理性质。熟料质量控制点一般选择在冷却机出口处或熟料入库时的输送机处。检测频次、技术指标及控制范围见表1.2.5。

### 4.1.1　熟料化学成分的控制

4.1.1.1　控制意义及控制指标

水泥中各氧化物含量的不同比例称为率值，我国是以三个率值 $n$、$p$、$KH$ 来表示的。

硅酸率用 $n$ 表示：$n=\dfrac{SiO_2}{Al_2O_3+Fe_2O_3}$

铝氧率常用 $p$ 表示：$p=\dfrac{Al_2O_3}{Fe_2O_3}$

石灰饱和系数用 $KH$ 表示：$KH=\dfrac{CaO-(1.65Al_2O_3+0.35Fe_2O_3+0.7SO_3)}{2.8SiO_2}$

中国的预分解窑熟料成分优化设计建议率值范围如下：

硅酸盐水泥熟料的硅酸率 $n=1.6\sim1.8$

硅酸盐水泥熟料的铝氧率 $p=2.5\sim2.8$

硅酸盐水泥熟料的石灰饱和系数 $KH=0.88\sim0.92$

（三个率值的更多知识详见《水泥工艺技术》）

一定条件下，熟料的化学成分与熟料强度之间有着密切的关系。当生产条件稳定、游离氧化钙含量基本相同时，熟料强度随 $KH$ 值和 $C_3A$ 含量的增加而提高；而当熟料化学成分一定时，其强度随游离氧化钙含量增加而降低。因此，要保证熟料具有较高的强度，必须使熟料的化学成分合理、稳定，减少波动。所以，通过对熟料化学成分的控制与检验，掌握其三个率值及矿物组成是否符合配料设计的要求，进而判断前面工艺状况和熟料质量，并且作为调整前面工艺的依据。

$KH$ 的控制范围：目标值±0.02。

合格率：湿法旋窑及日产 2000 t/d 以上的预分解窑≥80%；

　　其他窑型为 70%。

标准偏差：旋窑≤0.020；

　　立窑≤0.030。

$n$、$p$ 的控制范围：目标值±0.02；合格率≥85%。

熟料化学全分析要保证试样具有代表性，所以应采用连续取样，将 24 h 的样品合并为一个综合样，每天测定一次。

以上控制指标一个月统计一次。

4.1.1.2　熟料化学成分分析方法

熟料化学成分分析方法见本书项目 2。

### 4.1.2　熟料中游离氧化钙含量的控制

4.1.2.1　控制意义及控制指标

游离氧化钙是指熟料中没有参加化学反应而是以游离态存在的氧化钙，其水化速度很慢，要在水泥硬化并形成一定强度后才开始水化，由此引起水泥石体积不均匀膨胀、强度下降、开裂甚至崩溃，最终造成水泥安定性不良。所以控制熟料中 $f$-CaO 的含量对于保证熟料强度和安定性都是十分重要的。同时通过 $f$-CaO 含量的变化，可以判断配料和煅烧情况。

从理论上讲，熟料中 $f$-CaO 越低越好。因为随着 $f$-CaO 含量的增加，熟料强度会明显下降，安定性合格率也会大幅度下降。所以，在确定 $f$-CaO 的控制指标时企业应综合考虑本厂的生产工艺、原燃材料、设备、操作水平等因素，确定一个既经济又合理的指标。

熟料中 $f$-CaO 的控制指标为：

旋窑：$f$-CaO≤1.5%，合格率≥85%，检测次数自定；

立窑：$f$-CaO≤2.5%，合格率≥85%，分窑每隔 4 h 测定一次。

造成熟料中 $f$-CaO 的含量偏高有以下原因：

(1) 配料不当，$KH$ 过高；

(2) 煤与生料配比不均匀、不准确，煤质波动大或煤粒过粗；

(3) 入窑生料 $T_{CaCO_3}$ 不稳定，忽高忽低，或生料过粗，窑内煅烧不完全；

(4) 热工制度不稳，卸料太快或偏火漏生；

(5) 熟料冷却慢，产生二次 $f$-CaO。

对 $f$-CaO 含量过高、安定性不合格的熟料，可采取以下措施尽可能减小 $f$-CaO 对强度和安定性的影响：

(1) 熟料出窑时喷洒少量水；

(2) 加入少量的高活性混合材制备水泥；

(3) 调整水泥的粉磨细度；

(4) 适当延长熟料的堆放时间，使 $f$-CaO 充分消化；

(5) 与质量好的熟料搭配使用。

4.1.2.2　熟料中 $f$-CaO 的测定方法

目前测定 $f$-CaO 的方法常用丙三醇-乙醇法及乙二醇-乙醇快速测定法。后者为中国建筑材料科学研究院水泥检测中心1988年通过鉴定的快速、准确测定水泥熟料中 $f$-CaO 的分析方法。

(1) 丙三醇-乙醇法

该方法属于非水酸碱滴定法。以 $Sr(NO_3)_2$ 为催化剂，在微沸温度下，熟料中的 $f$-CaO 与丙三醇反应，生成弱碱性的丙三醇钙，并且使酚酞指示剂呈红色：

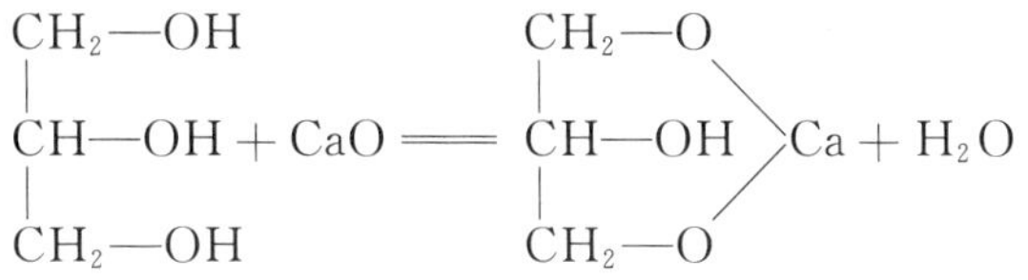

（丙三醇）　（丙三醇钙）

用苯甲酸-无水乙醇标准滴定溶液滴至试液红色消失：

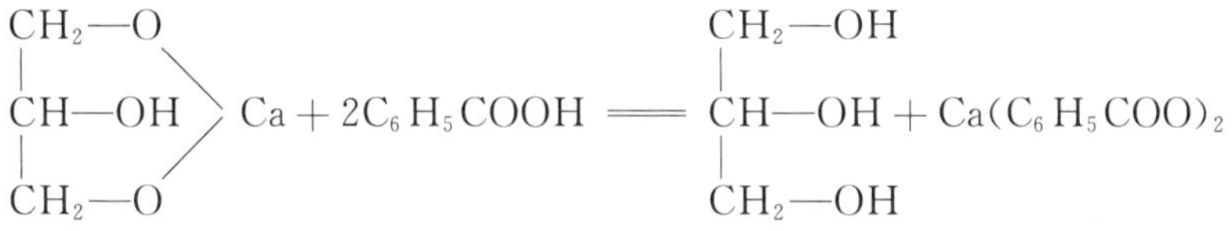

（丙三醇钙）　（苯甲酸）　（丙三醇）　（苯甲酸钙）

根据用去的该标准滴定溶液的体积及其浓度，计算游离氧化钙的百分含量：

$$f\text{-CaO} = \frac{T_{CaO} \times V_{苯甲酸}}{m \times 1000} \times 100\% \qquad (1.4.1)$$

式中　$f$-CaO——游离氧化钙的质量百分数，%；

$T_{CaO}$——每毫升苯甲酸标准滴定溶液相当于氧化钙的质量，mg/mL；

$V_{苯甲酸}$——滴定时消耗的苯甲酸标准滴定溶液的总体积，mL；

$m$——试料的质量，g。

(2) 乙二醇-乙醇快速法

本方法用乙二醇代替丙三醇，加热至100～110 ℃，游离氧化钙与其在2～3 min内定量反应生成乙二醇钙，使酚酞指示剂呈红色：

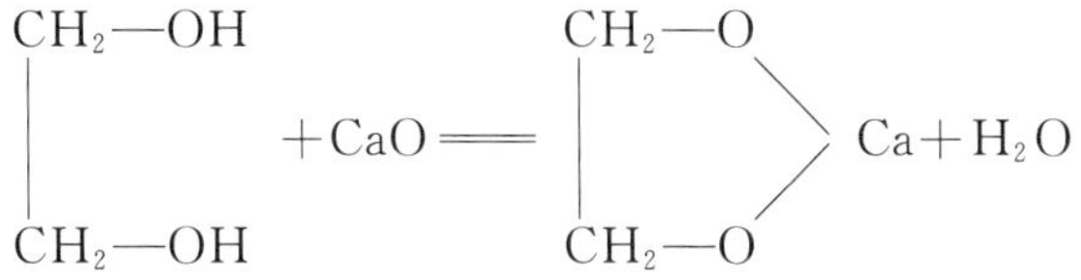

（乙二醇）　（乙二醇钙）

用苯甲酸-无水乙醇标准滴定溶液滴至试液红色消失：

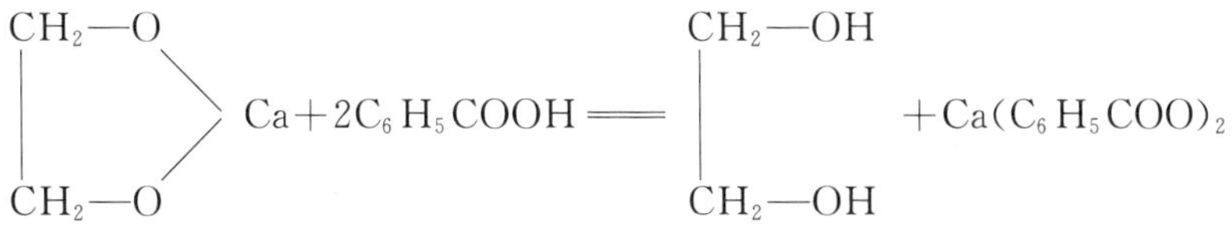

根据用去的该标准滴定溶液的体积及其浓度，按式(1.4.1)计算游离氧化钙的百分含量。

由中国建材研究院水泥所研制的专用游离氧化钙测定的仪器，具有边加热边搅拌的功能，使测定快速准确。

### 4.1.3　熟料中氧化镁含量的控制

4.1.3.1　控制意义及控制指标

熟料中的氧化镁是指煅烧过程中未反应的游离态方镁石，水化速度极慢，在硬化的水泥石中若干年都能不断进行水化，发生体积不均匀膨胀，影响水泥安定性，降低抗折强度，是一种有害成分。所以必须控制熟料中的氧化镁含量。国家标准规定，水泥熟料中 MgO 含量必须低于5.0%，熟料中 MgO 含量在 5.0%～6.0%时，要进行压蒸安定性检验。如压蒸安定性合格，则熟料中 MgO 的含量允许放宽到 6.0%。熟料中 MgO 含量每天测一次，若 MgO 含量较高时，应增加检验次数。

4.1.3.2　熟料中氧化镁含量的测定方法

《水泥化学分析方法》(GB 176—1996)中规定的基准法是原子吸收光谱法：以氢氟酸-高氯酸分解或硼酸锂熔融-盐酸溶解试样，制备成酸性试液，从其中移取一定量的试液，用锶盐消除硅、铝、钛的干扰，在乙炔-空气火焰中，于 285.2 nm 处测定试液的吸光度。熟料中氧化镁含量的测定也可以用代用法，即 EDTA 配位滴定法，方法见本书项目 2。

### 4.1.4　熟料容积密度的控制

4.1.4.1　控制意义及控制指标

熟料容积密度即熟料立升重，是指一立升熟料具有的质量，其大小是判断熟料质量和窑内煅烧温度的参考数据之一。回转窑的熟料容积密度指标范围为 1300～1500 g/L，立窑熟料的容积密度指标范围是 950～1000 g/L。当窑温正常时，熟料颗粒近似小圆球、表面光滑、大小均匀、紧密结实，其容积密度较大；当烧成带温度过高或物料在烧成带停留时间过长，造成过烧料多，则其容积密度过高，熟料质量反而不好；当窑温偏低时，物料化学反应不完全，熟料中小颗粒多，还带有细粉，其容积密度就小。因此，通过定时测定熟料的容积密度，控制其在合理的范围内。

容积密度的控制指标是：

目标值±75 g/L，合格率≥85%。

分窑 1h 测定一次。

4.1.4.2　熟料容积密度的测定方法

将孔径为 7 mm 筛子放在孔径为 5 mm 筛之上，打开取样器闸板，放取熟料。然后将闸板关闭，筛动 7 mm 中的熟料，使小于 7 mm 的熟料通过筛孔漏入 5 mm 筛内。将大于 7 mm 的熟料倒掉，再筛动 5 mm 的筛子，直至每分钟通过 5 mm 筛子的熟料不超过 50 g 为止。将留于 5 mm 筛子之上的熟料分别倒入两个容量为半立升的升重筒内，用铁尺将多出筒口的熟料刮掉，使其与升重筒口面水平，然后称量。

熟料立升重按下式计算：

$$立升重=(总重-皮重)\times 2(g/L)$$

### 4.1.5　熟料烧失量的控制

熟料的烧失量也是反映熟料质量好坏的一个指标。烧失量高，说明窑内物料化学反应不完全，还有一部分 $CaCO_3$ 未分解，或有一部分虽已分解，但还来不及完成熟料的化学反应，造成欠烧料；煤粒过粗，外加煤过多，也会导致烧失量高，而且增加热耗。熟料烧失量应控制在 1.5%以内，每窑每班测一次。

熟料烧失量测定方法见项目 2 中 3.12.3 节的“(8)烧失量的测定”。

### 4.1.6　熟料物理性能的控制

熟料物理性能的控制主要包含凝结时间、安定性、强度等几个方面。熟料物理性能的变化，往往反映了配料方案是否合理，煅烧操作时窑内通风、热工制度是否稳定等。通过检验熟料物理性能，可以及时调整配料、纠正操作中出现的问题，同时为水泥制成的质量控制提供依据，如水泥粉磨细度及混合材和石膏的掺量等。

熟料物理性能检验：分窑 24 h 检验一次，取平均样。

熟料强度等级检验必须用平均样，从取样到成型不得超过 2 d。将熟料在 $\phi$ 500 mm×500 mm标准小磨中与二水石膏一起磨细至比表面积为 350±10 $m^2/kg$，0.080 mm 方孔筛筛余不大于 4%，制成 P·I 型硅酸盐水泥后进行检验。制成的水泥中 $SO_3$ 含量应在 2.0%～2.5%范围内(也可按双方约定)。

出窑熟料 28 d 抗压强度大于或等于 48 MPa，每月统计一次。

熟料物理性能检验见项目 3。

## 4.2　任务实施

### 4.2.1　游离氧化钙的测定

4.2.1.1　丙三醇-乙醇法测定游离氧化钙

(1) 主要仪器

① 回流冷凝器一套，装置如图 1.4.1 所示；

② 干燥锥形瓶(250 mL)一个；

③ 小电炉一个；

④ 酸式滴定管一套。

(2) 主要试剂

① 丙三醇；

② 无水乙醇 99.5%(V/V)；

③ 硝酸锶(固体)；

④ 苯甲酸($C_6H_5COOH$)(固体)；

⑤ 碳酸钙($CaCO_3$) (G·R)；

⑥ NaOH-无水乙醇溶液：将 0.4 g 浓度为 0.01 mol/L 的 NaOH 溶于 1000 mL 无水乙醇中，摇匀。

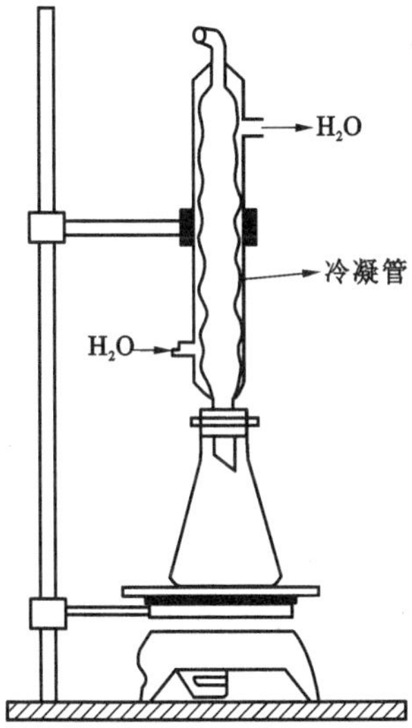


图 1.4.1　回流冷凝装置图

⑦ 甘油-无水乙醇溶液：将 220 mL 甘油放入 500 mL 烧杯中，在有石棉网的电炉上加热，在不断搅拌下分次加入 30 g 硝酸锶，直至溶解。在 160～170 ℃下加热 2～3 h（甘油在加热后易变成微黄色，但对结果无影响），取下冷却至 60～70 ℃后，用无水乙醇稀释至 1 L。再加 0.05 g固体酚酞指示剂，以 0.01 mol/L 的 NaOH 无水乙醇溶液中和至微红色，贮存在密闭的容器中备用。

⑧ 0.1 mol/L 苯甲酸-无水乙醇标准滴定溶液：称取 12.3 g 苯甲酸（事先在硅胶干燥器中干燥 24 h）溶于 1 L 无水乙醇中，贮存在带胶塞（装有硅胶干燥管）的玻璃瓶中，摇匀。

用高纯 $CaCO_3$ 标定苯甲酸-无水乙醇标准滴定溶液，标定方法见本书项目 2。

(3) 测定步骤

称取约 0.5 g 试样，精确至 0.0001 g，置于 250 mL 干燥的锥形瓶中，加入 15 mL 甘油-无水乙醇溶液，摇匀。装上回流冷凝器，在有石棉网的电炉上加热至沸 20 min，至溶液呈红色时取下锥形瓶，立即以 0.1 mol/L 苯甲酸-无水乙醇标准滴定溶液滴定至红色消失。再将冷凝管装上，继续加热煮沸至红色出现，再取下滴定。如此反复操作，直至加热 10 min 后不出现红色为止。

(4) 测定注意事项

① 要求试料、试剂、容器干燥无水。因为水能与试料中硅酸钙作用生成 $Ca(OH)_2$ 使结果偏高。

② 加热时，勿使沸腾过度而喷溅，应使沸腾时微冒气泡。

③ 滴定时，应先停止加热，待冷凝液全部下落后，再取下锥形瓶滴定，以防止冷凝液和蒸汽损失。实验开始时，应先接通冷却水，然后再加热，否则沸腾时会使蒸汽逸失，加热反应后红色出现，可继续加热反应一段时间，以减少滴定次数，减少误差。

④ 使用过的甘油-无水乙醇溶液（锥形瓶中），应保存于干燥的密封瓶中，以便蒸馏回收。

4.2.1.2　乙二醇-乙醇快速法测定游离氧化钙

(1) 主要仪器

① 干燥锥形瓶（250 mL）一个；

② 游离氧化钙测定仪；

③ 酸式滴定管一套。

(2) 主要试剂

① 乙二醇；

② 无水乙醇 99.5%（V/V）；

③ 苯甲酸（$C_6H_5COOH$）（固体）；

④ 碳酸钙（$CaCO_3$）（G · R）；

⑤ NaOH-无水乙醇溶液：将 0.4 g 浓度为 0.01 mol/L 的 NaOH 溶于 1000 mL 无水乙醇中，摇匀。

⑥ 乙二醇-无水乙醇溶液（2＋1）：在 670 mL 乙二醇中，加入无水乙醇稀释至 1 L，再加 0.05 g固体酚酞指示剂，摇匀。以 0.01 mol/L 的 NaOH 无水乙醇溶液中和至微红色，贮存在密闭的容器中备用。

⑦ 0.1 mol/L 苯甲酸-无水乙醇标准滴定溶液：称取 12.3 g 苯甲酸（事先在硅胶干燥器干燥 24 h）溶于 1 L 无水乙醇中，贮存在带胶塞（装有硅胶干燥管）的玻璃瓶中，摇匀。

用高纯 $CaCO_3$ 标定苯甲酸无水乙醇标准滴定溶液，标定方法见本书项目 2。

(3) 测定步骤

准确称取 0.4 g 试样（视游离氧化钙含量而定），置于干燥的 250 mL 锥形瓶中，加入 15～20 mL乙二醇-乙醇溶液(2+1)，摇动锥形瓶使试样分散，并放入一枚搅拌子。装上小型冷凝管，置于游离氧化钙测定仪上，接通循环泵电源，使其工作。开启仪器后面的总电源开关，指示灯亮。先以较低的转速搅拌溶液，同时升温，电压表指针在 220 V 左右的位置上。当冷凝下的回流液开始滴下时，开始定时、降温，电压表指在 150 V 左右，稍增大转速。到达计时 3 min时，萃取完毕，取下锥形瓶，用无水乙醇吹洗一圈，用苯甲酸-无水乙醇标准滴定溶液滴定至红色消失，关闭仪器总电源开关。

游离氧化钙的质量百分数 $f$-CaO 按式(1.4.1)计算。

(4) 测定注意事项

① 发现冷凝管较热时，根据发热的程度酌情更换另一支冷凝管或设法冷却。

② 搅拌加热时间。应严格按照操作步骤进行。

### 思考与练习

1. 简述水泥燃料与水泥成品的质量控制项目和指标。
2. 为什么要严格控制水泥熟料中游离氧化钙的含量？影响测定准确度的因素有哪些？
3. 简述测定熟料立升重的热工意义及回旋窑控制指标。
4. 水泥细度控制指标有哪些？测定频次为多少？

# 任务 5　水泥制成质量控制与检验

**知识目标**：通过学习，明确水泥制成质量控制的目的、控制项目及控制指标；掌握其质量控制与检验的方法。

**能力目标**：通过训练，能够承担水泥细度、三氧化硫、混合材掺量及水泥物理性能检验等质量控制组的工作，能正确使用检验仪器与设备，并能熟练进行检验结果的计算；能解决控制和检验中的常见问题。

**任务描述**：本节的任务主要针对化验室质量控制组的工作进行知识学习和技能训练，即学习使用相关的仪器设备，学会水泥制成质量控制与检验的方法。

## 5.1　水泥制成质量控制项目

水泥制成是水泥生产的最后一个工艺环节。水泥制成质量控制的目的是确保出产水泥质量符合国家标准要求。水泥制成质量控制项目主要有入磨物料配比、水泥细度、三氧化硫、混合材掺量及水泥物理性能检验等。

出磨水泥质量控制点通常设在水泥磨斜槽出口（选粉机出口），各项目检测频次、技术指标及控制范围见表 1.2.5 所示。

### 5.1.1　入磨物料配比的质量控制

出磨水泥的质量直接受入磨物料配比的影响，这种影响主要来自两个方面：首先是各水泥生产企业根据本厂的水泥品种、强度等级和入磨物料的性质来设计入磨物料配比；其次，入磨物料的配比是通过喂料设备实现的。若配比不恰当或喂料不稳定，都影响到出磨水泥的质量。所以，准确而又稳定的配比是保证水泥质量均匀、稳定的重要环节。

### 5.1.2 出磨水泥细度控制

5.1.2.1 控制意义及控制指标

合理地确定水泥细度指标对于保证水泥质量和提高企业经济效益是十分重要的；同时，控制好水泥细度、颗粒组成和颗粒形态，将有利于发挥水泥活性及改善水泥混凝土的性能。

在熟料、混合材配比一定的情况下，水泥磨得越细，比表面积越大，水泥与水拌和后接触面积也就越大，水化就快，有利于提高水泥强度，特别是早期强度。若熟料的游离氧化钙较高时，水泥越细，越有利于 *f*-CaO 尽快吸收水分而消解，可减小其破坏作用，改善水泥的安定性。但水泥磨得过细，需水量增加，水泥石结构的致密性下降，造成水泥石强度的降低。另外水泥磨得过细，还会降低磨机产量，增加电耗。所以，确定水泥细度控制指标时应综合考虑本厂实际。在生产控制中，还应尽量减小细度的波动，达到稳定磨机产量及水泥质量的目的。

水泥细度控制指标为：0.080 mm 方孔筛筛余小于或等于目标值，合格率≥85%；或者比表面积大于或等于目标值，合格率≥85%。

分磨 1 h 检验 1 次。

5.1.2.2 水泥细度的检验方法

水泥细度（筛余百分数）检验按照国家标准《水泥细度检验方法》（GB/T 1345—1991）进行，有负压筛法、水筛法和手工干筛法三种。

水泥比表面积也是水泥细度的一种表示方法。我国国家标准规定比表面积的测定方法用勃氏法和低压透气法。

上述各种检验方法见项目 3。

### 5.1.3 出磨水泥三氧化硫控制

5.1.3.1 控制意义及控制指标

为了调节水泥的凝结时间，磨制水泥时需要加入石膏，所以，通过测定水泥中三氧化硫的含量来控制石膏掺量，以保证水泥的凝结时间正常和三氧化硫含量符合国家标准的规定。水泥中三氧化硫含量过少，石膏缓凝作用不明显，水泥会产生快凝现象；三氧化硫含量过多，硅酸钙水化速度较快，水泥也会产生快凝，还会引起水泥安定性不良。在矿渣水泥中，石膏不仅是缓凝剂，还是矿渣水泥的活性激发剂，可加速矿渣水泥的硬化过程，对改善水泥性能更有利。因此，适宜的石膏掺量是保证水泥质量的重要方面。《通用硅酸盐水泥》（GB 176—2007）中强制性条款规定矿渣硅酸盐水泥中三氧化硫的质量分数小于或等于 4.0，其他五种通用硅酸盐水泥中三氧化硫的质量分数小于或等于 3.5。生产中，可通过小磨实验找出石膏掺量与水泥凝结时间、安定性、强度的关系，确定石膏的最佳掺量。

出磨水泥三氧化硫控制指标为：

目标值±0.3%，合格率≥70%；

分磨 2 h 检验一次。

5.1.3.2　水泥及熟料中三氧化硫的检验方法

水泥及其熟料中三氧化硫的测定是指硫酸盐-三氧化硫的测定。一般出厂水泥采用硫酸钡重量法,生产控制分析采用离子交换法、碘量法和库仑积分法。现介绍生产控制中常用的离子交换法。

在水介质中,用氢型阳离子交换树脂对试料中的硫酸钙进行两次静态交换,生成等物质量的 $H_2SO_4$:

$$2R-SO_3H+CaSO_4 = (R-SO_3)_2Ca+H_2SO_4$$

以酚酞为指示剂,用氢氧化钠标准滴定溶液滴定:

$$H_2SO_4+2NaOH = Na_2SO_4+2H_2O$$

然后根据 NaOH 的消耗量计算 $SO_3$ 的质量百分数。三氧化硫的质量百分数按下式计算:

$$SO_3 = \frac{T_{SO_3} \times V}{m \times 1000} \times 100\% \qquad (1.5.1)$$

式中　$T_{SO_3}$——1 mL NaOH 标准滴定溶液相当于 $SO_3$ 的质量,mg/mL;

$V$——滴定时消耗的 NaOH 标准滴定溶液的体积,mL;

$m$——试样质量,g。

### 5.1.4　混合材掺量的控制

水泥中掺入一定量的混合材,可以增加水泥产量,降低水泥成本,改善水泥的某些性能,变废为宝,减少环境污染。但混合材的加入,减少了水泥中熟料的含量,会使水泥的强度,特别是早期强度受到影响。所以,混合材掺量应根据生产水泥品种、熟料质量、混合材品种及质量来确定。

混合材掺量控制指标为:

目标值±2.0%,合格率≥80%;

分磨4h检验一次。

### 5.1.5　出磨水泥氧化镁的控制

如前所述,水泥中的氧化镁是一种有害成分,《通用硅酸盐水泥》(GB 176—2007)中强制性条款规定硅酸盐水泥和普通硅酸盐水泥中 MgO≤5.0%,如水泥经压蒸检验安定性合格,可放宽到6.0%;其他品种通用硅酸盐水泥中 MgO≤6.0%,如果氧化镁含量大于6.0%时,需进行水泥压蒸安定性试验并合格。通过对出磨水泥化学分析即可了解水泥中 MgO 的含量是否符合国家标准,以保证出厂水泥的质量。如出磨水泥 MgO 含量不符合国家标准,可采用搭配均化的方式进行处理,确保出厂水泥质量。

出磨 MgO 含量控制检验:取平均样,一天检验一次。

### 5.1.6　水泥烧失量的控制

国家标准中规定了硅酸盐水泥和普通水泥的烧失量指标:P·Ⅰ不得大于3.0%;P·Ⅱ不得大于3.5%;P·O 不得大于5.0%。检验水泥烧失量的目的主要是控制混合材和立窑熟料的煅烧状况。因此,为了保证水泥中混合材掺量符合国家标准及保证熟料的质量,对水泥的烧失量要加以限制。

### 5.1.7 出磨水泥物理性能

出磨水泥的安定性、凝结时间、强度等级等物理性能都要符合国家标准，才能保证出厂水泥质量。如果出磨水泥的某些性能不符合国家标准，应采取均化处理，确保出厂水泥的质量。

出磨水泥物理性能检验：取平均样，一天检验一次。

## 5.2 任务实施

### 5.2.1 离子交换法测定水泥中的$SO_3$

离子交换法测定水泥中的$SO_3$是一种快速、简便的好方法，但这种方法只适用于掺入天然石膏的水泥中$SO_3$的测定，对于广泛应用混合石膏（二水石膏和硬石膏的混合矿）、工业副产品（氟石膏、磷石膏及含有$Cl^-$和$NO_3^-$的石膏）和复合矿化剂的水泥，这种方法不适用。

5.2.1.1 主要仪器

(1) 磁力搅拌器（带一根搅拌子）；

(2) 烧杯 2 个；

(3) 离子交换柱（$\phi$50 mm×700 mm）或酸式滴定管 1 只；

(4) 碱式滴定管一套。

5.2.1.2 主要试剂

(1) (732)苯乙烯系强酸性阳离子交换树脂或类似性能的树脂；

(2) 浓度为 3 mol/L 的 HCl 溶液 1500 mL；

(3) $AgNO_3$ 溶液（10 g/L）；

(4) 邻苯二甲酸氢钾（$KHC_8H_4O_4$）（G·R）；

(5) 酚酞指示剂（10g/L）；

(6) 浓度为 0.6 mol/L 的 NaOH 标准滴定溶液。

5.2.1.3 测定步骤

准确称取约 0.2 g 试样，置于已放入 5 g 树脂、一根磁力搅棒和 10 mL 热水的 150 mL 烧杯中，摇动烧杯使试样分散。加入约 50 mL 沸水，盖上表面皿，置于磁力搅拌器上，搅拌 10 min。取下，用快速滤纸过滤，将树脂转移至漏斗上，并用热水洗涤烧杯及树脂 4～5 次。滤液和洗液（此时溶液的体积在 100 mL 左右）收集于另一装有 2 g 树脂和一根磁力搅棒的烧杯中，置于磁力搅拌器上，搅拌 3 min，用快速滤纸过滤，并用热水洗涤烧杯及树脂 5～6 次。滤液和洗液收集于 300 mL 烧杯中，并向其中加入 5～6 滴酚酞指示剂，用氢氧化钠标准溶液（0.06 mol/L）滴定至微红色为终点。滴定时消耗氢氧化钠标准溶液的体积记为 $V$。

5.2.1.4 测定注意事项

(1) 交换用的树脂要确保不含有盐型树脂，否则会发生如下反应：

$$CaSO_4 + 2R-SO_3Na = (R-SO_3)_2Ca + Na_2SO_4$$

生成的硫酸钠是中性盐，不与 NaOH 作用，会使测定结果偏低。所以处理树脂要用动态法，以确保得到纯氢型树脂。

(2) 离子交换树脂使用后可以回收。先后用 95%的乙醇及水浸泡，然后把树脂装入直径约为 5 cm、长约为 70 cm 的交换柱中，用 1200 mL 盐酸溶液(1+3)以 5 mL/min 的流速进行淋洗，再用蒸馏水逆洗交换柱，直至流出液中无 $Cl^-$ (用 $AgNO_3$ 溶液检验)。用抽气泵抽干水分后用磨口瓶贮存。

(3) 已处理好的树脂久放后会析出游离酸，所以在使用前应用水洗涤 2～3 次，否则会给测定结果造成较大的正误差。

### 5.2.2 混合材掺量的检测

混合材掺量的检测方法，主要参照《水泥组分的定量测定》(GB/T 12960—1996)。混合材在水泥行业使用较为普遍，品种也较多。现介绍水泥中只有一种混合材(矿渣)，即组成为熟料、石膏和矿渣的水泥中矿渣含量的检测方法。在 pH=11.60 并含有配位剂的溶液中，利用水泥矿物可被选择性溶解而矿渣基本不溶解的原理，通过校正求得矿渣组分的含量。

5.2.2.1　主要仪器

(1) 天平：不低于四级，精确至 0.0001 g；

(2) 烘箱：可控温度 105～110 ℃；

(3) 酸度计：测量范围(0～14 pH，精确到 0.02 pH)；

(4) 水泥组分测定装置：如图 1.5.1 所示；

(5) 玻璃砂芯漏斗；

(6) 500 mL 抽滤瓶；

(7) 抽气泵等。

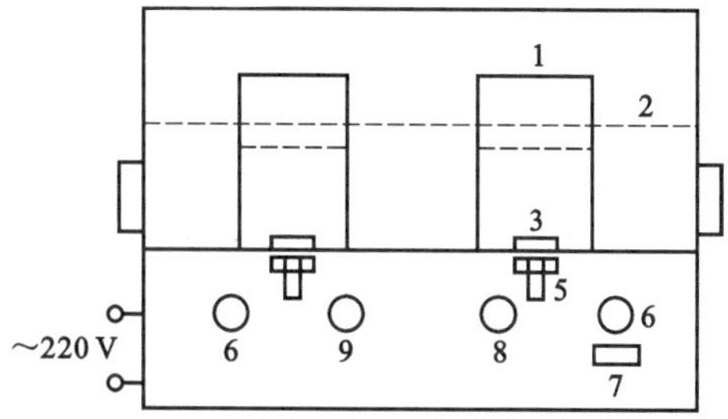


图 1.5.1　水泥组分测定装置示意

1—烧杯；2—恒温水箱；3—搅拌子；4—恒温电器元件；5—搅拌器；6—搅拌器的调速钮；7—电源开关；8—时间设定键；9—温度设定旋钮

5.2.2.2　主要试剂

(1) EDTA 溶液(0.015 mol/L)；

(2) 三乙醇胺(1+2)；

(3) 氢氧化钠溶液(100 g/L)。

5.2.2.3　检测步骤

(1) 取 50 mL EDTA 溶液(0.015mol/L)于 150 mL 烧杯中，加入 10 mL 三乙醇胺(1+2)、5 mL磷酸氢二钠溶液(0.25 mol/L)、5 mL氢氧化钠溶液(100 g/L)及 25 mL 水，放入一支搅拌子。

(2) 在溶液中插入电极，在酸度计指示下用氢氧化钠溶液(100 g/L)调整溶液 pH 值至 11.60±0.05。停止搅拌后，读取酸度计 pH 值。

(3) 将烧杯置于水泥组分测定仪上，并使溶液保持 20±2 ℃，启动搅拌器，向溶液中加入约0.3 g试样，精确至 0.0001 g，搅拌 25 min。

(4) 用预先在 105～110 ℃烘箱中烘干至恒量的玻璃砂芯漏斗抽气过滤。用镊子取出搅拌子并用水冲洗，将不溶物全部转移至砂芯漏斗上，擦洗净烧杯，用水洗涤不溶物 8 次，用乙醇洗涤 1 次。滤液与洗液总体积约在 200 mL。

(5) 将漏斗及其中的不溶物移入 105～110 ℃烘箱中烘干 30 min。取出置于冷却器中冷却至室温，称量。如此反复烘干，直至恒量。

5.2.2.4　检测结果计算

(1) 水泥中不溶渣的百分含量($R_1$)：

$$R_1 = \frac{m_2 - m_1}{m_3} \times 100\% \qquad (1.5.2)$$

式中　$R_1$——水泥中不溶渣的百分含量,%；

$m_1$——玻璃砂芯漏斗的质量,g；

$m_2$——烘干后玻璃砂芯漏斗和不溶渣的质量,g；

$m_3$——试样的质量,g。

(2) 水泥中矿渣组分的百分含量($S_1$)

$$S_1 = 1.111 \times R_1 - 0.0446 \qquad (1.5.3)$$

式中　$S_1$——水泥中矿渣组分的百分含量,%；

$R_1$——水泥中不溶渣的百分含量,%；

1.111 和 0.0446——校正系数。

5.2.2.5　检测注意事项

(1) 经第一次烘干、冷却、恒量后,再通过连续 15 min 的烘干、冷却、称量的方法来检查恒定质量。当连续两次误差小于 0.0005 g 时,即达到恒量。

(2) 测定结果以两次试验的平均值表示。

# 任务 6　出厂水泥质量控制与检验

## 6.1　知识目标

通过学习,明确出厂水泥质量控制项目与要求、控制点、取样频率与取样量;掌握出厂水泥检验规则;识记出厂水泥包装、标志、运输和贮存要求。

## 6.2　能力目标

通过训练,能够承担水泥细度、三氧化硫含量、混合材掺量及水泥物理性能检验等质量控制组的工作,能正确使用检验仪器与设备,能熟练进行检验结果的计算;能解决控制与检验中的常见问题。

## 6.3　任务描述

本节的任务主要针对出厂水泥质量控制与检验的内容,以 GB 175—2007 为依据,学习并且掌握出厂水泥质量控制的相关知识。

## 6.4　知识链接

出厂水泥的质量控制是水泥质量控制的最后一关,也是最重要的一关。企业必须严格执行水泥生产的国家标准及相关技术法规，确保出厂水泥产品质量合格。

出厂水泥质量要求如下：

(1) 出厂水泥合格率 100%

水泥各项技术指标及包装质量经确认符合要求时方能出厂。

(2) 28 d 抗压富余强度合格率 100%

确保出厂水泥 28 d 抗压强度富余值≥2.0 MPa。

(3) 袋重合格率 100%

袋装水泥 20 包的总质量≥1000 kg，单包净重 50 kg，并且应≥标志质量的 99%；随机抽取 20 袋的总质量(含包装袋)应≥1000 kg。

(4) 28 d 抗压强度目标值≥水泥国家标准规定值+2.0 MPa+3*S*。

标准偏差 *S*≤1.65 MPa。

(5) 均匀性合格率 100%

每季度进行一次均匀性试验，10 个分割样的指标(细度、凝结时间、安定性、烧失量、$SO_3$ 含量、强度等)必须符合国家标准，28 d 抗压强度变异系数 *CV*≤3.0%。

检验项目有化学指标、凝结时间、安定性、强度等。

### 6.4.1 化学指标

通用硅酸盐水泥化学指标应该符合表 1.6.1 的规定：

**表 1.6.1　通用硅酸盐水泥化学指标要求**

<table>
<tr><th>品　种</th><th>代　号</th><th>不溶物<br>(质量分数)</th><th>烧失量<br>(质量分数)</th><th>三氧化硫<br>(质量分数)</th><th>氧化镁<br>(质量分数)</th><th>氯离子<br>(质量分数)</th></tr>
<tr><td rowspan="2">硅酸盐水泥</td><td>P·Ⅰ</td><td>≤0.75</td><td>≤3.0</td><td rowspan="3">≤3.5</td><td rowspan="3">≤5.0[a]</td><td rowspan="8">≤0.06[c]</td></tr>
<tr><td>P·Ⅱ</td><td>≤1.50</td><td>≤3.5</td></tr>
<tr><td>普通硅酸盐水泥</td><td>P·O</td><td>—</td><td>≤5.0</td></tr>
<tr><td rowspan="2">矿渣硅酸盐水泥</td><td>P·S·A</td><td>—</td><td>—</td><td rowspan="2">≤4.0</td><td>≤6.0[b]</td></tr>
<tr><td>P·S·B</td><td>—</td><td>—</td><td>—</td></tr>
<tr><td>火山灰硅酸盐水泥</td><td>P·P</td><td>—</td><td>—</td><td rowspan="3">≤3.5</td><td rowspan="3">≤6.0</td></tr>
<tr><td>粉煤灰硅酸盐水泥</td><td>P·F</td><td>—</td><td>—</td></tr>
<tr><td>复合硅酸盐水泥</td><td>P·C</td><td>—</td><td>—</td></tr>
</table>

注：a 如果水泥压蒸试验合格，则水泥中氧化镁的含量允许放宽至 6.0%。

b 如果水泥中氧化镁的含量大于 6.0%时，需要进行水泥压蒸试验并要求合格。

c 当有更低要求时，该指标由买卖双方确定。

化学指标检测方法，参见本教材“水泥原燃材料、半成品和成品化学成分分析”，以及GB/T 176—2008。

### 6.4.2 水泥凝结时间

GB 175—2007 规定，硅酸盐水泥初凝时间≥45 min，终凝时间≤390 min；普通硅酸盐水泥、矿渣硅酸盐水泥、火山灰硅酸盐水泥、粉煤灰硅酸盐水泥、复合硅酸盐水泥，初凝时间

≥45 min,终凝时间≤600 min。

水泥凝结时间试验方法,参见本教材“水泥物理性能检验”。

#### 6.4.3 安定性

采用沸煮法试验,要求合格。压蒸试验按 GB/T 750 进行操作。

安定性控制意义及试验方法,参见本教材“水泥物理性能检验”。

#### 6.4.4 强度

强度指标控制意义和控制范围,参见本教材“水泥物理性能检验”。

#### 6.4.5 水泥的包装

(1) 包装质量

水泥的包装质量必须严格执行国家标准和有关技术规定。规定包装质量的目的是:

① 在工程施工中,施工单位往往是按每袋水泥质量 50 kg 计量配制混凝土,质量不足会降低混凝土标号,影响工程质量,超重则造成水泥不应有的浪费。

② 袋装水泥出厂,其质量一般按照每袋 50 kg 计量发放,每袋水泥超量或质量不足都会给供需双方带来经济损失。

(2) 袋重合格率

以 20 袋为一抽样单位,在总质量≥1000 kg 的前提下,20 袋分别称量,计算袋重合格率,<49 kg 者为不合格。当 20 袋总质量<1000 kg 时,即袋重不合格(袋重合格率为零)。

抽查袋重时,质量记录至 0.1 kg。计算平均净重时,应先随机抽取 10 个纸袋称重并计算其平均值,然后将实测袋重减去纸袋平均质量。计算袋重合格率可按下列公式计算。

$$\text{袋重合格率} = \frac{\text{净重} \geqslant 49\ \text{kg 的包数}}{\text{总计抽查包数}} \times 100\% \qquad (20\ \text{袋总质量} \geqslant 1000\ \text{kg})$$

企业化验室要严格执行袋重抽查制度,每班每台包装机至少抽查 20 袋,同时考核 20 袋总质量和单包质量,计算袋重合格率。

(3) 水泥包装袋的技术要求

GB 9774—1996《水泥包装用袋》的技术要求如下:

水泥袋上应清楚标明:产品名称、代号、净含量、强度等级、生产许可证编号、生产者名称和地址、出厂编号、执行标准号、产品名称、包装日期(年、月、日)。对于掺火山灰质混合材料的普通水泥,还应标上“掺火山灰”字样。

包装袋两侧应印有水泥名称和强度等级,硅酸盐水泥和普通水泥的印刷采用红色,矿渣水泥的印刷采用绿色,火山灰水泥、粉煤灰水泥及其他品种水泥的印刷采用黑色或蓝色。

#### 6.4.6 水泥的散装

水泥的散装运输,运价低,耗损少,节省纸袋,从而节约大量优质木材并可减轻工人劳动强度和环境污染,便于实现机械化和自动化,是水泥包装发展的必然趋势。

散装水泥由于在出厂时间与编号、储存条件、使用周期等方面不同于袋装水泥,各道工序的质量控制应比袋装水泥更严格,才能保证散装水泥的质量。

散装水泥的质量控制应注意以下几点：

(1) 水泥企业应有专门的散装库，每个库的容量以本厂每个编号水泥产量的吨位数为宜；

(2) 出磨水泥不允许直接入散装库，应先储入水泥储存库，技术指标经检验合格后，通过均化才可以入散装库；

(3) 入散装库的水泥品种、强度等级变化时，应先用水洗库；

(4) 散装水泥出厂时，必须在装车的同时按本厂每编号水泥产量吨位数取样，进行全套物理、化学性能检验；

(5) 散装水泥出厂时，必须向用户提交与袋装水泥标志相同的卡片。化验室按国家标准向用户寄发出厂质量检验报告。

### 6.4.7 水泥出厂

(1) 水泥按编号经检验合格后，由化验室主任或水泥出厂管理员签发“水泥出厂通知单”，一式两份，一份交销售部门作为发货依据，一份由化验室存档。

(2) 销售部门必须严格按化验室“水泥出厂通知单”要求的编号、强度等级和数量发售水泥，并做好发货明细记录，不允许超吨位发货。

(3) 水泥发出后，销售部门必须将发货单位、发货数量、编号填写“出厂水泥回单”，一式两份，一份交化验室，一份由销售部门存档。

(4) 当用户需要时，化验室在水泥发出日起 7 天内寄发除 28 天强度以外的各项检验结果。32 天内补报 28 天强度检验结果。

(5) 在成品库或站台上存放 1 个月以上的袋装水泥，出厂前必须重新取样检验。确定合格后才能出厂。

(6) 水泥安定性不合格或某项指标达不到国家标准要求的袋装或散装水泥，一律不准借库存放。

## 6.5 任务实施

本项任务的多数内容分解在本教材的其他部分之中，所以，不再安排实训学时。

#### 思考与练习

1. 水泥强度为何要按强度目标值进行控制？
2. 堆放时间过长的水泥为何要重新检验？
3. 散装水泥如何进行质量控制？
4. 出厂水泥的质量有何要求？

# 项目2　水泥原燃材料、半成品和成品化学成分分析

## 任务1　化验室常用仪器设备使用与维护

**知识目标**：掌握化验室常用电加热设备的名称、类型、构造、用途和正确用法。掌握分析天平和电子天平的基本结构、工作原理、主要技术参数，了解其维护和保养知识。

**能力目标**：能正确使用电加热设备，熟练使用分析天平及电子天平进行物质的称量。能进行常用仪器的维护、保养及常见故障分析及排除。

**任务描述**：(1) 通过对化验室常用加热设备的观察，了解其构造；学习常用加热设备的基本知识和使用方法，训练正确使用加热设备。(2) 熟悉天平的构造、砝码组合及分析天平的使用规则；学会天平灵敏度的测定方法；学会固定称量法、直接称量法及差减称量法；培养准确、简明地记录实验数据的习惯；在称量中正确使用有效数字。(3) 熟悉电子天平的构造、砝码组合；掌握电子天平校正方法；掌握正确的称量方法。

### 1.1　电加热设备

在对试样的分析检验工作中经常遇到加热溶解、熔融、恒温、烘干等加热处理技术环节，正确选择和使用加热设备是保证工作效率和安全的基本要求。下面对化验室中常用的加热设备，从结构、工作原理、使用方法等几方面作简要的介绍，重点掌握正确使用和维护保养等方面的知识。

#### 1.1.1　电炉

1.1.1.1　电炉的构造

电炉的构造很简单，耐火泥压制的带有凹槽的炉盘固定在一个铁盘座上，一条电炉丝嵌在炉盘的凹槽中，电炉丝两头下穿铁盘座并且套上多节小瓷管后连接到瓷接线柱上与电源线相连，即成为一个普通的圆盘式电炉。电炉常用于加热溶解、煮沸、质量分析中的滤纸灰化等实验工作。

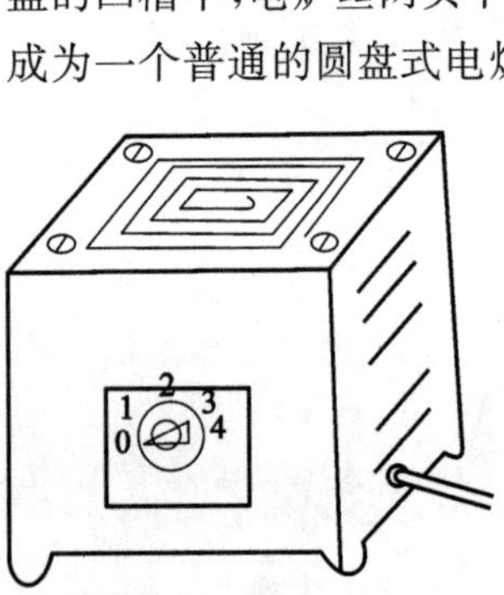

图2.1.1　万用电炉

有一种用铁板盖严的盘式电炉叫做暗式电炉，它适用于不能用明火加热的试验。

电炉按功率的大小分为不同的规格，如500 W、600 W、800 W、1000 W、1500 W等。功率的大小主要取决于电炉丝的阻值，同样成分同样长短的电炉丝，粗的发热量大，细的发热量小。例如电炉上标明“220 V，1000 W”字样，说明这个电炉在电压为220 V时它的功率为1000 W。

另有一种能调节不同发热量的电炉，常称为“万用电炉”，其外形如图2.1.1所示。炉盘在上方，炉盘下装有一个单刀多位开关，

开关上有几个接触点，每两个接触点间装有一段附加电阻，并用多节瓷管套起来，避免相互接触和跟电炉外壳接触而发生短路或漏电伤人。转动调温旋钮可以调节电炉工作温度。

1.1.1.2　电炉工作原理

电炉丝的成分通常为镍铬合金，是电路中的一个导体。电流通过导体时要克服导体的阻力（即电阻），这时电场力就要做功，这个功称为电功。做功的过程就是能量转换的过程，即电能转化为导体的内能，使导体内分子运动加剧，导体温度升高。把电流通过导体使导体温度升高的现象叫做电流的热效应。

从焦耳-楞次定律可知：改变电流的大小，可以明显改变电炉丝放出的热量：

$$Q=KI^2Rt$$

式中　$Q$——电流通过导体所放出的热量；

$I$——电流强度；

$R$——导体的电阻；

$t$——通电时间。

电炉丝放出的热量($Q$)与通过导体的电流强度的二次方($I^2$)成正比。

万用电炉在电炉丝之外串联了几个附加电阻。转动调温旋钮使金属滑动片搭接在某一附加电阻上，从而改变了与电炉丝串联的附加电阻的大小，以调节通过炉丝的电流强度，从而达到调节电炉发热量的目的。

1.1.1.3　使用电炉时的注意事项

(1) 电源电压应与电炉规定的电压相符，如果将110 V的电炉接在220 V电源上，炉丝很快烧断。反之，如果将220 V电炉接在110 V电源上，炉丝烧不红，发热量小，达不到加热要求。

(2) 加热的容器如果是金属制的，应垫一块石棉网，防止金属容器触及电炉丝，发生短路和触电事故。

(3) 炉盘凹槽要保持清洁，及时清除灼烧的焦煳物（清除时必须断电），保持电炉丝导电良好。

(4) 电炉连续使用时间不应过长，以延长电炉丝使用寿命。

### 1.1.2　高温电炉

高温电炉简称高温炉，也叫做马弗炉（源自英文Muffle furnace），种类很多，适应于不同行业、不同材料的热处理要求。水泥厂化验室常用于熔融试样、灼烧沉淀、测定煤炭灰分等，见图2.1.2。电阻丝式高温炉的最高使用温度为950 ℃；硅碳棒式高温炉的最高使用温度为1350 ℃，常用工作温度为1300 ℃。

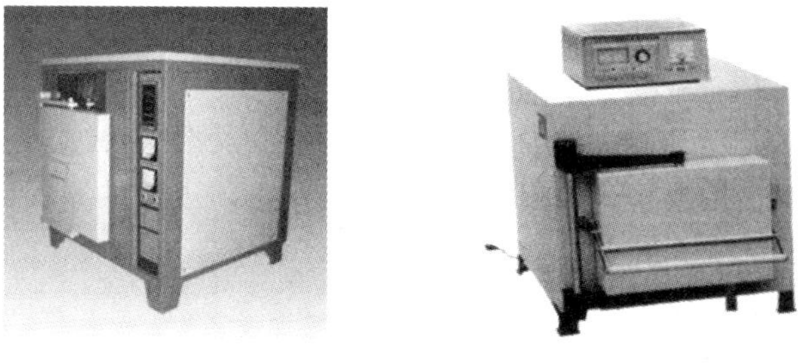

图2.1.2　高温电炉

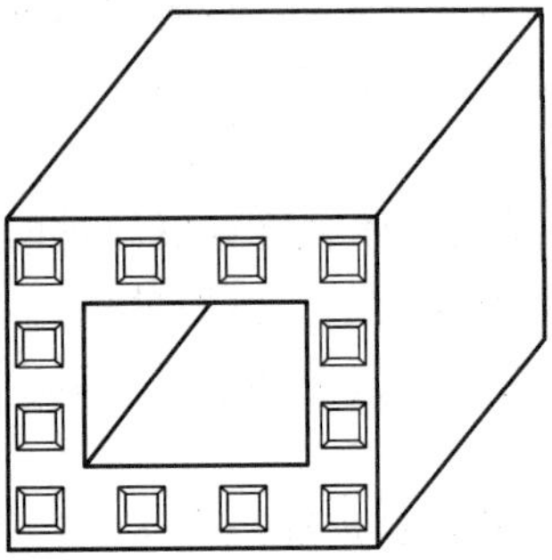

图 2.1.3　高温炉炉膛示意图

1.1.2.1　高温炉的构造

(1) 高温炉的炉膛是用耐高温、无胀缩碎裂的氧化硅结合体制成的中空矩形柱状体，炉膛四周内外壁之间有若干个空槽，电阻丝串置在空槽中，如图 2.1.3 所示。所以，通电以后，整个炉膛周围被均匀加热而产生高温。硅碳棒式马弗炉的发热元件硅碳棒分布在炉膛顶部，炉体两侧设有防护罩。

(2) 炉膛的外围包着耐火砖、耐火土、石棉板等，填充紧实，以减少热量的损失。

(3) 炉体安装在角铁制作的骨架上，外表面用铁皮包裹着。炉门是用耐火砖包裹铁皮制成的。

1.1.2.2　高温炉工作原理

高温炉工作温度的控制目前普遍采用温度控制器。它是由一块毫伏表和一个继电器组成，连接一支相匹配的热电偶。电阻丝式高温炉一般配镍铬-镍铝热电偶，硅碳棒式高温炉则配铂-铂铑热电偶。热电偶装在一根耐高温的瓷管中，从高温炉的后部中间小孔伸进炉膛内。当高温炉温度变化时，热电偶随之产生不同的电势，电势的大小直接以温度值在温度控制器的表头上显示出来。当指示温度的指针(上指针)慢慢上升到与事先调好的控制温度指针(下指针)相遇时，继电器立即动作切断电路，停止加热。当温度下降，上下指针分开时，继电器又使电路重新接通，电炉又继续加热。如此反复动作，就可达到自动控温目的。灼烧前，将控温指针拨到预定温度的位置，从到达预定温度时计算灼烧时间。

1.1.2.3　使用高温炉时的注意事项

(1) 高温炉必须放置在稳固的水泥台上，温度控制器不要离高温炉太近。热电偶棒从高温炉背后的小孔插入炉膛内，将热电偶的专用导线接至温度控制器的接线柱上。注意正、负极不要接错，否则造成温度计指针反向动作面损坏。

(2) 根据产品说明书规定的电源电压，配置功率合适的插头插座和保险丝，并接好地线，避免危险。

(3) 控制工作温度不要超出额定温度，以免烧毁电热元件。最好在低于最高温度 50 ℃以下工作，此时炉丝有较长的寿命。

(4) 高温炉使用过程中要经常照看，注意听(控制器)继电器所发出的噼啪声是否正常。无人看守时，切勿启用高温炉。

(5) 高温作业完成后，应先拉下电闸，切断电源。待炉温降低至 400 ℃左右才能打开炉门，以免炉膛骤然受冷碎裂。用长柄坩埚钳取出坩埚。

(6) 经常保持炉膛清洁，及时清除炉内氧化物之类东西。高温炉周围不要堆放易燃易爆物品。

(7) 高温炉不用时，应切断电源，关好炉门，以免炉膛受潮气侵蚀。

(8) 马弗炉第一次使用或长期停用后再次使用时，必须进行烘炉。烘炉的时间应为：

室温至 200 ℃4 h，打开炉门让水蒸气散发；

200 ℃至 600 ℃4 h，关闭炉门；

600 ℃至 800 ℃4 h，关闭炉门。

### 1.1.3　电热恒温干燥箱

1.1.3.1　电热恒温干燥箱构造

电热干燥箱的型号很多，但结构基本相似，其外形如图 2.1.4 所示。一般由箱体、电热系统和自动恒温控制系统三部分组成。

（1）箱体

干燥箱外壳是一个隔热的铁皮箱，箱壁多为四层：外层为铁皮喷漆；中层为玻璃棉或石棉，用以隔热保温；第三层为涂铅的铁皮；第四层即最内层为铁皮制的空气对流壁，使冷热空气能够对流，使箱内温度均匀。由内层所构成的腔体叫做工作室，室内有网状搁板两层，用以搁放试品，室内四壁和搁板涂以耐高温防锈蚀的银粉漆；箱门均为两道，里门是玻璃门(一般为耐高温不易破碎的钢化玻璃)，外门是填有绝热层的金属隔热门。打开外门，便可通过玻璃门观察工作室的工作情况。箱的底层有进气孔，便于干燥空气进入，促使蒸汽逸出。箱的侧室装有指示灯，红灯亮表示加热，绿灯亮表示不加热；另外，还装有连接线和温度控制器等部件，比较大型的干燥箱还带有鼓风装置，鼓风用的小型电动机也装在箱室里，鼓风的目的是促使工作室内冷热空气对流。侧室有一个带散热孔的侧门，可以卸下便于检修。

（2）电热系统

干燥箱的电热部分多为外露式电热丝，装于瓷盘之中或绕于瓷管之上，固定在箱底夹层中。比较大型的干燥箱电热丝分为两大组，其中一大组为辅助电热丝，直接与电源相接，不受温度控制器控制，用于短时间内急需升温和120 ℃以上恒温时辅助加热。另外一大组为恒温电热丝，它与温度控制器相连，受温度控制器控制。辅助加热系统在恒温加热系统后面，辅助电热丝工作时恒温电热丝也必定在工作。两个加热系统合并在一个旋钮上，常见的为四挡旋钮开关，如图 2.1.4 所示。当旋钮指向 0 时，干燥箱断电不工作；当开至 1 或 2 挡时，恒温加热系统工作，开至 3 或 4 挡时，恒温系统和辅助系统均加热。

（3）自动恒温控制系统

近年来生产的电热干燥箱的自动恒温控制系统多采用差动棒式或电接点水银温度计式温度控制器，下面作一简单介绍。

差动棒式温度控制器如图 2.1.5 所示。是由一支热膨胀系数很大的黄铜管和一支热膨胀系数很小的玻璃棒组成的感温元件。玻璃棒比铜管略长并装在铜管中，铜管从箱侧伸入工作室，伸入工作室的一端密封以挡住玻璃棒。玻璃棒另一端顶住温控臂。当工作室内温度升高时，由于铜管的膨胀系数比玻璃棒大，则铜管相对伸长，玻璃棒顶端对温控臂的顶力放松。温控臂在弹簧力的作用下，使触点分开，于是切断电热丝电源，箱内停止加热，工作室温度下降。当温度下降后，铜管因冷却而收缩，玻璃棒相对伸长，恢复了对温控臂的顶力，两个触点重新接触，电热丝又接通电源加热，工作室温度又开始上升。经过上述反复多次的升温和降温后，工作室温度基本恒定在某一数值上。其温度的高低，可由箱面上的温度调节旋钮来调节。转动温度调节旋钮也就是调节温控触点和手调触点的间距和压力，以达到调节被控温度的高低。当温度调节旋钮在零时，触点是打开的，这样在接通电源时不加热；而顺时针方向转动旋钮时，两触点闭合，电热丝接通电源，箱内开始升温。

1.1.3.2　使用及注意事项

（1）干燥箱应安装在室内干燥和水平处，防止震动和腐蚀。

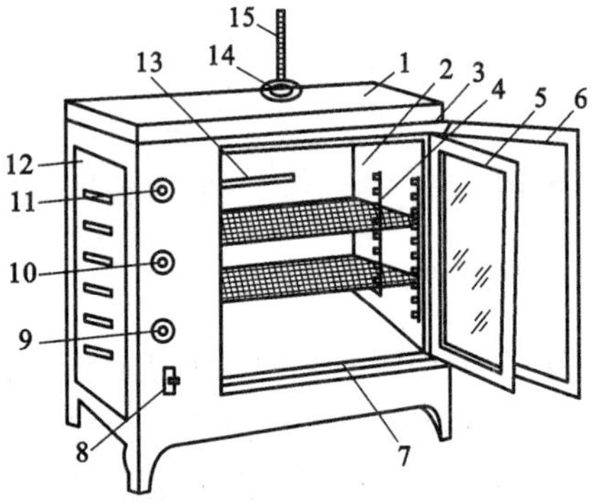


图 2.1.4　电热鼓风干燥箱

1—箱外壳；2—工作室；3—保温层；4—搁板；5—玻璃门；
6—箱门；7—散热板；8—鼓风开关；9—电源开关；
10—指示灯；11—温控器旋钮；12—箱侧门；13—感温钢管；
14—排气孔；15—温度计

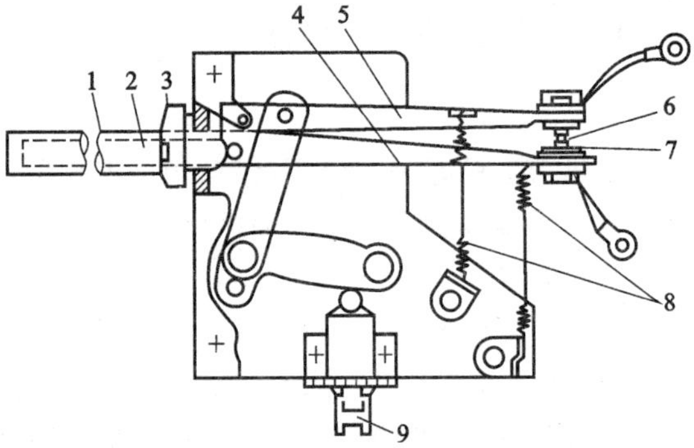


图 2.1.5　差动棒式温度控制器示意图

1—铜管；2—玻璃棒；3—螺帽；
4—温控臂；5—手控臂；6—手动调节触点；
7—温控触点；8—弹簧；9—调节杆

(2) 要注意安全用电，根据干燥箱耗电功率安装足够容量的电源闸刀一只。选用足够粗的电源导线，并应有良好的接地线。

(3) 插上温度计后将排气孔旋开，先进行空箱试验。开启电源开关，当温度调节旋钮在零位置时，绿色指示灯亮，表示电源已接通；将旋钮按顺时针方向从零旋至某一位置时，绿色指示灯熄灭，同时红色指示灯亮，表示电热丝已通电加热，箱内升温；然后把旋钮旋回至红灯熄灭而绿灯再亮，说明电器工作正常，即可投入使用。

(4) 放入试品时应注意，搁板的负重不能超过 15 kg，试品排列不能过密，散热板上不应放试品，以免影响热气向上流动；禁止烘焙易燃、易爆、易挥发以及有腐蚀性的物品。

(5) 当箱内温度升到比所需温度低 2～3 ℃时，将温度调节器旋钮按逆时针方向旋回红、绿灯交替明亮处，即能自动控温。待温度稳定后如达不到或已超过所需温度，可再做小的调节。达到恒温时旋钮所指刻度并不是工作室的温度，但可记下来以备中途调整及下次使用时参考。恒温后一般不需人工监视，但为了防止控制器失灵，仍必须有人经常照看，不能长时间远离。

(6) 当需要观察工作室内样品情况时，可开启外道箱门，透过玻璃门观察。但箱门以尽量少开为宜，以免影响恒温。特别是当工作温度在 200 ℃以上时，开启箱门有可能使玻璃门骤冷而破裂。

(7) 带鼓风的干燥箱，在加热和恒温过程中必须启动鼓风机，否则影响工作室温度的均匀性，宜损坏加热元件。

(8) 箱内箱外应经常保持清洁。

利用远红外辐射加热是一种新的技术，近年来推出一种远红外鼓风干燥箱，这种干燥箱具有高效、快干、节电的优点，可节电 15%～20%。

### 1.1.4　电热恒温水浴锅

电热恒温水浴锅用于蒸发和加热试验溶液，有两孔、四孔、六孔等不同规格，每孔最大直径为 120 mm，孔上有四圈一盖。

1.1.4.1　构造

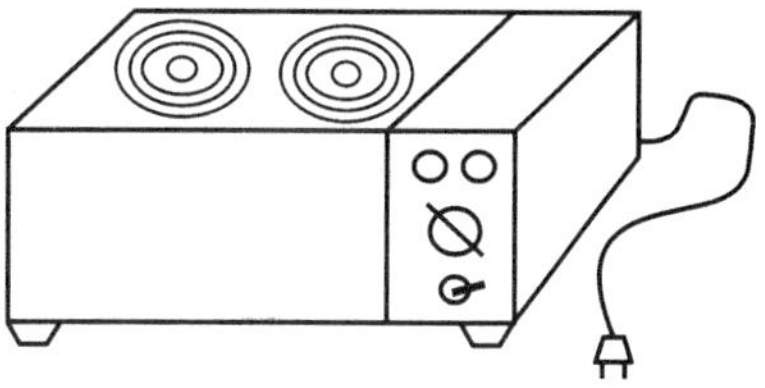

图 2.1.6　水浴锅外形

水浴锅分内外两层，内层用铝板制成，槽底安装铜管，管内电炉丝用瓷接线柱连通双股导线至控制器。控制器是由热开关及电路组成，外壳用薄钢板制成，表面烤漆覆盖，内壁用隔热材料制成。控制器的全部电器部件均装在电器箱内。控制器表面有电源开关、调温旋钮和指示灯。水箱左下侧有放水阀门，在水箱后上侧可插温度计，水浴锅外形如图 2.1.6 所示。

1.1.4.2　性能

电热恒温水浴锅的电源电压为 220 V，恒温范围为 37～100 ℃（须高于室温 3 ℃），温度波动范围为±1 ℃。将水温自 20 ℃升至 100 ℃的时间约为 50 min。电炉丝用 $\phi$0.4 mm 热力丝制成，工作时电流密度比一般电炉小，这可降低温差和延长炉丝寿命。采用差动棒式调节器实现恒温控制。

1.1.4.3　使用方法

(1) 关闭放水阀门，在水浴锅内注入清水至适当的深度，一般不超过水浴锅容量的 2/3。

(2) 将电源插头接在插座上，并在插座的粗孔安装地线。

(3) 顺时针调节调温旋钮至适当温度位置。

(4) 开启电源开关接通电源，红灯亮表示炉丝通电加热。此时如红灯不亮可反复调节调温旋钮并观看红灯，如仍不亮，应检查控制箱是否有短路失灵等。

(5) 炉丝加热后温度计的指数上升到距离所控制的温度约 2 ℃时，应反向转动调温旋钮至红灯熄灭止，此后红灯就不断熄、亮，表示恒温控制器发生作用，这时再略微调节调温旋钮即可达到预定的恒定温度。

(6) 调温旋钮经长时间使用后，可随时记录刻度盘上旋钮位置与实际温度计的指数关系，这样就可以比较迅速地调到所要控制的温度。

1.1.4.4　注意事项

(1) 切记水位一定保持不低于电热管，否则将立即烧坏电热管。

(2) 控制箱内部不可受潮湿，以防漏电损坏。

(3) 使用时应随时注意水箱是否有渗漏现象。

除了普通的电热恒温水浴锅外，还有些精密试验用的超级恒温水浴锅，它用电动循环泵进行搅拌，并有良好的自动控温系统，恒温波动范围为±1/15 ℃。这种超级恒温水浴锅可作精密的保温试验用，也常与折光仪配套使用。

### 1.1.5　电磁搅拌器

电磁搅拌器是由一个微型马达带动一块磁铁旋转，吸引托盘上装有溶液的容器中的搅拌子转动，达到搅拌溶液的目的。搅拌子也称磁子，它是用一小段铁丝密封在玻璃管或塑料管中(避免铁丝与溶液起反应)，随磁铁转动而转动。托盘下面除磁铁外，还有电热装置，很细的电热丝夹在云母片内，起加热作用。

电磁搅拌器的面板上有电源开关、加热开关、转速调节旋钮和指示灯等。

电磁搅拌器型号很多，但其结构基本相同，操作也很简单，广泛应用于需要搅拌的操作中，如电位滴定、pH 测定、离子选择电极法测定各种离子等。

使用电磁搅拌器前，先将转速调节旋钮调至最小，接上220 V电源，打开电源开关，电源指示灯即亮，然后调节合适的转速。需要搅拌的容器置于托盘的中央，选择合适的搅拌子放入溶液中，即开始搅拌。搅拌子应在容器中央，不应碰壁。需要加热时，可打开加热开关，调节合适的温度。

应该注意，保持容器外壁干燥，转速不要过快，以免溶液外溅而腐蚀托盘。用完应及时切断电源。

## 1.2　分析天平

### 1.2.1　分析天平的工作原理

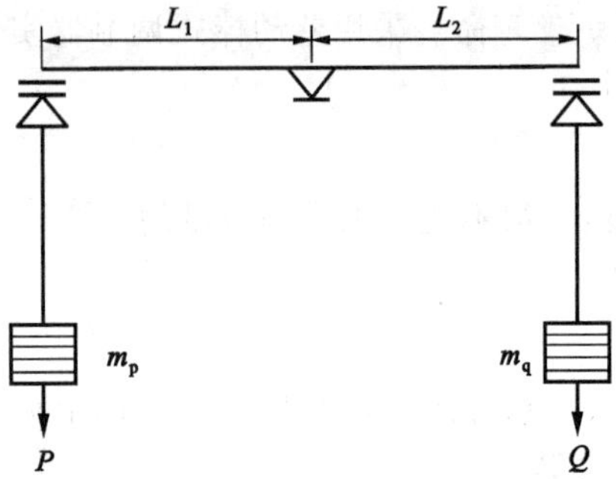


图 2.1.7　等臂天平原理示意图

各类分析天平都是根据杠杆原理设计制造的。图 2.1.7为等臂天平原理示意图。将质量为 $m_p$ 的物体和质量为 $m_q$ 的砝码分别放在天平左右盘上，当达到平衡时，根据杠杆原理：

$$PL_1=QL_2$$

式中，$Q=m_q g$，$P=m_p g$，由于 $L_1=L_2$，则 $m_q=m_p$，物质的质量等于砝码的质量。所以天平称量的结果是物体的质量。

### 1.2.2　分析天平的灵敏度及天平灵敏度的测定方法

1.2.2.1　分析天平的灵敏度

分析天平必须具有足够的灵敏度，天平的灵敏度是指在一个秤盘上增加一定质量时所引起指针偏转的程度，一般以分度/mg 表示，指针倾斜程度大，表示天平的灵敏度高。设天平的臂长为 $l$，$d$ 为天平横梁的重心与支点间的距离，$m$ 为梁的质量，$a$ 为在一个秤盘上加1 mg质量时引起指针倾斜的角度，它们之间存在如下关系：

$$a=\frac{l}{m \cdot d}$$

$a$ 即为天平的灵敏度。由上式可见，天平梁越轻，臂越长，支点与重心间的距离越短(即重心越高)，则天平的灵敏度越高。

在实际应用中，天平的灵敏度常用分度值表示。分度值与灵敏度互为倒数关系。

$$分度值=\frac{1}{灵敏度}$$

天平的灵敏度过低，称量精度达不到标准；灵敏度过高，称量时指针摆动大，不易达到平衡。对于一台天平而言，横梁规格(臂长)及质量是一定的，所以只能通过调整重心螺丝的高度来适当改善并得到合适的灵敏度。

1.2.2.2　天平灵敏度的测定方法

待天平处于水平状态，开动天平，使“0”刻线与投影屏上的标线重合(或±0.2 mg 范围内)。然后在天平的左盘上放一个 10 mg 环码,再开动天平,此时标尺上的刻度应为 9.8～10.2 mg范围内,则天平的灵敏度合格。否则不合格,应调节重心螺丝,改变重心到支点之间的距离,使之符合规定范围。

### 1.2.3 分析天平的分类

根据称量物体时的平衡特点,可将天平分为杠杆天平、扭力天平和特种天平。利用杠杆原理进行称量,测定的结果为物体的质量;利用虎克原理进行称量,测定的结果为物体的重量。而特种天平通常是采用液压原理、电磁作用原理、石英振荡原理等设计制作的,电子天平即属此类。

根据天平的结构特点,可将其分为等臂(双盘)天平、不等臂(单盘)天平和电子天平等。

在实验室常用天平中,又根据分度值大小,将其细分为常量分析天平(0.1 mg/分度)、微量天平(0.01 mg/分度)和超微量天平(0.001 mg/分度)。

常用分析天平的型号及规格见表 2.1.1 所示。

**表 2.1.1 常用分析天平的型号及规格**

| 种 类 | 型 号 | 名 称 | 规 格 |
|---|---|---|---|
| 双盘天平 | TG-328A | 全机械加码电光天平 | 200 g/0.1 mg |
| | TG-328B | 半机械加码电光天平 | 200 g/0.1 mg |
| | TG-332A | 微量天平 | 20 g/0.01 mg |
| 单盘天平 | DT-100 | 单盘精密天平 | 100 g/0.1 mg |
| | DTG-160 | 单盘电光天平 | 100 g/0.1 mg |
| | BWT-1 | 单盘微量天平 | 20 g/0.01 mg |
| 电子天平 | MD100-2 | 上皿式电子天平 | 100 g/0.1 mg |
| | MD200-3 | 上皿式电子天平 | 200 g/1 mg |

### 1.2.4 分析天平的构造

各种型号和规格的双盘等臂天平的结构大致相同,现以 TG-328B 型半机械加码电光天平为例介绍这类天平的结构。图 2.1.8 为天平结构示意图。

(1) 天平横梁

天平横梁是天平的主要部件,多用铝合金制成。三个三棱形玛瑙刀等距离安装在梁上,梁的两边装有两个平衡螺丝,用来调整横梁的平衡位置(即粗调零点),梁的中间装有垂直的指针,用以指示天平的平衡位置。支点刀的后上方装有重心螺丝,用以调整天平的灵敏度。

(2) 天平立柱

天平正中是立柱,安装在天平底板上。柱的上方嵌有一块玛瑙平板,与支点刀口相接触。柱的上部装有能升降的托梁架,关闭天平时它托住天平梁,使刀口脱离接触,以减少磨损。柱的中部装有空气阻尼器的外筒。

(3) 天平的悬挂系统

① 吊耳,它的平板下面嵌有光面玛瑙,与支点刀口相接触,使吊钩及秤盘、阻尼器内筒能

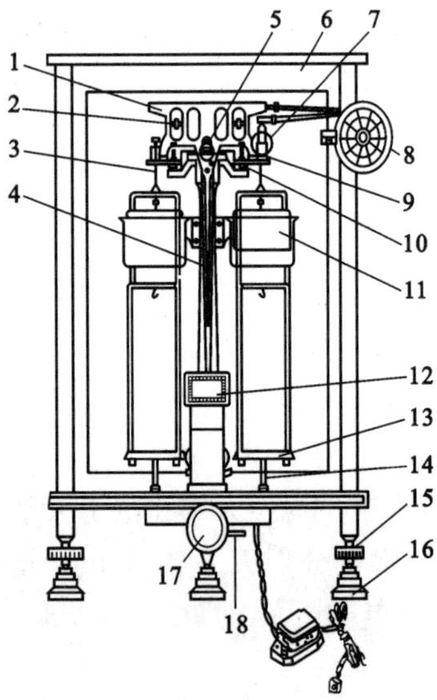


图 2.1.8　TG-328B 型半机械加码电光分析天平示意图

1—天平梁；2—平衡螺丝；3—吊耳；4—指针；5—中刀；6—框罩；7—环码；8—指数转盘；9—支力销；10—托叶；11—阻尼器；12—投影屏；13—秤盘；14—盘托；15—螺丝脚；16—垫脚；17—旋钮；18—拨杆

自由摆动。

② 空气阻尼器，由两个特制的铝合金圆筒构成，外筒开口向上，固定在立柱上；内筒略小，开口向下，挂在吊耳上。两筒间隙均匀，没有摩擦，开启天平后，内筒能自由上下运动，由于筒内空气阻力的作用使天平横梁很快停摆而达到平衡。

③ 秤盘，两个秤盘分别挂在吊耳上，左盘放被称物，右盘放砝码。

吊耳、阻尼器内筒、秤盘上一般都刻有“1”、“2”标记，安装时要分左右配套使用。

(4) 天平的光学读数系统

指针下端装有缩微标尺，光源通过光学系统将缩微标尺上的分度线放大，再反射到投影屏上，从屏上(光幕)可看到标尺的投影，中间为零，左负右正。屏中央有一条垂直刻线，标尺投影与该线重合处即为天平的平衡位置。天平箱下的投影屏调节杆可将光屏在小范围内左右移动，用于细调天平零点。

(5) 天平的升降旋钮

天平的升降旋钮位于天平底板正中，它连接托梁架、盘托和光源。开启天平时，顺时针旋转升降旋钮，托梁架即下降，梁上的三个刀口与相应的玛瑙平板接触，吊钩及秤盘自由摆动，同时接通了光源，屏幕上显出标尺的投影，天平已进入工作状态。停止称量时，关闭升降旋钮，则横梁、吊耳及秤盘被托住，刀口离开玛瑙平板，光源切断，屏幕黑暗，天平进入休止状态。

(6) 天平的水平调节

天平箱下装有三个脚，前面的两个脚带有旋钮，可使底板升降，用以调节天平的水平位置。天平立柱的后上方装有气泡水平仪，用来指示天平的水平位置。

(7) 机械加码器

转动圈码指数盘，可使天平梁右端吊耳上加 10～990 mg 圈形砝码。指数盘上刻有圈码的质量值，内层为 10～90 mg 组，外层为 100～900 mg 组。

(8) 砝码

每台天平都附有一盒配套使用的砝码，为了便于称量，砝码大小按一定规律组合，盒内装有 1、2、2、5、10、20、20、50、100 g 的砝码共 9 个。标称值相同的砝码，其实际质量可能有微小的差异，所以分别用单点“·”或单星“*”、双点“··”或双星“**”作标记以示区别。

我国生产的砝码(不包括机械挂码)过去分为 5 等，其中 1、2 等砝码主要在计量部门作为基准或标准砝码使用；3～5 等为工作用砝码。双盘分析天平上通常配备 3 等砝码。

砝码产品均附有质量检定证书，无检定证书或其他合格印记的砝码不能使用。砝码在使用及存放过程中要保持清洁，应定期用无水乙醇或丙酮擦拭，擦拭时应使用真丝绸布或麂皮，要避免溶剂渗入砝码的调整腔。使用一定时期后应请计量部门对其质量进行校准。一般一年校正一次。

### 1.2.5　分析天平的使用方法

分析天平是精密仪器，使用时要认真、仔细，要预先熟悉使用方法，否则容易出错，使得称量不准确或损坏天平部件。

(1) 准备

拿下防尘罩，叠平后放在天平箱上方，检查天平是否正常，如：天平是否水平；秤盘是否洁净；圈码指数盘是否在“000”位；圈码有无脱位；吊耳是否错位等。

(2) 调节零点

接通电源，打开升降旋钮，此时在光屏上可以看到标尺的投影在移动，当标尺稳定后，如果屏幕中央的刻线与标尺上的 0.00 位置不重合，可拨动投影屏调节杆，移动屏的位置，直到屏中刻线恰好与标尺中的“0”线重合，即为零点。如果屏的位置已移到尽头仍调不到零点，则需关闭天平，调节横梁上的平衡螺丝(这一操作由教师进行)，再开启天平继续拨动投影屏调节杆，直至调定零点。然后关闭天平，准备称量。

(3) 称量

将欲称物体先在托盘天平(本书惯称台秤)上粗称，然后放到天平左盘中心。根据粗称的数据在天平右盘上加砝码至克位。半开天平，观察标尺移动方向或指针倾斜方向(若砝码加多了，则标尺的投影向右移，指针向左倾斜)以判断所加砝码是否合适。克码调定后，再依次调整百毫克组和十毫克组圈码，每次均从中间量(500 或 50 mg)开始调节。调定圈码至 10 mg 位后，完全开启天平，准备读数。加减砝码的顺序是，由大到小，依次调定。砝码未完全调定时不可完全开启天平，以免横梁过度倾斜，造成错位或吊耳脱落。

(4) 读数

砝码调定后关闭天平门，待标尺停稳后即可读数，被称物的质量等于砝码总量加标尺读数(均以克计)。标尺读数在 9～10 mg 时，可再加 10 mg 圈码，从屏上读取标尺负值，记录时将此读数从砝码总量中减掉。

(5) 复原

称量、记录完毕，随即关闭天平，取出被称物，将砝码夹回盒内，圈码指数盘退回到“000”位，关闭两侧门，盖上防尘罩。

### 1.2.6　分析天平的称量方法

(1) 固定质量称量法

固定质量称量法是为了称取指定质量的试料，适于称量不易吸水、在空气中稳定的试样。其方法如下：

在分析天平上准确称出表面皿的质量，然后在右秤盘加固定质量的砝码或环码，再在表面皿中加入要称取的物质，使其平衡点与称量表面皿时的平衡点一致。

例如：若需准确称取 0.5000 g $K_2Cr_2O_7$ 基准物质，则在右盘增加 0.5000 g 质量的环码，然后用牛角勺在已准确称量的表面皿中逐渐加入试样，半开天平进行称量，直到所加试样只差很小质量时，便可全开天平，极小心地以左手持牛角勺，伸向表面皿中心部位上方约 2～3 cm 处，以食指轻弹勺柄，让试剂慢慢地落入皿中，至天平的平衡点与称量表面皿时的平衡点一致，此时称取的 $K_2Cr_2O_7$ 质量为 0.5000 g。

这种称量方法对于分析结果的计算较为方便。

(2) 差减称量法

这种方法适用于称量易吸水、易氧化或易与 $CO_2$ 反应的试样。

称量前需先准备好称量瓶。称量瓶是带有磨口塞的小玻璃瓶，可防止试样吸收空气中的水分及二氧化碳。称量瓶的质量较轻，可以直接在天平上称量。

差减法的称量方法如下：取一个洗净并烘干的称量瓶，用牛角勺舀取较需要量稍多的试样于称量瓶中，用一条洁净的纸条套在称量瓶上，用手拿取纸条将称量瓶放在托盘天平上粗称，然后放入分析天平上准确称量。再将纸条套在称量瓶上，将称量瓶置于准备盛放试样的容器上方，用一小块滤纸包住瓶盖，右手将瓶盖轻轻打开，慢慢将称量瓶向下倾斜，用盖轻轻敲瓶口，小心地使试样落入容器中，不要撒落在容器外，当倒出的试样估计接近所需要试料量时，仍在容器上方，一边用盖轻轻敲打称量瓶，一边将称量瓶慢慢竖起，使粘在瓶口内壁或边上的试样落入称量瓶或容器中，盖好瓶盖，再准确称量。两次质量之差，即为试样的质量。这种称量方法叫差减法。如果试样倒得过少，可以按上述操作补加，重新准确称量。

如果同时称取2～3份试样，可连续进行称量。例如：最初准确称量的称量瓶和试样质量为 $m_1=21.3720$ g，倒出第一份试样后称量瓶和试样质量为 $m_2=21.1241$ g，倒出第二份试样后称量瓶和试样质量为 $m_3=20.8832$ g，倒出第三份试样后称量瓶和试样质量为 $m_4=20.6341$ g，称取的三份试样质量各为：

第一份试样质量为 $m_1-m_2=0.2479(\text{g})$

第二份试样质量为 $m_2-m_3=0.2409(\text{g})$

第三份试样质量为 $m_3-m_4=0.2491(\text{g})$

### 1.2.7 分析天平的使用注意事项

(1) 称量前必须用软毛刷清扫天平，然后检查天平是否水平，并检查和调节天平的零点。

(2) 使用过程中要特别注意保护玛瑙刀口。开、关天平升降旋钮，加、减砝码，取被称物等操作，其动作都要轻、慢，不得使天平剧烈振动。取放物体、加减砝码时，都要关闭天平的升降旋钮。

(3) 天平前门不得随意打开，它主要供装卸、调节和维修时使用。称量过程中取放物体、加减砝码时，只能打开天平的左、右两个边门。当称量完毕读数时，应将左、右门关闭。

(4) 称量物和砝码要放在天平盘的中央以防盘的摆动。化学试剂和试样不得直接放在盘上，必须放在干净的容器中称量。对于具有腐蚀性或吸水性的物质，必须放在称量瓶或密封容器中称量。

(5) 取放砝码必须用镊子夹取，严禁用手拿取，以免沾污砝码。砝码由大到小逐一取放在天平盘上。砝码用完后要放回砝码盒内。电光天平机械加码时，也应由大到小一挡一挡慢慢地加，防止砝码跳落和互撞。

(6) 称量的数据应及时写在记录本上，不应记在纸片或其他地方。

(7) 称量的物体必须与天平箱内的温度一致，不得把热的或冷的物体放进天平称量。为了防潮，在天平箱内放有干燥剂(如硅胶、无水氯化钙等)。

(8) 天平的载重绝对不能超过天平的最大载荷。在同一次实验中，应使用同一台天平和同一盒砝码。

(9) 对不明质量试样，应先用托盘天平粗称，然后再在分析天平上准确称量。

(10) 称量完毕后，托起天平，取出物体和砝码。电光分析天平应将加码装置退至0.00(零位)，切断电源，关好天平门，最后罩上天平罩。

### 1.2.8　分析天平常见故障和排除方法

分析天平的操作和维修是一项复杂又细致的工作，分析天平称量时如违反操作规程，会使天平发生故障。对于一些简单的故障，学生应该学会查找原因并进行一般维修；对于较为复杂的情况，则应请老师指导和解决。产生故障的原因和排除方法见表2.1.2所示。

**表2.1.2　分析天平常见故障原因及排除方法**

| 天平故障 | 产生原因 | 修理方法 |
|---|---|---|
| 开启天平后灯泡不亮 | (1) 插销或灯泡接触不良；<br>(2) 灯泡已坏；<br>(3) 由升降旋钮控制的微动开关触点生锈或接触不良或未接触上 | (1) 检查插头、小变压器接头、灯座；<br>(2) 更换灯泡；<br>(3) 卸下天平梁、挂码等活动零件，横放天平(注意垫好，勿压坏玻璃框)，修理微动开关 |
| 光幕上光线暗淡或有黑影缺陷 | 光源与聚光管不在一条直线上 | (1) 打开灯(便于调节)，取下灯光罩，调整灯座位置使小灯泡射出最亮光，再插上聚光管，调整聚光管前后位置，使40 mm处成为最亮的圆形光为止；<br>(2) 调动第一反射镜角度使光充满窗 |
| 标尺刻度模糊 | (1) 物镜焦距不对；<br>(2) 第一、二反射镜角度不对；<br>(3) 跳针引起开启天平时标尺模糊 | (1) 拧松物镜固定螺丝，把物镜筒推前，再渐渐向后推动至标尺清晰为止，拧紧固定螺丝；<br>(2) 拧动第一反射镜的调节钮；<br>(3) 调跳针 |
| 横梁摆动受阻：开启天平后，指针不摆动或摆动不灵活；光电天平的标尺时动时不动，或摆到某一位置突然受阻 | 天平活动部分与固定部分发生摩擦引起，主要有：<br>(1) 不水平；<br>(2) 活动阻尼筒与固定阻尼筒之间有纸毛或摩擦；<br>(3) 吊耳与刀盒或翼子板间相碰；<br>(4) 指针微分标牌与物镜相碰；<br>(5) 盘托杆与孔壁摩擦，盘托落不下去；<br>(6) 圈码与加码槽或加码杆及钩相碰，或圈码变形导致相碰 | (1) 检查并调整水平，必要时另取一水平仪放于天平底板上校验天平的水平泡。<br>(2) ① 刷去内外阻尼筒的灰尘杂物；② 将内筒旋转180°再挂上试之；③ 从上部观察两阻尼筒之间的间隙，松开固定外阻尼筒的螺丝，移动外筒位置，使内外筒间隙相等后紧固。<br>(3) 调动支放吊耳的顶尖。<br>(4) 移动物镜使其不相碰。<br>(5) 检查盘托是否左右放错，修整盘托杆使其光滑易下落。<br>(6) 调整加码杆的高低长短位置，细致纠正加码钩的位置；整复圈码 |
| 加码器失灵 | (1) 加码器指数盘互相摩擦产生连动；<br>(2) 加码杆起落失灵 | (1) 拧松固定螺丝，略向外移动小指数盘，再拧紧螺丝；<br>(2) 取下加码装置的外罩，检查是否有螺丝松动或位置不对，调整之，适当上机油 |

续表 2.1.2

| 天平故障 | 产生原因 | 修理方法 |
|---|---|---|
| 天平灵敏度过高或过低(即感量过小或过大) | (1) 天平梁的重心过高或过低；<br>(2) 天平刀刃磨损变钝，使灵敏度降低 | (1) 略微调整重心螺丝的高低，每调一次就测一次平衡位置及分度值，至合适为止；<br>(2) 更换刀子 |
| 无刀缝(易使天平刀刃损坏及产生变动性) | 翼子板上支放横梁的螺丝及支放吊耳的顶尖螺丝位置异常 | 调节翼子板上支放横梁的螺丝及支放吊耳的顶尖螺丝，使中刀缝为 0.25～0.3 mm，边刀缝为 0.15～0.2 mm |
| 变动性大，检定变动性超出允许误差(1 分度)，或在称量前后零点变动超过 1 分度 | (1) 外因引起的变动性包括：天平桌不稳、天平受震动；阳光、暖气等使室内温度改变；开关过猛；称过冷、过热的物体等。<br>(2) 刀垫不平或光洁度不够；刀刃不平或有严重崩缺。<br>(3) 刀刃或刀垫上灰尘过多。<br>(4) 阻尼筒间有脏物，阻尼筒四周间隙不一样大。<br>(5) 横梁上部件松动，如重心砣、感量砣、指针、微分标牌等松动。<br>(6) 安装不符合要求，如上述的刀缝不合适；跳针、耳折、带针、盘托过高；两刀刃不平行。<br>(7) 立柱不正，刀垫安装不水平；立柱松动，翼子板松动 | (1) 采取相应措施消除变动性；<br>(2) 更换新刀；<br>(3) 可用软毛刷刷去灰尘，用麂皮或酒精棉轻擦刀垫和刀刃；<br>(4) 清洁阻尼筒并调整位置；<br>(5) 小心紧固螺丝；<br>(6) 修理安装上的毛病；<br>(7) 检查立柱及刀垫，调整紧固翼子板的螺丝 |

## 1.3　电子天平

### 1.3.1　电子天平的现状与发展

应用现代电子控制技术进行称量的天平称为电子天平。电子天平是最新一代的天平，新中国成立初期，由沈阳德克仪器公司生产出第一台机械式天平，经历了由机械读数到光电读数、再到电子数字读数的发展阶段。大规模集成电路的应用使电子技术取得了突飞猛进的发展，天平行业也随之进入了电子时代。自从世界诞生了第一台电子天平，就以其称量迅速、准确、读数直观的优势迅速地进入计量称重领域，使称量发生了巨大的转变，让繁琐的称量变得非常简单。特别是微处理器的产生又使电子天平变得更加智能化，可以去皮、累加、数据输出、多种单位制转换、计数等。

中国电子天平行业与先进国家相比还有一定的差距，无论是功能还是称量范围及称量精度，基本上属于中低端产品，技术与生产水平多数还处在 20 世纪 80—90 年代之间。使用的电子元器件数量多、线路复杂、功能落后。国外的电子天平由过去复杂的多元件、多单元电子电路发展到现在由先进微处理器控制的大规模集成电路组成的电路，数字电路技术和软件的发展更增强了电子天平的功能和精度，称量稳定时间也缩短到 2 s 左右。

### 1.3.2　电子天平的称量原理

目前应用的电子天平主要有顶部承载式（吊挂单盘）和底部承重式（上皿式）两种，尽管不同类型的电子天平的控制方式和电路结构不尽相同，但其称量原理大都依据电磁力平衡理论。把通电导线放在磁场中时，导线将产生电磁力，当磁场强度不变时，力的大小与流过线圈的电流强度成正比。如果使重物的重力方向向下，电磁力的方向向上，并与之相平衡，则通过导线的电流与被称物体的质量成正比。

### 1.3.3　电子天平的结构

电子天平的结构如图 2.1.9 所示。

秤盘通过支架连杆与线圈相连，线圈置于磁场中。秤盘及被称物体的重力通过连杆支架作用于线圈上，方向向下。线圈内有电流通过，产生一个向上作用的电磁力，与秤盘重力方向相反，大小相等。位移传感器处于预定的中心位置，当秤盘上的物体质量发生变化时，位移传感器检出位移信号，经调节器和放大器改变线圈的电流直至线圈回到中心位置为止。通过数字显示出物体的质量。

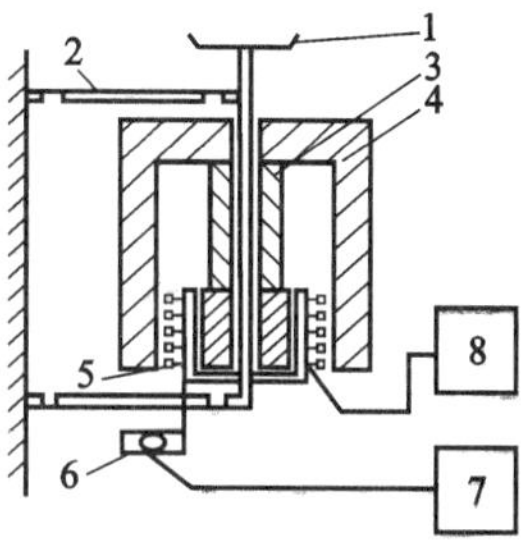


图 2.1.9　电子天平结构示意图（上皿式）

1—秤盘；2—簧片；3—磁钢；4—磁回路体；5—线圈及线圈架；6—位移传感器；7—放大器；8—电流控制电路

### 1.3.4　电子天平的特点

（1）电子天平采用电磁力平衡原理，称量时全量程不用砝码。放上被称物体后，在几秒钟内即达到平衡，显示读数，称量速度快，精度高。

（2）电子天平的支撑点采用弹性簧片，没用机械天平的玛瑙刀，取消了升降框装置，采用数字显示方式代替指针刻度式显示，使用寿命长，性能稳定，灵敏度高，操作方便。

（3）有的电子天平具有称量范围和读数可变的功能，如瑞士梅特勒 AE240 天平，在 0～205 g称量范围内，读数精确至 0.1 mg；在 0～41 g 称量范围内，读数精确至 0.01 mg。可以一机多用。

（4）分析及半微量电子天平一般具有内部校正功能。天平内部装有标准砝码，使用校正功能时，标准砝码被启用，天平的微处理器将标准砝码的质量值作为校正标准，以获得正确的称量数据。

（5）电子天平是高智能化的，可在全量程范围内实现去皮、累加、超载显示、故障报警等。

（6）电子天平具有质量电信号输出，这是机械天平无法做到的。它可以连接打印机、计算机，实现称量、记录和计算的自动化。同时也可以在生产、科研中作为称量、检测的手段，或组成各种新仪器。

### 1.3.5　电子天平的使用方法

(1) 准备　使用电子天平前先调节天平使之处于水平。称量前接通电源预热 30 min。

(2) 校准　首次使用天平必须先校准;将天平从一个地方移到另一个地方使用时或者在使用一段时间(30 天左右)后,应对天平重新校准。为使天平称量更为精确,亦可随时对天平进行校准。校准程序可按说明书进行。用内装校准砝码或外部自备有修正值的校准砝码进行校准。

(3) 称量　按下显示屏的开关键,待显示屏出现稳定的零点后,将被称量物质放到秤盘上,关上防风门,显示稳定后即可读取称量值。操作相应的按键可以实现去皮、增重、减重等称量功能。

例如用表面皿称取样品时,可先将洁净干燥的表面皿放在秤盘中央,显示数字稳定后按"去皮"键,显示即恢复为零,再缓缓加入样品至显示出所需样品的质量时,停止加样,直接读取并记录称取样品的质量。

### 1.3.6　电子天平的称量方法

(1) 直接称量法

从干燥器中取出盛有固体试样的称量瓶,先在台秤上粗称其质量,记在记录本上,然后按粗称质量在分析天平上加好克重质量砝码,只要调节指数盘就可准确称出称量瓶和试样的质量之和(精确至 0.0001 g),记录其质量 $m$。

(2) 固定质量称量法

可先在天平两边的托盘上放等质量的两块洁净的表面皿,重新调零后,在右盘上增加固定质量的砝码(0.5000 g),用药勺将试样加在左盘表面皿中央,开始时加入少量试样,然后慢慢将试样敲入表面皿中,每次敲入后都要打开天平升降旋钮观察,直至天平零点与称量"调零"时相一致。如此反复平行称量 3 次。

(3) 差减称量法

从干燥器中取出盛有固体试样的称量瓶,放在托盘天平上粗称其质量,精确至 0.01 g。然后,在分析天平上准确称其质量,记为 $m_1$(g)。

取出称量瓶,向烧杯中倒出 0.3～0.4 g 固体试样,然后准确称出称量瓶和剩余试样质量,记为 $m_2$(g)。

以同样方法倒出 0.3～0.4 g 固体试样于另外一个烧杯中,并准确称出称量瓶和剩余试样质量,记为 $m_3$(g)。

以同样方法倒出称量瓶中所有固体试样于另外一个烧杯中,并准确称出称量瓶质量,记为 $m_4$(g)。按表 2.1.3 记录实验数据:

**表 2.1.3　实验数据**

| 称量瓶质量(g)+试样质量(g) | 试样序号 | 试样质量(g) |
|---|---|---|
| $m_1$ | 1 | $m_1-m_2=$ |
| $m_2$ | 2 | $m_2-m_3=$ |
| $m_3$ | 3 | $m_3-m_4=$ |
| $m_4$ | | |

### 1.3.7　电子天平的使用注意事项

电子天平与传统的杠杆天平相比，称量原理差别较大，必须了解它的称量特点，正确使用，才能获得准确的称量结果。

（1）电子天平安装好之后，称量之前必不可少的一个环节是校准。这是因为电子天平是将被称物的质量产生的重力通过传感器转换成电信号来表示被称物的质量的。称量结果实质上是被称物重力的大小，故与重力加速度有关，称量值随纬度的增高而增加。例如在北京用电子天平称量 50 g 的物体，到了广州，如果不对天平进行校准，称量值将减小 68.93 mg。另外，称量值还随海拔的升高而减小。因此，电子天平在安装或移动位置后必须进行校准。

（2）电子天平开机后需要预热较长一段时间（至少 0.5 h 以上），才能进行正式称量。

（3）电子天平的积分时间也称为测量时间或周期时间，有几挡可供选择，出厂时选择一般状态，如无特殊要求不必调整。

（4）电子天平的稳定性监测器是用来确定天平摆动消失及机械系统静止程度的器件。当稳定性监测器表示达到要求的稳定性时，可以读取称量值。

（5）较长时间不使用的电子天平应每隔一段时间通电一次，以保持电子元件干燥，特别是湿度大时更应经常通电。

## 1.4　任务实施

### 1.4.1　分析天平的使用

1.4.1.1　试剂及仪器

（1）固体试样；

（2）分析天平。

1.4.1.2　实验步骤

（1）天平的检查

称量前先检查天平是否水平，天平秤盘是否清洁，环码是否齐全和悬挂是否正常，机械加码器是否在“000”的位置上。

（2）零点的调节

检查天平后，接通电源，顺时针旋动旋钮，慢慢开动天平，在天平不载重时，检查投影屏上标尺的位置，如标尺上“0”刻度与投影屏上的标线不重合，可移动旋钮附近的拨杆，调整投影屏的位置，使之与标线重合；若相差较大，则调整平衡螺丝，使“零点”在“0”线位置（或±0.2 mg 范围内）。

由于“零点”经常改变，每次称量前必须先调节“零点”。

### 1.4.2　电子天平的使用

1.4.2.1　试剂及仪器设备

（1）水泥试样；

（2）玻璃表皿；

(3) 电子天平。

1.4.2.2　实验步骤

(1) 称量前先检查天平是否水平，天平内是否清洁。

(2) 接通电源，开机后预热 30 min。

(3) 校准天平。

(4) 称量练习：按下显示屏的开关键，待显示稳定在零点后，从干燥器中取出干净的表面皿放在电子天平的秤盘上，显示数字稳定后按“去皮”键，显示即恢复为零。缓缓加入固体试样至显示出所需试样的质量时，停止加样，关上防风门，直接记录称取试样的质量。

(5) 每次做完实验后都必须做好称量后的检查：电子天平防风门是否关好；天平秤盘内有无脏物，如有则用毛刷刷净；天平罩是否已罩上；天平的电源是否已切断。

## 思考与练习

**一、填空题**

1. 利用分析天平进行称量时，常用的称量方法有直接称量法、(　　　　)称量法和(　　　　)称量法。

2. 天平的灵敏度是指在一个秤盘上增加一定(　　　　)时所引起指针偏转的程度，一般以(　　　　)表示。

3. 天平的灵敏度过低，(　　　　)达不到标准；灵敏度过高，称量时(　　　　)，不易达到平衡。

4. 根据被称量物体的平衡特点，可将天平分为(　　　　)、(　　　　)和(　　　　)。

5. 利用杠杆原理进行称量，测定的结果为物体的(　　　　)；利用虎克原理进行称量，测定的结果为物体的(　　　　)。

6. 天平的悬挂系统包括(　　　　)、(　　　　)和(　　　　)。

7. 在实验室常用天平中，根据分度值大小，将天平分为(　　　　)、(　　　　)和(　　　　)。

8. 目前应用的电子天平主要有(　　　　)和(　　　　)两种，尽管不同类型的电子天平的控制方式和电路结构不尽相同，但其称量原理大都依据(　　　　)。

9. 电子天平支撑点采用(　　　　)，没用机械天平的(　　　　)，取消了(　　　　)，采用(　　　　)代替指针刻度式显示。

10. 电子天平在安装之后，称量之前必不可少的一个环节是(　　　　)。

11. 电子天平的稳定性监测器是用来确定(　　　　)及(　　　　)的器件。

12. 电子天平采用电磁力平衡原理，称量时全量程不用(　　　　)。

13. 分析及半微量电子天平一般具有(　　　　)。

**二、判断题**

1. 称量前，必须用软毛刷清扫天平。然后检查天平是否水平，并检查和调节天平的零点。(　　)

2. 使用过程中取放物体、加减砝码时，可不必关天平。(　　)

3. 天平前门不得随意打开，它主要是供取放物体、加减砝码时使用。(　　)

4. 称量物和砝码可放在天平盘的任何位置。(　　)

5. 称量的数据可写在记录本上、纸片或其他地方。(　　)

6. 称量的物体必须与天平箱内的温度一致，不得把热的或冷的物体放进天平称量。(　　)

7. 对不明质量试样，应先用托盘天平粗称，然后再在分析天平上准确称量。(　　)

8. 取放砝码可以用手拿取。(　　)

9. 由于“零点”经常改变，每次称量前必须先调节“零点”。(　　)

10. 电光天平自动加码时，也应由大到小一挡一挡慢慢地加，防止砝码跳落和互撞。(　　)

11. 电子天平开机后需要预热较长一段时间(至少 0.5 h 以上)才能进行正式称量。(　　)

12. 电子天平与机械天平都具有质量电信号输出。(　　)

13. 将天平从一个地方移到另一个地方使用时或者在使用一段时间(30 天左右)后,应对天平重新校准。(　　)

14. 较长时间不使用的电子天平应每隔一段时间通电一次,以保持电子元件干燥,特别是湿度大时更应经常通电。(　　)

**三、问答题**

1. 在什么情况下选用固定质量称量法?在什么情况下选用差减称量法?
2. 什么是天平的灵敏度?它对称量有何影响?
3. 为什么在天平梁没有托住的情况下,绝对不允许把任何东西放在盘上或从盘上取下?
4. 电子天平称量前为什么必须进行校准?
5. 电子天平与分析天平相比较具有哪些不同点?

# 任务 2　试剂配制、标定与贮存

**知识目标**:熟悉化学试剂的规格、溶液分类和浓度的表示方法;熟悉不同性质的试剂的贮存方法;掌握溶液的配制与标定方法及结果计算和数据处理。

**能力目标**:通过学习与训练能熟练进行水泥化学分析中所需标准溶液的配制与标定,熟练掌握标定结果计算及数据处理。

**任务描述**:在进行水泥化学分析时涉及一些普通溶液及标准溶液,正确地配制普通试剂溶液和标准溶液以及准确地确定标准溶液的浓度,对水泥原燃材料、半成品及成品化学成分的分析至关重要。因此,必须学习掌握普通试剂溶液的配制方法,学习掌握用直接配制法和间接法配制酸碱滴定、络合滴定、氧化还原滴定、容量沉淀滴定的标准溶液。

## 2.1　化学试剂的规格

试剂对化学分析来说是非常重要的。化学分析就是利用各种试剂的不同化学性质,如酸性、碱性、氧化性、还原性、配位性等来测定物质成分。因此,了解试剂的品种、类别、试剂的取用以及保管等方面的知识,对化学分析工作者来说至关重要。

### 2.1.1　常用试剂的规格

化学试剂的规格是以其中所含杂质多少来划分的,一般可分为四个等级,其规格和适用范围见表 2.2.1 所示。

另外,还有基准试剂和光谱试剂等。基准试剂的纯度相当于或高于优级纯试剂:基准试剂用作滴定分析中的基准物质是非常方便的,也可用于直接配制标准滴定溶液。光谱纯试剂专用于光谱分析,它是以光谱分析时出现的干扰谱线的数目及强度来衡量的,其所含杂质量用光谱分析法已测不出或者杂质的含量低于某一限度。

在化学分析工作中,选择试剂的纯度除了要与所用方法相匹配外,其他如实验用的水、操作器皿也要与之相适应。若试剂都选用 GR 级的,则不宜使用普通的蒸馏水或去离子水,而应使用经两次蒸馏制得的重蒸馏水。所用器皿的质地也要求较高,使用过程中不应有物质溶解到溶液中,以免影响测定的准确度。

**表 2.2.1　试剂规格和适用范围**

| 等级 | 名称 | 英文名称 | 符号 | 适用范围 | 标签颜色 |
|---|---|---|---|---|---|
| 一级品 | 优级纯（保证试剂） | Guaranteed reagent | GR | 纯度很高，适用于精密分析工作和科学研究工作 | 绿色 |
| 二级品 | 分析纯（分析试剂） | Analytical reagent | AR | 纯度仅次于一级品，适用于多数分析工作和科学研究工作 | 红色 |
| 三级品 | 化学纯 | Chemically pure | CP | 纯度较二级差些，适用于一般分析工作 | 蓝色 |
| 四级品 | 实验试剂 医用 | Laboratorial reagent | LR | 纯度较低，适用作实验辅助试剂 | 棕色或其他颜色 |

选用试剂时，要注意节约原则，不要盲目追求纯度高，应根据工作具体要求取用。优级纯和分析纯试剂，虽然是市售试剂中的纯品，但有时由于包装不慎而混入杂质，或运输过程中可能发生变化，或贮藏日久而变质，所以还应具体情况具体分析。对所用试剂的规格有所怀疑时应该进行鉴定。在特殊情况下，市售的试剂纯度不能满足要求时，分析者就应自己动手精制。

### 2.1.2　取用试剂应注意的事项

(1) 取用试剂时应注意保持清洁。瓶塞不许任意放置，取用后应立即盖好密封，以防被其他物质沾污或变质。

(2) 固体试剂应用洁净干燥的小勺取用。取用强碱性试剂后的小勺应立即洗净，以免腐蚀。

(3) 用吸管吸取试剂溶液时，绝不能用未经洗净的同一吸管插入不同的试剂瓶中取用。

(4) 所有盛装试剂的瓶上都应贴有明显的标签，写明试剂的名称、规格。绝对不能在试剂瓶中装入不是标签所写的试剂，因为这样往往会造成差错。没有标签标明名称和规格的试剂，在未查明前不能随便使用。书写标签最好用绘图墨汁，以免日久褪色。

(5) 在分析工作中，试剂的浓度及用量应按要求适当使用，过浓或过多，不仅造成浪费，而且还可能产生副反应，甚至得不到正确的结果。

### 2.1.3　试剂的保管

试剂的保管在实验室中也是一项十分重要的工作。有的试剂因保管不好而变质失效，这不仅是一种浪费，而且还会影响分析工作，甚至会引起事故。一般的化学试剂应保存在通风良好、干净、干燥的房子里，防止水分、灰尘和其他物质沾污。同时，根据试剂性质应有不同的保管方法：

(1) 容易侵蚀玻璃而影响试剂纯度的，如氢氟酸、含氟盐（氟化钾、氟化钠、氟化铵）、苛性碱（氢氧化钾、氢氧化钠）等，应保存在塑料瓶或涂有石蜡的玻璃瓶中。

(2) 见光会逐渐分解的试剂，如过氧化氢、硝酸银、焦性没食子酸、高锰酸钾、草酸、铋酸钠等；与空气接触易逐步被氧化的试剂，如氯化亚锡、硫酸亚铁、亚硫酸钠等；以及易挥发的试剂，如溴、氨水及乙醇等，应放在棕色瓶内置冷暗处。

(3) 吸水性强的试剂，如无水碳酸盐、苛性钠、过氧化钠等应严格密封（蜡封）。

(4) 相互易作用的试剂，如挥发性的酸与氨，氧化剂与还原剂，应分开存放。易燃的试剂如乙醇、乙醚、苯、丙酮与易爆炸的试剂如高氯酸、过氧化氢、硝基化合物，应分开贮存在阴凉通风、不受阳光直接照射的地方。

(5) 剧毒试剂，如氰化钾、氰化钠、氢氟酸、二氯化汞、三氧化二砷(砒霜)等，应特别妥善保管，经一定手续取用，以免发生事故。

### 2.1.4　化学试剂的类别

化学分析中所用的试剂大致分为以下几类：

(1) 酸

酸是一种氢的化合物，易溶于水，能使蓝色石蕊试纸变红色，最常用的有盐酸、硝酸、硫酸、磷酸和氢氟酸。

(2) 碱

碱是金属离子与氢氧根离子组成的化合物，易溶于水，能使红色石蕊试纸变蓝色。最常用的有氢氧化钠、氢氧化钾、氨水等。

(3) 氧化剂

氧化剂是具有氧化能力、能氧化其他物质的试剂，如高锰酸钾，重铬酸钾、溴、碘和硝酸等。

(4) 还原剂

还原剂是具有还原能力、能还原其他物质的试剂，如草酸、硫酸亚铁、金属铝等。

(5) 配位剂

配位剂能与溶液中的金属离子生成较复杂而又难以解离的离子或分子(配离子或配合分子)的试剂，如乙二胺四乙酸二钠盐。

(6) 干燥剂

干燥剂是具有很强的吸收水分能力的试剂，例如浓硫酸、氯化钙、硅胶等。

(7) 熔剂

熔剂是能使物质在高温熔融呈液体状态的试剂，常用的熔剂为碳酸钠、氢氧化钠、焦硫酸钾等。

(8) 指示剂

利用试剂在溶液中因酸碱度不同、氧化还原作用或配位作用等，而呈现不同的颜色，借以鉴别滴定的终点，这种试剂叫指示剂，如酚酞、甲基橙、二苯胺磺酸钠等。

## 2.2　溶液分类和浓度的表示方法

### 2.2.1　溶液的分类

在分析工作中，所用溶液按其用途的不同，可分为如下几种：

(1) 标准滴定溶液

指确定了准确浓度的、用于滴定分析的溶液。

(2) 基准溶液

由基准物质制备或用多种方法标定过的溶液，用于标定其他溶液。

(3) 标准溶液

指由用于制备溶液的物质而准确知道某种元素、离子、化合物或基团浓度的溶液。

(4) 标准比对溶液

指已准确知道或已规定有关特性(如色度、浊度)的溶液,用来评价与该特性有关的试验溶液,如标准比色溶液、标准比浊溶液等。它可由标准滴定溶液、基准溶液、标准溶液或具有所需特性的其他溶液配制。

(5) 普通溶液

指由各种固体或液体试剂配制而成的溶液,如一般的酸(碱)溶液、指示剂溶液、缓冲溶液等。

### 2.2.2 溶液浓度的表示方法

按照有关的标准规定,允许使用的溶液浓度表示方法有四种:

(1) 百分浓度

① 质量百分浓度[$a$%(m/m)]

以溶质在溶液中所占的质量百分数来表示的浓度。即 100 g 溶液中所含溶质的克数。例如 95.60%(m/m)$H_2SO_4$,系指在 100 g $H_2SO_4$ 溶液中含有 $H_2SO_4$ 95.60 g。浓氨水常用此浓度表示。由于配制时计算不方便,故在分析工作中很少使用。

② 体积百分浓度[$a$%(V/V)]

以溶质在溶液中所占的体积百分数来表示的浓度。即 100 mL 溶液中含有液体溶质的毫升数。例如 95%(V/V)乙醇溶液,指 100 mL 该溶液中含有乙醇($C_2H_5OH$) 95 mL。显然,此浓度仅适用于液体溶质组成的溶液。

(2) 比例浓度($x+y$)

对于用液体溶质和溶剂配制的溶液,可以用液体溶质的体积($x$)+溶剂的体积($y$)表示其浓度。常用于浓溶液配制成稀溶液,例如,HCl 溶液(1+2),是由 1 体积的市售浓盐酸与 2 体积的蒸馏水配制而成。此种浓度在硅酸盐分析中应用较多,常用来表示普通溶液的浓度。

对于由固体溶质和溶剂配制的固体溶液,可以用固体溶质的质量($x$)+固体溶剂的质量($y$)表示其浓度。例如:KB 混合指示剂(1+2.5+50),是指称取 1.000 g 酸性铬蓝 K、2.500 g 萘酚绿 B、50 g 已经在 105~110 ℃烘干过的 $KNO_3$ 混合研细所得到的固体溶液。

(3) 质量浓度

以单位体积的溶液中所含溶质的质量来表示的浓度。浓度单位可用克每升(g/L)或其分倍数(如 g/mL,mg/mL 等)来表示。如 1 L 溶液中含有 1 g 溶质,其浓度就是 1 g/L。

标准溶液的浓度是用质量浓度表示。在某些情况下,标准滴定溶液和基准溶液的浓度可表示为质量浓度,如浓度单位可用克每毫升(g/mL)表示。

普通溶液的浓度表示为质量浓度时,通常以克每升(g/L)的分倍数即克每 100 mL (g/100 mL)来表示。例如 20 g/100 mL KOH 溶液,是指 100 mL 该溶液中含有 20 g 固体 KOH。由于这种浓度的溶液配制方便,故在实际分析工作中应用广泛。

(4) 物质的量浓度

物质 B 的物质的量浓度(符号 $C_B$)定义为:单位体积溶液中含有物质 B 的物质的量。即:

$$C_B = \frac{n_B}{V} \tag{2.2.1}$$

式中 $n_B$——溶液中溶质 B 的物质的量,单位为 mol;

$V$——溶液的体积,单位为 L;

$C_B$——物质的量浓度,单位为,mol/L。

在使用物质的量浓度时也必须指明基本单元。例如:$C_{(NaOH)}=1$ mol/L,表示每升溶液有氢氧化钠 1 mol,即含有氢氧化钠 40 g,基本单元是 NaOH。

$C_{(\frac{1}{2}H_2SO_4)}=3$ mol/L,表示每升含有硫酸 3×49 g,基本单元是$\frac{1}{2}H_2SO_4$。

$C_{(\frac{1}{5}KMnO_4)}=0.1$ mol/L,表示每升溶液含有高锰酸钾 3.16 g(即 0.1 mol/L×1/5×158.0 g/mol=3.16),基本单元是$\frac{1}{5}KMnO_4$。

标准滴定溶液、基准溶液的浓度均应表示为物质的量浓度(mol/L)。

(5) 滴定度

滴定度是指 1 mL 标准滴定溶液 A 相当于被测组分 B 的质量,用 $T_{B/A}$表示,A 是滴定剂,B 是被测组分,单位为 g/mL 或 mg/mL。

例如,用 $K_2Cr_2O_7$ 标准溶液测定铁的含量时,$T_{Fe/K_2Cr_2O_7}=0.004269$ g/mL,表示 1 mL $K_2Cr_2O_7$标准溶液可将 0.004269 g $Fe^{2+}$氧化成 $Fe^{3+}$;$T_{Na_2CO_3/HCl}=0.004658$ g/mL,表示1 mL HCl 标准溶液相当于 0.004658 g $Na_2CO_3$。

滴定度这种标准溶液浓度的表示方法,在生产实际中使用很方便,只需用滴定度乘以滴定用去的标准溶液的体积就可得到被测物质的质量,即 $m=TV$。

例如,在氧化还原滴定分析中,用 $K_2Cr_2O_7$ 标准溶液测定某试样中的铁含量时,如果 $T_{Fe/K_2Cr_2O_7}=0.004269$ g/mL,滴定时消耗标准溶液的体积为 $V=32.65$ mL,则该试样中含铁的质量为:

$$m = T \cdot V = 0.004269\ \text{g/mL} \times 32.65\ \text{mL} = 0.1010\ \text{g}$$

有时滴定度也可用每毫升标准溶液中所含溶质的质量(单位为 g)来表示。例如 $T_{NaOH}=0.003568$ g/mL,即每毫升 NaOH 标准溶液中含有 NaOH 0.003568 g。这种表示方法在配制专用标准溶液时广泛应用。

### 2.2.3 滴定度与物质的量浓度的换算

滴定度是指 1 mL 标准溶液 A 相当于被测组分 B 的质量,由式 $C_AV_A=m_B/M_B$,当 $V_A=1$ mL时,$m_B=C_A M_B\times10^{-3}$。即

$$T_{B/A} = C_A M_B \times 10^{-3} \tag{2.2.2}$$

$$C_A = (T_{B/A} \times 10^3)/M_B \tag{2.2.3}$$

例如:计算 $C_{(HCl)}=0.1600$ mol/L 的 HCl 溶液对 $Ba(OH)_2$ 的滴定度。已知其反应为:

$$2HCl + Ba(OH)_2 \xlongequal{} BaCl_2 + 2H_2O$$

由反应式可知,氢氧化钡的基本单元为$\frac{1}{2}Ba(OH)_2$。

$$M_{[\frac{1}{2}Ba(OH)_2]} = \frac{1}{2} \times 171.34 = 85.67(\text{g/mol})$$

由式　　$T_{B/A}=C_A M_B \times 10^{-3}$

则 $T_{Ba(OH)_2/HCl}=C_{(HCl)} M_{[\frac{1}{2}Ba(OH)_2]} \times 10^{-3}$

$=0.1600\times 85.67\times 10^{-3}=0.01370\ (g/mL)$

### 2.2.4　质量百分浓度与物质的量浓度的换算

若 A 溶液的密度为 $\rho$(g/mL)，其质量百分浓度为 $\omega$，体积为 $V$（L），则溶质的质量为：

$$m_A = 1000\ V\rho\omega\ (g) \tag{2.2.4}$$

将式(2.2.4)代入物质的量浓度式，得：

$$C_A=m_A/(M_A V)$$

$$C_A=1000\ V\rho\omega/(M_A V)$$

$$C_A=1000\rho\omega/M_A \tag{2.2.5}$$

## 2.3　标准溶液的配制、标定及计算

### 2.3.1　标准溶液的配制

标准溶液的配制通常有两种方法，即直接配制法和间接配制法。

（1）直接配制法

准确称取一定质量的基准物质，溶解于适量水后移入容量瓶中，用水稀释至刻度，然后根据称取物质的质量和容量瓶的容积即可算出该溶液的准确浓度。

例如，配制 1 L 浓度为 $C_{(KrCr_2O_7)}=0.1000$ mol/L 的 $KrCr_2O_7$ 标准滴定溶液时，首先在分析天平上精确称取 29.42 g 已在 105～110 ℃烘干 1～2 h 的基准 $KrCr_2O_7$，置于烧杯中，加适量水使其溶解后转移到 1000 mL 的容量瓶中，烧杯用水洗净，洗涤液也倒入容量瓶中，再加水稀释至刻度。如此配好的 $KrCr_2O_7$ 溶液，其物质的量浓度为：

$$C_{(KrCr_2O_7)}=29.42/294.2=0.1000(mol/L)$$

但是，不是任何试剂都能用来直接配制标准滴定溶液。能用于直接配制或标定标准滴定溶液的物质，称为“基准物质”。

基准物质应符合下列要求：

① 物质的组成应与化学式完全相符。若含结晶水时，如 $Na_2B_4O_7\cdot 10H_2O$(硼砂)，其结晶水的含量应与化学式符合。

② 纯度足够高。一般要求纯度 99.9%以上，而杂质的含量应少到滴定分析所允许的误差限度以下。

③ 在空气中要稳定。例如，加热干燥时不分解，称量时不吸湿，不吸收空气中的 $CO_2$，不风化失水，不被空气氧化等。

④ 参加反应时，应按反应式定量进行，没有副反应。

⑤ 具有较大的摩尔质量。因为摩尔质量越大，称取的量就越多，称量误差就可相应减小。

常用的基准物质，虽然符合上述条件，但由于贮存过程中外界因素及微量杂质等的影响会带来一定误差，因而使用前都要经过一定的处理。处理的方法及条件随基准物质的性质及杂质的种类不同而异。表 2.2.2 是一些常见基准物质的干燥条件和应用。

**表 2.2.2　常见基准物质的干燥条件和应用**

| 基准物质 | | 干燥后组成 | 干燥条件(℃) | 标定对象 |
|---|---|---|---|---|
| 名称 | 分子式 | | | |
| 碳酸氢钠 | $NaHCO_3$ | $Na_2CO_3$ | 270～300 | 酸 |
| 碳酸钠 | $Na_2CO_3 \cdot 10H_2O$ | $Na_2CO_3$ | 270～300 | 酸 |
| 硼砂 | $Na_2B_4O_7 \cdot 10H_2O$ | $Na_2B_4O_7 \cdot 10H_2O$ | 放在含 NaCl 和蔗糖饱和液的干燥器中 | 酸 |
| 碳酸氢钾 | $KHCO_3$ | $K_2CO_3$ | 270～300 | 酸 |
| 草酸 | $H_2C_2O_4 \cdot 2H_2O$ | $H_2C_2O_4 \cdot 2H_2O$ | 室温空气干燥 | 碱或 $KMnO_4$ |
| 邻苯二甲酸氢钾 | $KHC_8H_4O_4$ | $KHC_8H_4O_4$ | 110～120 | 碱 |
| 重铬酸钾 | $K_2Cr_2O_7$ | $K_2Cr_2O_7$ | 140～150 | 还原剂 |
| 碘酸钾 | KIO | KIO | 130 | 还原剂 |
| 草酸钠 | $Na_2C_2O_4$ | $Na_2C_2O_4$ | 130 | 氧化剂 |
| 碳酸钙 | $CaCO_3$ | $CaCO_3$ | 110 | EDTA |
| 锌 | Zn | Zn | 室温干燥器中 | EDTA |
| 氧化锌 | ZnO | ZnO | 900～1000 | EDTA |
| 硫酸锌 | $ZnSO_4 \cdot 7H_2O$ | $ZnSO_4$ | 400～700 | EDTA |
| 氯化钠 | NaCl | NaCl | 500～600 | $AgNO_3$ |
| 氯化钾 | KCl | KCl | 500～600 | $AgNO_3$ |
| 氨基磺酸 | $HOSO_2NH_2$ | $HOSO_2NH_2$ | 在真空 $H_2SO_4$ 干燥环境中保存 48 h | 碱 |

在分析化学中，常用的基准物质有纯金属和纯化合物等，它们的含量一般在 99.9%甚至可达 99.99%以上。有些高纯试剂和光谱纯试剂的纯度虽然很高，但并不表明它的主成分的含量在 99.9%以上，而只能说明其中杂质的含量很低。有时因为其中含有不定组成的水分和气体杂质，以及试剂本身的组成不固定等原因，致使主成分的含量可能达不到 99.99%。所以，选择基准物质时要特别慎重。

滴定分析中，常用来直接配制标准溶液及标准滴定溶液的基准物质主要有如下几种：酸碱滴定中用无水碳酸钠($Na_2CO_3$)、邻苯二甲酸氢钾($KHC_8H_4O_4$)、硼砂($Na_2B_4O_7 \cdot 10H_2O$)、碳酸氢钠($NaHCO_3$)等。沉淀滴定中用氯化钠(NaCl)、氯化钾(KCl)、硝酸银($AgNO_3$)等。氧化还原滴定中用重铬酸钾($K_2Cr_2O_7$)、草酸钠($Na_2C_2O_4$)、二水合草酸($H_2C_2O_4 \cdot 2H_2O$)等。配位滴定中用碳酸钙($CaCO_3$)、锌(Zn)等。

利用基准物质除配制成标准滴定溶液外，更多的用处是确定未知溶液的准确浓度，即用来标定酸、碱、氧化剂、还原剂或配位剂 EDTA 等标准滴定溶液的浓度。

有很多物质不能直接用于配制标准滴定溶液。例如，酸碱滴定法中用的盐酸溶液，除了恒沸点的盐酸溶液外，对于一般的市售盐酸，由于 HCl 易挥发，所以其中 HCl 的含量有一定的波动；又如，NaOH 极易吸收空气中的 $CO_2$ 和水分，称得的质量不能代表纯 NaOH 的质量；此外，如 $KMnO_4$、$Na_2S_2O_3$ 等物质不易提纯，且见光易分解。因此，对这一类物质不能用直接法配制标准滴定溶液，而要用间接的方法配制。

(2) 间接配制法

间接配制法又称标定法，是指先粗略地称取一定量物质或量取一定量体积的溶液，配制成接近于所需要浓度的溶液，然后用基准物质或已知浓度的标准溶液确定其准确浓度。其操作被称为"标定"(或称"标化")。

例如，欲配制 0.1 mol/L 的 NaOH 标准滴定溶液 10 L，可在托盘天平上称取比 40 g 稍多的固体氢氧化钠，经过除去 $Na_2CO_3$ 等杂质的步骤，然后稀释成大约 10 L 的体积，摇匀，再用基准物质邻苯二甲酸氢钾(KHP)标定其准确浓度。

### 2.3.2　标准滴定溶液的标定及计算

(1) 用基准物质标定

准确称取一定量的基准物质，溶解后用被标定的溶液滴定，然后根据基准物质的质量及被标定溶液所消耗的体积，即可算出该溶液的准确浓度。计算公式为：

$$C_{\text{待标}} = \frac{m_{\text{基准}} \times 1000}{M_{\text{基准}} V_{\text{待标}}} \tag{2.2.6}$$

式中　$C_{\text{待标}}$——待标定溶液的浓度，mol/L；

$m_{\text{基准}}$——基准物质的质量，g；

$M_{\text{基准}}$——基准物质的摩尔质量，g/mol；

$V_{\text{待标}}$——待标定溶液的用量，mL。

一般平行测定 3 次，取平均值为标定结果。

例：标定某 NaOH 标准滴定溶液的浓度时，可准确称取一定量的基准物质邻苯二甲酸氢钾，溶解后以酚酞为指示剂，用该 NaOH 溶液滴定至出现淡红色 30 s 不褪色时即到终点，根据终点时 NaOH 溶液的用量和基准物质的质量，可求出 NaOH 标准滴定溶液的准确浓度。

(2) 用已知浓度的标准滴定溶液标定

准确移取一定量(一般为 25.00 mL)的待标定溶液，用已知浓度的标准溶液滴定；或者反过来，准确移取一定量的已知准确浓度的标准溶液，用待标定溶液滴定。根据滴定时两种溶液所消耗的体积和标准溶液的浓度，就可求出待标定标准溶液的准确浓度(根据相互滴定中两种溶液所消耗的体积及浓度计算待标定溶液的浓度)。平行测定 3 次，取其平均值。计算公式为：

$$C_{\text{待标}} = \frac{C_{\text{已知}} V_{\text{已知}}}{V_{\text{待标}}} \tag{2.2.7}$$

式中　$C_{\text{待标}}$，$V_{\text{待标}}$——待标定溶液的浓度(mol/L)和体积(mL)；

$C_{\text{已知}}$，$V_{\text{已知}}$——已知准确浓度溶液的浓度(mol/L)和体积(mL)。

例如，欲确定 0.1 mol/L 的 HCl 溶液的准确浓度，可以用已知准确浓度的 NaOH 标准溶液进行标定，这样也可求得 HCl 标准溶液的准确浓度。但这种方法不如直接标定法可靠，因为所用的标准滴定溶液浓度如果不准确，就会直接影响被标定溶液浓度的准确性。因此，标定时应尽量采用基准物质直接标定法。

(3) 用标准物质标定

已知含量的标准物质，按测定步骤处理，用被标定溶液滴定。由标准物质的质量、已知的含量及被标定溶液所消耗的体积计算被标定溶液的准确浓度。所选择的标准物质，其组成应与欲用此标准滴定溶液去测定的被测物质的组成相近；并且所用的方法也应与用标准滴定溶液测定被测物质的方法相同，这样可以消除干扰元素的影响。

例如，粗配 0.5 mol/L 的 $K_2Cr_2O_7$ 溶液 1000 mL，然后用水泥生料标准物质标定。为此，称取水泥生料标准物质 0.5000 g，经过一系列的操作后，用粗配的 $K_2Cr_2O_7$ 溶液滴定。若生

料标准物质中含 $Fe_2O_3$ 3.25%，滴定时消耗 $K_2Cr_2O_7$ 3.50 mL，则：

$$\frac{3.25\%}{3.50}=0.93\%$$

即 1 mL 该 $K_2Cr_2O_7$ 标准滴定溶液相当于 0.93% $Fe_2O_3$。

## 2.4　常用缓冲溶液的配制

常用缓冲溶液的配制见表 2.2.3 所示。

**表 2.2.3　常用缓冲溶液的配制**

| pH 值 | 配制方法 |
|---|---|
| 0 | 1 mol/L 的 HCl 溶液(不能有 $Cl^-$ 时，可用硝酸) |
| 1 | 0.1 mol/L 的 HCl 溶液 |
| 2 | 0.01 mol/L 的 HCl 溶液 |
| 3.6 | NaAc · $3H_2O$ 8 g 溶于适量水中，加 6 mol/L 的 HAc 溶液 134 mL，稀释至 500 mL |
| 4.0 | 将 60 mL 的冰醋酸和 16 g 无水醋酸钠溶于 100 mL 水中，稀释至 500 mL |
| 4.5 | 将 30 mL 冰醋酸和 30 g 无水醋酸钠溶于 100 mL 水中，稀释至 500 mL |
| 5.0 | 将 30 mL 冰醋酸和 60 g 无水醋酸钠溶于 100 mL 水中，稀释至 500 mL |
| 5.4 | 将 40 g 六次甲基四胺溶于 90 mL 水中，加入 20 mL 的 6 mol/L HCl 溶液 |
| 5.7 | 100 g NaAc · $3H_2O$ 溶于适量水中，加 6 mol/L 的 HAc 溶液 13 mL，稀释至 500 mL |
| 7 | 77 g $NH_4Ac$ 溶于适量水中，稀释至 500 mL |
| 7.5 | 66 g $NH_4Cl$ 溶于适量水中，加浓氨水 1.4 mL，稀释至 500 mL |
| 8.0 | 50 g $NH_4Cl$ 溶于适量水中，加浓氨水 3.5 mL，稀释至 500 mL |
| 8.5 | 40 g $NH_4Cl$ 溶于适量水中，加浓氨水 8.8 mL，稀释至 500 mL |
| 9.0 | 35 g $NH_4Cl$ 溶于适量水中，加浓氨水 24 mL，稀释至 500 mL |
| 9.5 | 30 g $NH_4Cl$ 溶于适量水中，加浓氨水 65 mL，稀释至 500 mL |
| 10 | 27 g $NH_4Cl$ 溶于适量水中，加浓氨水 175 mL，稀释至 500 mL |
| 11 | 3 g $NH_4Cl$ 溶于适量水中，加浓氨水 207 mL，稀释至 500 mL |
| 12 | 0.01 mol/L 的 NaOH 溶液(不能有 $Na^+$ 时，可用 KOH 溶液) |
| 13 | 0.1 mol/L 的 NaOH 溶液 |

## 2.5　任 务 实 施

### 2.5.1　普通试剂溶液的配制

根据前面所述的基本理论，配制表 2.2.4 中的普通试剂溶液，并填写表格。

**表 2.2.4　普通试剂溶液的配制表**

| 项　　目 | | 所需药品 | 配制步骤 |
|---|---|---|---|
| 百分浓度 $a\%$ | 质量百分浓度[$a\%$(m/m)]：15%的 NaCl 100 mL | | |
| | 体积百分浓度[$a\%$(V/V)]：20%的 $H_2SO_4$ 100 mL | | |
| 比例浓度(1+4)：HCl 250 mL | | | |
| 质量浓度(g/L)：20 g/L KOH 100 mL | | | |
| 物质的量浓度(mol/L)：NaOH 0.25 mol/L 100 mL | | | |

## 2.5.2 标准滴定溶液的配制

### 2.5.2.1 酸碱标准滴定溶液的配制

(1) 盐酸和氢氧化钠标准滴定溶液的配制与标定

1) 试剂及仪器

① 浓 HCl($\rho$=1.19 g/mL);

② NaOH(AR);

③ 无水 $Na_2CO_3$(GR);

④ 邻苯二甲酸氢钾(GR)在 100～120 ℃干燥后备用;

⑤ 甲基橙指示剂溶液(0.1 g/100 mL);

⑥ 酚酞指示剂溶液(1 g/100 mL);

⑦台式天平、分析天平(TG-328A 全机械加码电光天平 200 g/0.1 mg 或 TG-328B 半机械加码电光天平 200 g/0.1 mg);

⑧ 1000 mL 量杯;

⑨ 酸式滴定管;

⑩ 碱式滴定管。

2) 实验步骤

① 配制 0.25 mol/L 的 HCl 溶液 1000 mL

a. 计算配制时所需浓 HCl[$\rho$=1.19 g/mL,37%(m/m)]的体积 $V$ mL;

b. 用洁净量筒量取 $V$ mL 浓 HCl,倒入 1000 mL 的试剂瓶中,用水稀释至 1000 mL,盖上玻璃塞,摇匀。

② 配制 0.25 mol/L 的 NaOH 溶液 1000 mL

a. 计算配制时所需固体 NaOH 的质量(g);

b. 在台式天平上用小烧杯称取较理论计算值稍多的 NaOH 固体,用不含 $CO_2$ 的蒸馏水迅速冲洗一次,以除去固体表面少量的 $Na_2CO_3$。

c. 将冲洗过的 NaOH 溶解在 200 mL 新煮沸并用 NaOH 溶液中和至酚酞呈微红色的冷蒸馏水中(消除水中溶解的 $CO_2$),搅拌,使之全部溶解。

d. 移入 1000 mL 试剂瓶中,再加 800 mL 蒸馏水(要求同上),用橡皮塞塞好瓶口,摇匀。

③ 盐酸溶液浓度的标定与调整

a. 标定

称取 3 份约 0.5 g 无水 $Na_2CO_3$(GR),精确至 0.0001 g。分别置于 250 mL 锥形瓶中,标上瓶号,加 50 mL 水,温热,摇动使之溶解。加入 2～3 滴甲基橙指示剂,分别用配制的 HCl 溶液滴定至溶液由黄色转变为橙色,然后加热煮沸溶液,以赶去 $CO_2$,待大气泡出现后,冷却至室温。如果颜色变黄,继续用 HCl 溶液滴定至橙色,即为终点,记下滴定消耗 HCl 溶液的体积。

$$C_{HCl}=\frac{m_{Na_2CO_3}\times 2\times 1000}{M_{Na_2CO_3}\times V_{HCl}}\text{(mol/L)}$$

式中 $m_{Na_2CO_3}$——称取基准物质 $Na_2CO_3$ 的质量,g;

$M_{Na_2CO_3}$——$Na_2CO_3$ 的摩尔质量,g/mol;

$V_{HCl}$——滴定时消耗 HCl 标准滴定溶液的体积,mL。

b. 调整

● 经标定后，如果所配制的 HCl 标准滴定溶液的浓度大于 0.5 mol/L 时，则按下式计算补加水的体积 $V_1$(mL)：

$$V_1=\frac{C_0-C}{C}\times V\times 1000$$

式中　$C_0$——调整前标准滴定溶液的浓度，mol/L；

$C$——所要求配制的标准滴定溶液浓度，mol/L；

$V$——调整前标准滴定溶液的体积，L。

计算后用量筒量取 $V_1$ mL 的水，倒入盛有 HCl 标准滴定溶液的试剂瓶中，充分摇匀，然后按照标定步骤进行第二次标定，再调整直至达到要求的浓度，但应注意标准滴定溶液的体积 $V$ 的变化。

● 经标定后，如果所配制的 HCl 标准滴定溶液的浓度小于 0.5 mol/L 时，按下式计算需补加浓溶液的体积 $V_2$(mL)：

$$V_2=\frac{C-C_0}{C_1-C}\times V\times 1000$$

式中　$C$——需补加的浓溶液的浓度，mol/L。

计算后用量筒量取 $V_2$ mL 的浓 HCl($\rho$=1.19 g/mL)，倒入盛有 HCl 标准滴定溶液的试剂瓶中，充分摇匀，再按前述标定方法进行标定。

④ NaOH 溶液浓度的标定与调整

a. 标定

称取 3 份约 1 g 邻苯二甲酸氢钾(GR)，精确至 0.0001 g，分别置于 250 mL 烧杯中，标上烧杯序号，加入 100 mL 新煮沸并用 NaOH 溶液中和至酚酞呈微红色的冷蒸馏水中，搅拌，使其溶解后加入 2～3 滴酚酞指示剂，分别用 0.25 mol/L 的 NaOH 标准滴定溶液滴定至微红色，30 s内不褪色即为终点。记下滴定时消耗的 NaOH 溶液的体积。

NaOH 标准滴定溶液的浓度按下式计算：

$$C_{\text{NaOH}}=\frac{m_{\text{KHP}}\times 1000}{V_{\text{NaOH}}\times M_{\text{KHP}}}\quad (\text{mol/L})$$

式中　$m$——称取邻苯二甲酸氢钾的质量，g；

$V_{\text{NaOH}}$——滴定时消耗 NaOH 标准滴定溶液的体积，mL；

$M_{\text{KHP}}$——邻苯二甲酸氢钾的摩尔质量，204.2 g/mol。

b. 调整

● 经标定后，如果 $C_{\text{NaOH}}>0.25$ mol/L，则需加水稀释，算出所加水的体积 $V_1$ mL。以下操作步骤与 HCl 溶液的调整相同。

● 经标定后，如果 $C_{\text{NaOH}}<0.25$ mol/L，则需补加 NaOH 浓溶液。预先配制好少量 1～2 mol/L NaOH 浓溶液。计算出需补加的 NaOH 浓溶液的体积 $V_2$ mL。以下操作步骤与 HCl 溶液的调整相同。

配制、标定和调整完毕后，将盛装 HCl 标准滴定溶液和 NaOH 标准滴定溶液的试剂瓶贴上标签，注明试剂名称、准确浓度、配制日期、配制者姓名。妥善保管，备用。

3) 配制与标定注意事项

① 称取固体 NaOH 时用牛角勺取样，在台式天平上初称至 0.01 g，绝不允许用手拿取，

更不能直接在分析天平上称量,以免腐蚀分析天平。

② 倒浓酸或浓碱时,要慢慢倒出,不要猛倒,以免溢出。挥发性酸应在通风橱中倒出。

③ 标定标准滴定溶液时为使标定的误差较小,应满足如下条件:

a. 基准物质称取的质量不宜太小。

b. 标定时所用滴定剂溶液的体积不宜太小。

c. 标定时,基准物质溶液或标准滴定溶液与待标定溶液的浓度应相近。

④ 标准滴定溶液标定时的温度和使用时的温度最好接近。一般要求温差为:0.1 mol/L 标准滴定溶液不大于 10℃,0.5 mol/L 和 1 mol/L 标准滴定溶液不大于 5 ℃。

4) 溶液浓度的调整注意事项

① 配制时最好将溶液配浓一点,加水向稀释方向调整,这样可避免所补加浓酸或浓碱时的准确度问题。

② 若被调整溶液的体积较小(如几毫升),要注意加浓酸或浓碱的浓度和体积应准确一些。

③ 要严格进行操作,包括:滴定的速度、终点的确定、体积的计量准确性(每次调整后,体积在改变)等。如能严格进行操作,一般只需调整 1～2 次就能达到要求。

5) 贮存标准滴定溶液时的注意事项

① 标准滴定溶液应密封保存,防止水分蒸发,器壁上如有水珠,在使用前应摇匀。

② 对玻璃有腐蚀作用的 NaOH 溶液,最好用塑料容器贮存。如果盛装稀 NaOH 溶液,并且时间短,一般也可用玻璃瓶,不过必须用橡皮塞塞住。贮存 NaOH 标准滴定溶液的试剂瓶,最好在瓶口装一碱石灰干燥管,以防空气中的 $CO_2$ 和水进入试剂瓶。

6) 实验数据记录及结果计算

酸碱标准滴定溶液的标定记录及标准滴定溶液浓度调整记录见表 2.2.5～表 2.2.7 所示。

**表 2.2.5　0.5 mol/L HCl 标准滴定溶液的标定记录**

| 项目 \ 次数 | 1 | 2 | 3 |
|---|---|---|---|
| 称量瓶＋$Na_2CO_3$ 质量(g) | | | |
| 倒出 $Na_2CO_3$ 后,称量瓶＋ $Na_2CO_3$ 质量(g) | | | |
| $Na_2CO_3$ 质量 $m$ (g) | | | |
| HCl 终点读数(mL) | | | |
| HCl 开始读数(mL) | | | |
| 滴定消耗 HCl 体积 $V$(mL) | | | |
| 计算公式 | | | |
| $C_{HCl}$ (mol/L) | | | |
| 平均值(mol/L) | | | |

**表 2.2.6　0.25 mol/L NaOH 标准滴定溶液的标定记录**

| 项目＼次数 | 1 | 2 | 3 |
|---|---|---|---|
| 称量瓶＋KHP 质量(g) | | | |
| 倒出 KHP 后，称量瓶＋KHP 质量(g) | | | |
| KHP 质量 $m$(g) | | | |
| NaOH 终点读数(mL) | | | |
| NaOH 开始读数(mL) | | | |
| 滴定消耗 NaOH 体积 $V$(mL) | | | |
| 计算公式 | | | |
| $C_{NaOH}$(mol/L) | | | |
| 平均值(mol/L) | | | |

**表 2.2.7　标准滴定溶液浓度调整记录**

| 项目＼次数 | 加水体积 $V_1$(mL) | | | 加 $\rho$=1.19 g/mL 浓 HCl 体积 $V_2$(mL) | | | 加浓度为 $C$ 的浓 NaOH 体积(mL) | | |
|---|---|---|---|---|---|---|---|---|---|
| | 1 | 2 | 3 | 1 | 2 | 3 | 1 | 2 | 3 |
| $C_{HCl}>0.5$ mol/L | | | | | | | | | |
| $C_{HCl}<0.5$ mol/L | | | | | | | | | |
| $C_{NaOH}>0.25$ mol/L | | | | | | | | | |
| $C_{NaOH}<0.25$ mol/L | | | | | | | | | |
| 加水调整计算公式 | | | | | | | | | |
| 加浓溶液调整计算公式 | | | | | | | | | |

(2) 非水介质滴定苯甲酸标准溶液的配制

1) 试剂及仪器

① 苯甲酸($C_6H_5COOH$)(固体)；

② $CaCO_3$(GR)；

③ 1000 mL 容量瓶；

④ 回流冷凝器；

⑤ 甘油无水乙醇溶液里含酚酞指示剂及催化剂硝酸锶；

⑥ 分析天平；

⑦ 干燥器；

⑧ 滴定管；

⑨ 电炉。

2）实验步骤

配制0.1 mol/L苯甲酸无水乙醇标准滴定溶液，称取12.2125 g苯甲酸（事先在硅胶干燥器中干燥24 h以后）溶于少量无水乙醇中，移入1000 mL容量瓶中，用无水乙醇稀释至刻度线，摇匀。

标定方法：

称取约0.05 g CaO（$CaCO_3$ 在900～1000 ℃下灼烧至恒量），精确至0.0001 g，置于250 mL干燥的锥形瓶中，加入15 mL甘油无水乙醇溶液，装上回流冷凝器，在有石棉网的电炉上加热煮沸至溶液呈红色，取下锥形瓶，立即以0.1 mol/L苯甲酸无水乙醇标准滴定溶液滴定至红色消失。再将冷凝器装上，继续加热煮沸至溶液红色出现再取下滴定。如此反复操作，直至加热10 min后不出现红色为止。

由标定过程可知：

$$2\ \text{mol}\ C_6H_5COOH \Leftrightarrow 1\ \text{mol 甘油钙} \Leftrightarrow 1\ \text{mol CaO}$$

苯甲酸无水乙醇标准滴定溶液的浓度按下式计算：

$$C = \frac{2 \times m \times 1000}{V_{C_6H_5COOH} M_{CaO}}$$

式中 $C$——苯甲酸无水乙醇标准滴定溶液的浓度，mol/L；

$T_{C_6H_5COOH/CaO}$——每毫升苯甲酸无水乙醇标准滴定溶液相当于CaO的克数，g/mL；

$V_{C_6H_5COOH}$——滴定时消耗苯甲酸无水乙醇标准滴定溶液的总体积，mL；

$m$——称取基准试剂CaO的质量，g；

$M_{CaO}$——CaO的摩尔质量，g/mol。

所得结果用四位有效数字表示。

2.5.2.2 配位滴定标准溶液的配制

(1) EDTA标准滴定溶液的配制与标定

以 $CaCO_3$ 为基准物质，用CMP混合指示剂标定EDTA标准滴定溶液。首先可加HCl溶液溶解 $CaCO_3$，其反应如下：

$$CaCO_3 + 2HCl = CaCl_2 + CO_2\uparrow + H_2O$$

$$CaCO_3 + 2H^+ = Ca^{2+} + CO_2\uparrow + H_2O$$

然后把溶液转移到容量瓶中稀释，制成钙基准溶液。吸取一定量的钙基准溶液，加入指示剂，用KOH溶液调节酸度至pH≈13，以EDTA标准滴定溶液滴定至绿色荧光消失转为红色，即为终点。其变色原理如下：

在pH≈13的溶液中，CMP指示剂中的钙黄绿素（以In表示）与 $Ca^{2+}$ 形成比较稳定的呈现绿色荧光的配合物：

$$\underset{\text{红色}}{Ca^{2+} + In} = \underset{\text{(绿色荧光)}}{CaIn}$$

当用EDTA溶液滴定时，由于EDTA能与 $Ca^{2+}$ 结合成比CaIn更稳定的配合物，因此 $Ca^{2+}$

逐渐被 EDTA 夺取，当 $Ca^{2+}$ 与 EDTA（$Y^{4-}$）全部配合后，绿色荧光消失，指示剂游离出来：

$$\underset{}{Y^{4-}} + \underset{\text{（绿色荧光）}}{CaIn} = \underset{\text{（无色）}}{CaY^{2-}} + \underset{\text{（红色）}}{In}$$

由测定过程可知：

$$1\ mol\ EDTA \Leftrightarrow 1\ mol\ CaO$$

同理可推出：

$$1\ mol\ EDTA \Leftrightarrow 1\ mol\ MgO \Leftrightarrow 1\ mol\ TiO_2 \Leftrightarrow 1/2\ mol\ Fe_2O_3 \Leftrightarrow 1/2\ mol\ Al_2O_3$$

1）主要仪器及试剂

① 分析天平；

② 干燥器；

③ 滴定管；

④ 电炉；

⑤ 烘箱；

⑥ 容量瓶；

⑦ 乙二胺四乙酸二钠(AR)；

⑧ $CaCO_3$(GR)在 105～110 ℃烘干 2 h；

⑨ KOH 溶液 200 g/L　将 20 g KOH 溶于适量水中，再稀释至 100 mL，贮存于塑料瓶中。

⑩ HCl 溶液(1+1)；

⑪ CMP 混合指示剂　准确称取 1 g 钙黄绿素，1 g 甲基百里香酚蓝，0.2 g 酚酞，与 50 g 已在 105～110 ℃烘干过的 $KNO_3$ 混合研细，保存于磨口瓶中。

2）实验步骤

① $CaCO_3$ 基准溶液的配制

称取约 0.6 g $CaCO_3$，精确至 0.0001 g，置于 400 mL 的烧杯中，加入约 100 mL 水，盖上表面皿，沿杯口滴加 HCl 溶液(1+1)，至 $CaCO_3$ 全部溶解后加热微沸数分钟。将溶液冷却至室温，移入 250 mL 容量瓶中，用水稀释至标线，摇匀。此 $CaCO_3$ 基准溶液的浓度为：

$$C_1 = \frac{m \times 1000}{250 \times M_{CaCO_3}} \quad (mol/L)$$

式中　$m$——称取 $CaCO_3$ 的质量，g；

$M_{CaCO_3}$——$CaCO_3$ 的摩尔质量，g/mol。

② 0.015 mol/L EDTA 标准滴定溶液的配制和标定

称取 5.6 g 乙二胺四乙酸二钠置于烧杯中，加水约 200 mL，加热溶解，过滤，用水稀释至 1 L，转入聚乙烯塑料瓶中。

用移液管移取 25 mL $CaCO_3$ 基准溶液，放入 400 mL 烧杯中，用水稀释至约 200 mL，加入少许的 CMP 指示剂，在搅拌下滴加 20%(m/V)KOH 溶液，至出现绿色荧光后，再过量 1～2 mL，以 0.015 mol/L EDTA 标准滴定溶液滴定至绿色荧光消失并呈现红色即为终点。

EDTA 标准滴定溶液的浓度按下式计算：

$$C = \frac{C_1 \times V_1}{V} \quad (mol/L)$$

或 EDTA 标准滴定溶液对 CaO 的滴定度按下式计算：

$$T_{EDTA/CaO}=\frac{C_1M_{CaO}}{1000}=\frac{C_1V_1M_{CaO}}{V\times1000}$$

同理可推出：

$$T_{EDTA/CaCO_3}=\frac{C_1V_1M_{CaCO_3}}{V\times1000}$$

$$T_{EDTA/MgO}=\frac{C_1V_1M_{MgO}}{V\times1000}$$

$$T_{EDTA/Fe_2O_3}=\frac{C_1V_1\times\frac{1}{2}M_{Fe_2O_3}}{V\times1000}$$

$$T_{EDTA/Al_2O_3}=\frac{C_1V_1\times\frac{1}{2}M_{Al_2O_3}}{V\times1000}$$

$$T_{EDTA/TiO_2}=\frac{C_1V_1\times M_{TiO_2}}{V\times1000}$$

式中　$C_1$——$CaCO_3$ 基准溶液的浓度，mol/L；

$V_1$——移取 $CaCO_3$ 基准溶液的体积，mL；

$C$——EDTA 标准滴定溶液的浓度，mol/L；

$V$——标定时消耗 EDTA 标准滴定溶液的体积，mL；

$T_{EDTA/CaO}$——每毫升 EDTA 标准滴定溶液相当于 CaO 的克数，g/mL；

$T_{EDTA/CaCO_3}$——每毫升 EDTA 标准滴定溶液相当于 $CaCO_3$ 的克数，g/mL；

$T_{EDTA/MgO}$——每毫升 EDTA 标准滴定溶液相当于 MgO 的克数，g/mL；

$T_{EDTA/Fe_2O_3}$——每毫升 EDTA 标准滴定溶液相当于 $Fe_2O_3$ 的克数，g/mL；

$T_{EDTA/Al_2O_3}$——每毫升 EDTA 标准滴定溶液相当于 $Al_2O_3$ 的克数，g/mL；

$T_{EDTA/TiO_2}$——每毫升 EDTA 标准滴定溶液相当于 $TiO_2$ 的克数，g/mL。

$M_{CaO}$、$M_{CaCO_3}$、$M_{MgO}$、$M_{Fe_2O_3}$、$M_{Al_2O_3}$、$M_{TiO_2}$ 分别为 CaO、$CaCO_3$、MgO、$Fe_2O_3$、$Al_2O_3$、$TiO_2$ 的摩尔质量，g/mol。

3）滴定时的注意事项

① EDTA 溶液能使玻璃中的金属离子溶出，其浓度即降低，故应保存于密封的聚乙烯塑料瓶中。

② 配位滴定中加入的指示剂的量对终点颜色影响很大。此实验加入 CMP 指示剂不宜过多，应在 20 mg 左右（约两个火柴头体积）。过多，终点变色不敏锐。

③ 配合反应的速度较慢，特别是终点时变色较慢，因此滴加 EDTA 溶液的速度应慢于酸碱滴定法，接近终点时应逐滴加入并充分搅拌。

④ 使用 CMP 作指示剂时，光线应从操作者背后或侧面射入，以利于终点的观察，而不是在直接光线的照射下进行滴定。

⑤ 实验结果分别用 $C$、$T_{EDTA/CaO}$、$T_{EDTA/CaCO_3}$、$T_{EDTA/MgO}$、$T_{EDTA/Fe_2O_3}$、$T_{EDTA/Al_2O_3}$、$T_{EDTA/TiO_2}$ 表示，并留此 EDTA 标准滴定溶液，以便水泥化学分析测定时用。

4）实验数据记录

实验数据记录如表 2.2.8 所示。

表 2.2.8　实验数据记录

| 项目 \ 次数 | 1 | 2 | 3 |
|---|---|---|---|
| 基准 $CaCO_3$ 质量(g) | | | |
| EDTA 溶液滴定终点读数(mL) | | | |
| EDTA 溶液滴定开始读数(mL) | | | |
| EDTA 溶液消耗体积(mL) | | | |
| EDTA 溶液浓度 $C$(mol/L) | | | |
| 浓度平均值(mol/L) | | | |
| EDTA 标准溶液浓度计算公式 | | | |
| EDTA 标准溶液对 CaO、$CaCO_3$、MgO、$Fe_2O_3$、$Al_2O_3$、$TiO_2$ 的滴定度计算公式 | | | |

(2) 0.015 mol/L $CuSO_4$ 标准滴定溶液的配制

将 3.7 g $CuSO_4 \cdot 5H_2O$ 溶于水中，加 4～5 滴 $H_2SO_4$(1+1)用水稀释 1 L，摇匀。

EDTA标准滴定溶液与 $CuSO_4$ 标准滴定溶液体积比的标定：从滴定管中缓慢放出 10～15 mL。0.015 mol/L EDTA 标准滴定溶液于 400 mL 的烧杯中，用水稀释至约 200 mL，加入15 mL 的 HAc-NaAc缓冲溶液(pH=4.3)，然后加热至沸，取下稍冷，加 5～6 滴 PAN 指示剂，以$CuSO_4$标准滴定溶液滴定至亮紫色。EDTA 标准滴定溶液与 $CuSO_4$ 标准滴定溶液的体积比($K$)按下式计算：

$$K = \frac{V_1}{V_2}$$

式中　$K$——每毫升 $CuSO_4$ 标准滴定溶液相当于 EDTA 标准滴定溶液的毫升数，mL；

$V_1$——EDTA 标准滴定溶液的体积，mL；

$V_2$——滴定时消耗的 $CuSO_4$ 标准滴定溶液的体积，mL。

所得结果用四位有效数字表示。

(3) 配位滴定法常用的部分金属指示剂的配制

① 磺基水杨酸钠指示剂(100g/L)　将 10 克磺基水杨酸钠用水稀释至 100 mL。

② PAN 指示剂(2 g/L)乙醇溶液　将 0.2 g 1-(2-吡啶偶氮)-2-萘酚(简称 PAN)用 95%(V/V)乙醇稀释至 100 mL。

③ CMP 混合指示剂　准确称取 1 g 钙黄绿素，1 g 甲基百里香酚蓝，0.2 g 酚酞，与 50 g 已在 105～110 ℃烘干过的 $KNO_3$ 混合研细，储存于磨口瓶中。

④ K-B 混合指示剂　称取 1 g 酸性铬蓝 K 和 2.5 g 萘酚绿 B，与 50 g 已在 105～110 ℃烘干过的 $KNO_3$ 混合研细，储存于磨口瓶中。

2.5.2.3　氧化还原滴定标准溶液的配制

(1) 重铬酸钾($K_2Cr_2O_7$)标准滴定溶液的配制

重铬酸钾($K_2Cr_2O_7$)系橙红色结晶或粉末，能溶于水而不溶于乙醇，其密度为 2.676 g/cm³，熔点为 398 ℃，超过 700 ℃开始分解成 $Cr_2O_3$、$O_2$ 和 $K_2CrO_4$。它具有强氧化性，冷时与 HCl 溶液不起反应，加热时产生氯气。$K_2Cr_2O_7$ 试剂有毒，易提纯。配制标准滴定溶液时，可准确称取 $K_2Cr_2O_7$ 基准试剂直接配制。

1）主要仪器及试剂

① 分析天平；

② 烘干箱；

③ 1000 mL 容量瓶；

④ $K_2Cr_2O_7$(GR)在 150～180 ℃烘干 2 h。

2）实验步骤及计算

称取 0.6472 g $K_2Cr_2O_7$ 基准试剂(已在 150～180 ℃干燥 2 h)，精确至 0.0001 g，置于 300 mL烧杯中，加少量水溶解，定量转入 1000 mL 容量瓶中，加水稀释至标线，摇匀。

$K_2Cr_2O_7$ 标准滴定溶液的浓度按下式计算：

$$C = \frac{m}{M_{K_2Cr_2O_7} \times V}$$

或

$$T_{K_2Cr_2O_7/Fe_2O_3} = \frac{C \cdot M_{Fe_2O_3} \times 3}{1000}$$

式中　$C$ ——$K_2Cr_2O_7$ 标准滴定溶液的浓度，mol/L；

$T_{K_2Cr_2O_7/Fe_2O_3}$ ——每毫升 $K_2Cr_2O_7$ 标准滴定溶液相当于 $Fe_2O_3$ 的克数，g；

$V$ ——配制 $K_2Cr_2O_7$ 标准滴定溶液的体积，L；

$m$ ——称取 $K_2Cr_2O_7$ 的质量，g；

$M_{K_2Cr_2O_7}$ ——$K_2Cr_2O_7$ 的摩尔质量，g/mol；

$M_{Fe_2O_3}$ ——$Fe_2O_3$ 的摩尔质量，g/mol。

所得结果用四位有效数字表示。

3）实验数据记录

实验数据记录见表 2.2.9 所示。

**表 2.2.9　实验数据记录**

| 项目＼次数 | 1 | 2 | 3 |
|---|---|---|---|
| 基准 $K_2Cr_2O_7$ 质量(g) | | | |
| $K_2Cr_2O_7$ 溶液浓度 $C$(mol/L) | | | |
| $T_{K_2Cr_2O_7/Fe_2O_3}$ | | | |
| 浓度平均值 $C_{平均}$(mol/L) | | | |
| 相对平均偏差 | | | |

## 思考与练习

1. 什么叫滴定度？滴定度的表示方法有几种？滴定度与物质的量浓度如何换算？
2. 什么是基准物质？基准物质必须具备哪些条件？
3. 下列物质中哪些可以用直接法配制标准滴定溶液？哪些只能用间接法配制？

$Na_2B_4O_7 \cdot 10H_2O$,$NaOH$,$KMnO_4$,$HCl$,$K_2Cr_2O_7$,$H_2SO_4$,$Na_2C_2O_4$,$KHC_8H_4O_4$

4. 标定 HCl、NaOH、$KMnO_4$、EDTA、$Na_2S_2O_3$ 等溶液时,使用的基准物质有哪些?
5. 标定 EDTA,以 HCl 溶液溶解 $CaCO_3$ 基准物质时,操作中应注意些什么?
6. 标定 EDTA 滴定前为什么要加入 KOH 溶液?
7. 使用 CMP 指示剂时,操作中应注意些什么?
8. 配位滴定法与酸碱滴定法相比有哪些不同点?操作中应注意些什么?

# 任务3　水泥及熟料化学成分分析

**知识目标:**

(1) 按照国家标准《水泥化学分析方法》(GB 176—2008)学习并掌握该系统的分析方法及其原理,初步掌握各成分分析结果允许误差范围;巩固分析化学的基本知识和理论。

(2) 懂得影响检验结果准确性的因素及消除方法。

(3) 巩固常用仪器设备的使用与维护知识。

(4) 进一步理解分析化学在水泥质量控制中的重要作用。

**能力目标:**

(1) 熟练掌握滴定分析操作技术,掌握熔样、水溶加热、过滤分离及沉淀洗涤、灰化、灼烧等操作技术,正确使用相关仪器设备。

(2) 熟练掌握分析天平、高温炉和干燥箱的使用方法。

(3) 独立承担水泥熟料全分析的工作任务。

(4) 熟练进行分析结果的有关计算。

(5) 掌握影响检验结果准确性的原因和解决办法。

**任务描述:**水泥生产工艺是包含多个工序的连续性很强的过程,每道工序的质量都影响到最终产品的质量。在窑磨运转控制正常的情况下,只有严格控制每道工序的产品质量,即从原料、燃料、混合材,到生料、熟料及水泥的质量进行全过程控制,才能保证出厂水泥的质量符合国家标准所规定的品质指标。水泥工业涉及的原材料是多种多样的,但其分析方法和分析项目相似,本节以水泥企业化验室分析组的水泥熟料和普通水泥的分析为案例展开讨论和训练,其他几种重要原材料的分析方法只列出不同之处,相同之处不再赘述。

(1) 溶(熔)样

一般回转窑正常生产的水泥熟料、纯熟料水泥以及不含酸性混合材的各种硅酸盐水泥和掺加碱性矿渣的矿渣水泥等,酸不溶物的含量通常在 0.2% 以下,可以用酸溶。立窑生产的水泥熟料以及掺加火山灰、粉煤灰等酸不溶性混合材的水泥,其酸不溶物在 0.2% 以上,通常不能用酸溶样,需采用预先用碱(碳酸钠)烧结,再用酸浸取或碱熔-酸分解的熔样方法。

(2) 分析项目

《水泥化学分析方法》(GB 176—2008)中制定的分析项目包括:氧化硅、氧化铁、氧化铝、氧化钙、氧化镁、氧化锰(见仪器分析)、氧化钛、不溶物、烧失量、氯、钾、钠、煤的工业分析、游离氧化钙以及三氧化硫的测定,其中后面的两项属于质量控制部分。多数企业的熟料全分析项目是氧化硅、氧化铁、氧化铝、氧化钙、氧化镁、烧失量。

## 3.1　水泥及熟料中主要成分波动范围

### 3.1.1　水泥熟料

水泥熟料成分的波动范围如下：

$SiO_2$：20%～24%；

$Fe_2O_3$：3%～5%；

$Al_2O_3$：4%～7%；

CaO：63%～75%；

MgO：1%～3%；

$R_2O$：0.5%～2%；

*f*-CaO：<2%。

### 3.1.2　普通水泥

普通水泥熟料成分的波动范围如下：

$SiO_2$：20%～24%；

$Fe_2O_3$：3%～5%；

$Al_2O_3$：4%～7%；

CaO：63%～68%；

MgO：<4%；

$K_2O$：0.1%～2%；

$Na_2O$：1.5%～2.5%；

$SO_3$：<3.5%；

$TiO_2$：0.2%～0.35%。

## 3.2　氧化硅的测定($K_2SiF_6$ 容量法)

试样用碱熔法分解后，在有过量的 $F^-$、$K^+$ 存在的强酸溶液中，硅酸以 $K_2SiF_6$ 的形式沉淀。经过滤、洗涤、中和沉淀滤纸上的残余酸以后，沉淀在沸水中水解成与硅酸的物质的量相当的 HF，然后以酚酞为指示剂，用 NaOH 标准滴定溶液滴定，至化学计量点后，微过量的 NaOH 使溶液由无色变为微红色。根据 NaOH 标准滴定溶液的加入量和浓度，计算试样中 $SiO_2$ 的质量百分数。上述过程的反应如下：

$$SiO_3^{2-}+2K^++6F^-+6H^+ = K_2SiF_6\downarrow+3H_2O$$

$$K_2SiF_6+3H_2O = 2KF+H_2SiO_3+4HF$$

$$NaOH+HF = NaF+H_2O$$

由测定反应过程可知：

$$4\ mol\ NaOH \Leftrightarrow 4\ mol\ HF \Leftrightarrow 1\ mol\ K_2SiF_6 \Leftrightarrow 1\ mol\ SiO_3^{2-} \Leftrightarrow 1\ mol\ SiO_2$$

由此即可用滴定消耗的 NaOH 标准滴定溶液的体积和浓度计算试样中 $SiO_2$ 的质量百分数。

## 3.3　氧化铁的测定

用 EDTA 滴定 $Fe^{3+}$ 的适宜酸度范围是 pH＝1.8～2.0，温度 60～70 ℃。先加入磺基水杨酸指示剂（以 $HIn^-$ 表示），$HIn^-$ 与 $Fe^{3+}$ 生成紫红色配合物，用 EDTA 标准滴定溶液滴定时，能为 EDTA 所取代游离出来，终点由紫红色变成亮黄色。其反应如下：

$$\underset{}{Fe^{3+}} + \underset{(无色)}{HIn^-} \rightleftharpoons \underset{(紫红色)}{FeIn^+} + H^+$$

$$H_2Y^{2-} + \underset{(紫红色)}{FeIn^+} \rightleftharpoons \underset{(黄色)}{FeY^{4-}} + HIn^- + H^+$$

由反应过程可知：

$$2\ mol\ EDTA \Leftrightarrow 2\ mol\ FeIn^+ \Leftrightarrow 2\ mol\ Fe^{3+} \Leftrightarrow 1\ mol\ Fe_2O_3$$

由此即可用滴定消耗的 EDTA 标准滴定溶液的体积和浓度计算试样中 $Fe_2O_3$ 的质量百分数。

在 pH＝1.8～2.0 条件下，试液中的其他成分不会干扰测定。

## 3.4　氧化铝的测定

试样中 MnO 的含量在 0.5%以下时，可用铜盐回滴法或直接滴定法；当 MnO 含量在 0.5%以上时应用直接滴定法。

### 3.4.1　铜盐回滴法

在滴定完 $Fe^{3+}$ 以后的溶液中加入对 $Al^{3+}$、$TiO^{2+}$ 过量的 EDTA 标准滴定溶液，在 pH＝3.8～4.0及加热煮沸条件下，以 PAN 为指示剂，$Al^{3+}$、$TiO^{2+}$ 与 EDTA 充分配合，用 $CuSO_4$标准滴定溶液回滴剩余的 EDTA，当溶液由黄色变为绿色（实际为灰绿色），再变为亮紫色时即为终点。根据 $Al^{3+}$ 及 $TiO^{2+}$ 消耗的 EDTA 标准溶液的体积和浓度计算 $Al^{3+}$ 及 $TiO^{2+}$ 合量，待 $TiO^{2+}$ 的含量测出后，再从合量中扣除，即为 $Al_2O_3$ 的百分含量。

在此滴定条件下，其他成分不干扰测定。

$AlY^-$ 是无色的，PAN 指示剂在 pH＝4.3 左右时为黄色，所以滴定开始前溶液呈黄色，随着 $CuSO_4$ 标准滴定溶液的加入，$Cu^{2+}$ 不断与剩余的 EDTA 配合，生成蓝色的 $CuY^{2-}$，因此溶液颜色逐渐由黄变绿（灰绿）。当剩余的 EDTA 与 $Cu^{2+}$ 完全配合后，继续加入 $CuSO_4$ 时，稍微过量的 $Cu^{2+}$ 与 PAN 配合生成深红色的配合物，此时由于蓝色的 $CuY^{2-}$ 与深红色的 Cu-PAN 并存，所以终点呈紫红色。上述过程主要反应如下：

配合反应：$H_2Y^{2-}(过量) + Al^{3+} \rightleftharpoons \underset{(无色)}{AlY^-} + 2H^+$

返滴定：$H_2Y^{2-}(剩余) + Cu^{2+} \rightleftharpoons \underset{(蓝色)}{CuY^{2-}} + 2H^+$

滴定终点：$Cu^{2+} + \underset{(黄色)}{PAN} \rightleftharpoons \underset{(紫红色)}{Cu\text{-}PAN}$

由反应过程可知：

$$2\ mol\ EDTA \Leftrightarrow 2mol\ Al^{3+} \Leftrightarrow 1\ mol\ Al_2O_3$$

### 3.4.2 直接滴定法

试样中 MnO 含量大于 0.5%时，应用 EDTA 直接滴定 $Al^{3+}$。即在滴定 $Fe^{3+}$ 以后的溶液中，调整 pH≈3.0，加热煮沸，用 Cu-EDTA（即 $CuY^{2-}$）和 PAN 作指示剂，以 EDTA 标准滴定溶液直接滴定，至红色消失变为 PAN 的黄色即为终点。由消耗的 EDTA 标准滴定溶液的体积和浓度计算 $Al_2O_3$ 的百分含量。上述过程主要反应如下：

加入 Cu-EDTA 后：$CuY^{2-} + Al^{3+} \rightleftharpoons \underset{\text{(无色)}}{AlY^-} + Cu^{2+}$

加入 PAN 后：$PAN + Cu^{2+} \rightleftharpoons \underset{\text{(红色)}}{Cu\text{-}PAN}$

用 EDTA 滴定：$H_2Y^{2-} + Al^{3+} \rightleftharpoons \underset{\text{(无色)}}{AlY^-} + 2H^+$

终点时：$H_2Y^{2-} + \underset{\text{(紫红色)}}{Cu\text{-}PAN} \rightleftharpoons CuY^{2-} + \underset{\text{(黄色)}}{PAN}$

由滴定反应过程可知：

$$2\ mol\ EDTA \Leftrightarrow 2\ mol\ Al^{3+} \Leftrightarrow 1\ mol\ Al_2O_3$$

在上述条件下（pH≈3.0）$Mn^{2+}$ 不干扰 $Al^{3+}$ 的测定，且 $TiO^{2+}$ 水解为偏钛酸（$H_2TiO_3$）沉淀，故所得结果不包括 MnO、$TiO_2$。同时此法还省去了铜盐返滴定的操作步骤，减少了滴定误差，因此，直接滴定法测 $Al^{3+}$ 其方法简便，结果准确。

## 3.5 氧化钙、氧化镁的测定

### 3.5.1 氧化钙的测定

$Ca^{2+}$ 的配位滴定须在强碱性溶液中进行，当 pH>13 时，$Ca^{2+}$ 与 CMP 混合指示剂发生配位反应，生成绿色荧光的配合物，但此配合物不如 $Ca^{2+}$ 与 EDTA 所形成的无色配合物稳定，因此，当以 EDTA 标准滴定溶液进行滴定时，原来与 CMP 配位的 $Ca^{2+}$ 全部被 EDTA 所夺取，绿色荧光消失，指示剂则游离出来，呈现出本身的红色，即到达终点. 有关反应式如下：

加入指示剂：$Ca^{2+} + \underset{\text{(红色)}}{CMP} \rightleftharpoons \underset{\text{(绿色荧光)}}{Ca\text{-}CMP}$

用 EDTA 滴定：$Ca^{2+} + H_2Y^{2-} \rightleftharpoons CaY^{2-} + 2H^+$

滴定终点：$\underset{\text{(绿色荧光)}}{Ca\text{-}CMP} + H_2Y^{2-} \rightleftharpoons CaY^{2-} + \underset{\text{(红色)}}{CMP} + 2H^+$

溶液中的 $Fe^{3+}$、$Al^{3+}$、$TiO^{2+}$、$Mn^{2+}$、$Mg^{2+}$ 等离子干扰滴定，故须在酸性溶液中先加入三乙醇胺（TEA），使之与 $Fe^{3+}$、$Al^{3+}$、$TiO^{2+}$、$Mn^{2+}$ 配位，将其掩蔽。在 pH>12 的条件下，$Mg^{2+}$ 可生成 $Mg(OH)_2$ 沉淀，从而消除 $Mg^{2+}$ 的干扰。

在不分离硅的条件下进行钙的滴定时，预先于酸性溶液中加入适量 KF，使硅酸与 $F^-$ 作用生成氟硅酸，以抑制硅酸的干扰。其反应式为：

$$H_2SiO_3 + 6H^+ + 6F^- \rightleftharpoons H_2SiF_6 + 3H_2O$$

KF 的加入量视硅的含量不同而有差别，一般在被测溶液中加入 KF 溶液(2 g/100 mL)的量如下：
$SiO_2$＞25 mg 时，加入 KF 溶液 15 mL；
15 mg＜$SiO_2$＜25 mg 时，加入 KF 溶液 10 mL；
2 mg＜$SiO_2$＜15 mg 时，加入 KF 溶液 5～7 mL；
$SiO_2$＜2 mg 时，可不加入 KF 溶液。

配位滴定法测定钙可选用的指示剂有多种，如 2.3.1 所示。

**表 2.3.1　指示剂**

| 指示剂名称 | 符号 | 使用时 pH 值 | 终点颜色变化 |
|---|---|---|---|
| 钙指示剂 | NN | ＞12 | 酒红色→纯蓝色 |
| 甲基百里香酚蓝 | MTB | 12.8±0.1 | 蓝色→淡灰色 |
| 酸性铬蓝 K-萘酚绿 B | K-B | ＞12 | 酒红色→蓝色 |
| 钙黄绿素-甲基百里香酚蓝-酚酞混合指示剂 | CMP | ＞13 | 绿色荧光→红色 |

### 3.5.2　氧化镁的测定

在 pH＝10 的溶液中，以三乙醇胺、酒石酸钾钠作掩蔽剂，用酸性铬蓝 K-萘酚绿 B(表示为 $HJ^{2-}$)作指示剂(或用铬黑 T 作指示剂)，以 EDTA 标准滴定溶液滴定钙、镁总量。反应式如下：

$$Mg^{2+} + HJ^{2-} \rightleftharpoons MgJ^{-} + H^{+}$$

$$\underset{}{Ca^{2+}} + \underset{\text{(纯蓝色)}}{HJ^{2-}} \rightleftharpoons \underset{\text{(酒红色)}}{CaJ^{-}} + H^{+}$$

终点时的反应式：

$$MgJ^{-} + H_2Y^{2-} \rightleftharpoons MgY^{2-} + HJ^{2-} + H^{+}$$

$$\underset{\text{(酒红色)}}{CaJ^{-}} + H_2Y^{2-} \rightleftharpoons CaY^{2-} + \underset{\text{(纯蓝色)}}{HJ^{2-}} + H^{+}$$

从滴定 $Ca^{2+}$、$Mg^{2+}$ 总量所消耗的 EDTA 的毫升数中，减去滴定 $Ca^{2+}$ 时消耗 EDTA 的毫升数，即可求得镁的含量。

萘酚绿 B 在滴定过程中没有颜色变化，只起底色的衬托作用。因酸性铬蓝 K($HJ^{2-}$)在碱性介质中为蓝紫色，若单独使用，终点颜色变化不鲜明(酒红色→蓝紫色)，而使用 K-B 混合指示剂则蓝紫色与绿色互补，终点由酒红色变为纯蓝色，颜色明晰，易于判断。

试样中氧化亚锰含量在 0.5％以上时，加盐酸羟胺将 $Mn^{3+}$($Mn^{2+}$ 在三乙醇胺存在时被空气氧化生成)还原成 $Mn^{2+}$，用 EDTA 标准滴定溶液滴定钙、镁、锰总量。再根据测得的氧化亚锰含量，对氧化镁的分析结果加以校正。

## 3.6　氧化锰的测定

国家标准规定 MnO 的测定有分光光度法(A 法)和原子吸收法(B 法)(见仪器分析部分)。

## 3.7　不溶物的测定

水泥熟料(或水泥)中的不溶物主要是粘土中的晶质石英经高温灼烧后仍有一小部分未起化合

作用，以游离态 $SiO_2$ 存在，含量一般为1%～2%。在用酸分解试样时不能溶解而称(酸)不溶物。

测定不溶物的方法是：试样用 HCl 溶解，滤出不溶残渣。为防止硅酸胶凝加 $Na_2CO_3$ 溶液处理，使生成 $Na_2SiO_3$ 而溶解。再以 HCl 中和、过滤，最后于高温下灼烧、恒量、称量。

## 3.8 烧失量的测定

烧失量通常是把试料放在铂或瓷坩埚中，于950～1000 ℃温度下灼烧至恒重测得。

在高温下灼烧时，试样中许多组分发生氧化、还原、分解、化合等一系列反应。如有机物、硫化物和某些低价化合物被氧化；碳酸盐、硫酸盐被分解；碱金属化合物被挥发；以及随着水、化合水、二氧化碳被排除，等等。因此，所得“烧失量”实际上是样品中各种化学反应所引起的质量增加和减少的代数和。

## 3.9 氧化钛的测定(苦杏仁酸置换法)

在 pH=3.8～4.0 及加热煮沸条件下，铜盐回滴法测出的是铝、钛合量。向该溶液中加入苦杏仁酸溶液，将已与 $TiO^{2+}$ 配位的 EDTA 置换出来。在 pH=4 的溶液中以 PAN 为指示剂，用 $CuSO_4$ 标准滴定溶液滴定置换出来的 EDTA，根据此时消耗的 $CuSO_4$ 标准滴定溶液的体积，换算出钛的含量。

苦杏仁酸又名苯羟乙酸，以符号 $H_2Z$ 代表，苦杏仁酸与 $TiO^{2+}$-EDTA 的置换反应：

$$TiO^{2+}\text{-EDTA} + H_2Z = TiO^{2+}\text{-}H_2Z + \text{EDTA}$$

(苦杏仁酸钛)

置换出的 EDTA 用 $CuSO_4$ 标准滴定溶液滴定，其反应为：

$$\text{EDTA} + Cu^{2+} = \text{Cu-EDTA}$$

终点时的反应：

$$Cu^{2+} + \text{PAN} = \text{Cu-PAN}$$

(黄色)　(紫红色)

## 3.10 游离氧化钙的测定

游离氧化钙的测定见本书项目1。

## 3.11 三氧化硫的测定

### 3.11.1 离子交换法

离子交换法测定三氧化硫见本书项目1。

### 3.11.2 $BaSO_4$ 重量法

用盐酸分解试样，在酸度0.2～0.4 mol/L 的条件下，用 $BaCl_2$ 溶液沉淀 $SO_4^{2-}$，生成

$BaSO_4$ 沉淀，滤出沉淀后于 900 ℃下灼烧，称量。

沉淀反应为：

$$Ba^{2+} + SO_4^{2-} \xlongequal{} \underset{(白色)}{BaSO_4} \downarrow$$

由沉淀反应可知，被测物与沉淀（称量形式）的定量关系为：

$$1\ mol\ SO_3 \Leftrightarrow 1\ mol\ SO_4^{2-} \Leftrightarrow 1\ mol\ BaSO_4$$

所以

$$换算因素\ F = \frac{M_{SO_3}}{M_{BaSO_4}} = 0.3430$$

式中　$M_{SO_3}$——$SO_3$ 的摩尔质量，g/mol；

$M_{BaSO_4}$——$BaSO_4$ 的摩尔质量，g/mol。

$BaSO_4$ 是典型的晶形沉淀（细晶），应按晶形沉淀的条件和操作进行沉淀与过滤。

## 3.12　任务实施

### 3.12.1　主要仪器

(1) 马弗炉；

(2) 电热鼓风干燥箱；

(3) 天平（不应低于四级，精确至 0.0001 g）；

(4) 银、瓷坩埚（容量 15～30 mL）；

(5) 容量分析玻璃仪器。

### 3.12.2　试剂

(1) NaOH 固体；

(2) 盐酸（1.19 $g/cm^3$）（1+1）；（1+5）；

(3) 浓 $HNO_3$（1.4 $g/cm^3$）；

(4) KCl 固体；

(5) KF 溶液（150 g/L）；

(6) KCl 溶液（50 g/L）；

(7) KCl-乙醇溶液（50 g/L）；

(8) 酚酞乙醇指示剂溶液 （50 g/L）；

(9) $NH_3 \cdot H_2O$ 溶液（1+1）；

(10) HAc-NaAc 缓冲溶液（pH=4.3）；

(11) PAN 乙醇指示剂溶液（2 g/L）；

(12) KF 溶液 （20 g/L）；

(13) 三乙醇胺溶液（1+2）；

(14) 酒石酸钾钠溶液（100 g/L）；

(15) KOH 溶液（200 g/L）；

(16) CMP 混合指示剂（固体）（钙黄绿素＋钾基百里香酚蓝＋酚酞＋$KNO_3$＝1＋1＋0.2＋50）；

(17) K-B 混合指示剂(固体)(酸性铬蓝 K+萘酚绿 B+$KNO_3$=1+2.5+50);

(18) $NH_3 \cdot H_2O$-$NH_4Cl$ 缓冲溶液(pH=10);

(19) $Na_2CO_3$ 溶液(50 g/L);

(20) $AgNO_3$ 溶液(5 g/L);

(21) $BaCl_2$ 溶液(100 g/L);

(22) 0.15 mol/L NaOH 标准滴定溶液;

(23) 0.015 mol/L EDTA 标准滴定溶液;

(24) 0.015 mol/L $CuSO_4$ 标准滴定溶液。

### 3.12.3 操作步骤

(1) 熔样

称取约 0.5 g 已经在 105~110 ℃温度下烘干的试样,精确至 0.0001 g,置于银坩埚中,加入 6~7 g NaOH,放入高温炉中,在 650~700 ℃下熔融 20 min,取出冷却,将坩埚放入已盛有 100 mL 热水的烧杯中,盖上表面皿,于电炉上适当加热。待熔块完全浸出后,取出坩埚,先用水洗坩埚和盖,在搅拌下一次加入 25 mL 浓 HCl,再加入约 1 mL 浓 $HNO_3$。用热 HCl(1+5)洗涤坩埚和盖,将溶液加热至沸,冷却,然后移入 250 mL 容量瓶中,用水稀释至标线,摇匀。此试验溶液用于 $SiO_2$、$Fe_2O_3$、$Al_2O_3$、$TiO_2$、CaO、MgO 等的测定。

(2) 氧化硅的测定(氟硅酸钾容量法)

吸取 50.00 mL 上述试验溶液,放入 250 mL 塑料杯中,在搅拌下加入 10~15 mL 浓 $HNO_3$,冷却至约 30 ℃以下,然后加入固体 KCl,仔细搅拌至饱和并有少量 KCl 析出,再加 2 g 固体 KCl 及 10 mL KF 溶液(150 g/L),放置 15~20 min。用中速滤纸过滤,塑料杯及沉淀用 KCl 溶液(50 g/L)洗涤 2~3 次。将滤纸连同沉淀取下,置于原塑料杯中,沿杯壁加入 10 mL 30 ℃以下的 KCl-乙醇溶液(50 g/L)及 1 mL 酚酞指示剂,用 0.15 mol/L NaOH 中和未洗尽的酸,仔细搅动滤纸并随之擦洗杯壁直至溶液呈红色。然后加入 200 mL 沸水(煮沸并用 NaOH 溶液中和至酚酞呈微红色),用 0.15 mol/L NaOH 标准滴定溶液滴定至微红色,记录用去的 NaOH 溶液体积 $V$,并计算 $SiO_2$ 的含量。

$SiO_2$ 的质量百分数按下式计算:

$$SiO_2 = \frac{C \cdot V \cdot M_{SiO_2} \times 5}{m \times 1000} \times 100\%$$

式中 $C$——NaOH 标准滴定溶液的浓度,mol/L;

$V$——滴定时消耗 NaOH 标准滴定溶液的体积,mL;

$M_{SiO_2}$——$SiO_2$ 的摩尔质量,g/mol;

5——全部试验溶液与所分取的试验溶液的体积比;

$m$——试料的质量,g。

(3) 三氧化二铁的测定(配位滴定法)

吸取 50.00 mL 上述试验溶液,放入 300 mL 烧杯中,加水稀释至约 100 mL,滴加 $NH_3 \cdot H_2O$(1+1)至溶液出现黄色混浊状,再滴加 HCl(1+1)至混浊物刚刚溶解,此时溶液 pH 接近 2.0(用精密 pH 试纸检验),再滴加少量 $NH_3 \cdot H_2O$ 或 HCl,使溶液 pH=1.8~2.0。将溶液加热至 70 ℃,加 10 滴磺基水杨酸钠指示剂,以0.015 mol/L EDTA标准滴定溶液缓慢地滴定至亮黄色（终点时温度应在 60 ℃左右）。记录消耗的 EDTA 标准滴定溶液体积 $V_1$。

$Fe_2O_3$ 的质量百分数按下式计算：

$$Fe_2O_3 = \frac{C \cdot V \times \frac{1}{2} M_{Fe_2O_3} \times 5}{m \times 1000} \times 100\%$$

式中　$C$——EDTA 标准滴定溶液的浓度，mol/L；

$V$——滴定时消耗 EDTA 标准滴定溶液的体积，mL；

$M_{Fe_2O_3}$——$Fe_2O_3$ 的摩尔质量，g/mol；

5——全部试验溶液与所分取试验溶液的体积比；

$m$——试料的质量，g。

(4) 三氧化二铝的测定（铜盐回滴法）

此法适合氧化锰（MnO）含量在 0.5%以下的试样。

在滴定铁以后的溶液中，加入 20 mL 0.015 mol/L EDTA 标准滴定溶液（记为 $V_2$），然后用水稀释至约 200 mL。将溶液加热至 70～80 ℃后，调节溶液 pH 为 4～5，加约 15 mL HAc-NaAc缓冲溶液（pH＝4.3），煮沸 1～2 min，取下稍冷，加 4～5 滴 PAN 指示剂，以 0.015 mol/L $CuSO_4$标准滴定溶液滴至亮紫色，记录用去的 $CuSO_4$ 标准滴定溶液体积 $V_3$。

$Al_2O_3$ 的质量百分数按下式计算：

$$Al_2O_3 = \frac{C(V_2 - KV_3) \times \frac{1}{2} \times \frac{M_{Al_2O_3}}{1000} \times 5}{m} \times 100\% - 0.64\ TiO_2$$

式中　$C$——EDTA 标准滴定溶液的浓度，mol/L；

$V_2$——加入 EDTA 标准滴定溶液的体积，mL；

$V_3$——滴定时消耗 $CuSO_4$ 标准滴定溶液的体积，mL；

$K$——每毫升 $CuSO_4$ 标准滴定溶液相当于 EDTA 标准滴定溶液的毫升数，mL；

$M_{Al_2O_3}$——$Al_2O_3$ 的摩尔质量，g/mol；

5——全部试验溶液与所分取试验溶液的体积比；

0.64——$TiO_2$ 对 $Al_2O_3$ 的换算系数，即：

$$\frac{M_{Al_2O_3}}{M_{TiO_2}} = \frac{101.9}{159.8} = 0.6380 \approx 0.64$$

式中　$TiO_2$——$TiO_2$ 的质量百分数；

$m$——试料的质量，g。

(5) 氧化钙的测定（配位滴定法）

吸取 25 mL 上述试验溶液，放入 400 mL 烧杯中，加入 5～7 mL 2%（m/V）KF（用量可视氧化硅的含量高低不同而有所增减），搅拌并放置 2 min 以上，然后用水稀释至约 250 mL。加 5 mL 三乙醇胺（1＋2）及适量的 CMP 混合指示剂。在搅拌下加入 20%（m/V）KOH 溶液，至出现绿色荧光后，再过量 2～5 mL（此时 pH 在 13 以上），用 0.015 mol/L EDTA 标准滴定溶液滴定至绿色荧光消失并呈现红色，记录用去的 EDTA 标准滴定溶液体积 $V_4$，计算 CaO 的含量。

CaO 的质量百分数按下式计算：

$$\mathrm{CaO}=\frac{C\cdot V_4\cdot M_{\mathrm{CaO}}\times 10}{m\times 1000}\times 100\%$$

式中　$C$——EDTA 标准滴定溶液的浓度，mol/L；

$V_4$——滴定时消耗 EDTA 标准滴定溶液的体积，mL；

$M_{\mathrm{CaO}}$——CaO 的摩尔质量，g/mol；

10——全部试验溶液与所分取试验溶液的体积比；

$m$——试料的质量，g。

(6) 氧化镁的测定(配位滴定法)

此法适用于 MnO 含量在 0.5%以下的试样。

吸取 25 mL 上述试验溶液，移入 400 mL 烧杯中，用水稀释至约 250 mL。加 1 mL 10%(m/V)酒石酸钾钠和 5 mL 三乙醇胺(1+2)，搅拌，然后加入 20 mL $NH_3\cdot H_2O$-$NH_4Cl$ 缓冲溶液(pH=10)及适量的 K-B 混合指示剂，以 0.015 mol/L EDTA 标准滴定溶液滴定，近终点时应缓慢滴定至纯蓝色，记录用去的 EDTA 标准滴定溶液体积 $V_5$。

MgO 的质量百分数按下式计算：

$$\mathrm{MgO}=\frac{C(V_5-V_4)M_{\mathrm{MgO}}\times 10}{m\times 1000}\times 100\%$$

式中　$C$——EDTA 标准滴定溶液的浓度，mol/L；

$V_5$——滴定钙、镁合量消耗的 EDTA 标准滴定溶液的体积，mL；

$M_{\mathrm{MgO}}$——MgO 的摩尔质量，g/mol；

10——全部试验溶液与所分取试验溶液的体积比；

$m$——试料的质量，g。

(7) 不溶物的测定(重量分析法)

称取约 1 g 试样，精确至 0.0001 g，置于 150 mL 烧杯中，加 25 mL 水和 5 mL 浓 HCl，用玻璃棒搅拌并压碎块状物，然后加水稀释至 50 mL。烧杯用表面皿盖好，置于沸水浴上加热 15 min。用中速定量滤纸过滤，以热水洗涤至 $Cl^-$ 反应消失为止(用 $AgNO_3$ 溶液检验)。将残渣和滤纸一并移入原烧杯中，在搅拌下向烧杯中加入30 mL 5%(m/V)$Na_2CO_3$，然后盖上表面皿，立即置于沸水浴上加热 15 min(由加 $Na_2CO_3$ 时算起)，用慢速定量滤纸过滤，并以热水将滤纸上的残渣洗涤 5～6 次，然后于滤纸上滴加 10～12 滴 HCl 溶液(1+9)，并用热水洗涤无 $Cl^-$ 反应为止(用 $AgNO_3$ 溶液检验)，将残渣及滤纸一并移入已灼烧恒量的瓷坩埚中，灰化后在 950～1000 ℃下灼烧 15 min，取出坩埚，置于干燥器中，冷至室温，称量。如此反复灼烧，直至恒量。

不溶物的质量百分数按下式计算：

$$\text{不溶物}=\frac{m_1}{m_2}\times 100\%$$

式中　$m_1$——灼烧恒量后不溶物的质量，g；

$m_2$——试料的质量，g。

(8) 烧失量的测定

称取约 1 g 试样，精确至 0.0001 g，置于已灼烧恒量的瓷坩埚中，将盖斜置于坩埚上，放在高温炉内从低温开始逐渐升高温度，在 950～1000 ℃下灼烧 15～20 min，取出坩埚，置于干燥器中冷至室温，称量。如此反复灼烧，直至恒量。

烧失量的质量百分数按下式计算：

$$烧失量 = \frac{m - m_1}{m} \times 100\%$$

式中　$m$——灼烧前试料的质量，g；

$m_1$——灼烧恒量后试料的质量，g。

(9) 游离氧化钙的测定

游离氧化钙的测定见质量控制部分。

(10) 三氧化硫的测定

① 离子交换法

离子交换法见本书项目1。

② $BaSO_4$ 重量法

称取约0.5 g试样，精确至0.0001 g，置于300 mL烧杯中，加30～40 mL水和10 mL HCl(1+1)，用玻璃棒搅拌并压碎块状物，加热至微沸5 min，使试样充分分解，取下，用中速滤纸过滤，以温水洗涤10～12次。调整滤液体积至200 mL，在搅拌下向烧杯中滴加入10 mL 10%(m/V) $BaCl_2$，并将溶液煮沸数分钟，浓缩后移至温热处静置4 h或过夜（此时溶液体积应保持200 mL），用慢速定量滤纸过滤，并以热水将滤纸上的残渣洗涤5～6次，然后于滤纸上滴加10～12滴HCl溶液(1+9)，并用温水洗涤至无 $Cl^-$ 反应为止[用1%(m/V) $AgNO_3$ 溶液检验]。将沉淀及滤纸一并移入已灼烧恒量的瓷坩埚中，灰化后在950～1000 ℃下灼烧40 min，取出坩埚，置于干燥器中，冷至室温，称量。如此反复灼烧，直至恒量。

$SO_3$ 的质量百分数按下式计算：

$$SO_3 = \frac{m_1 \times 0.3430}{m_2} \times 100\%$$

式中　$m_1$——灼烧恒量后沉淀的质量，g；

$m_2$——水泥试料的质量，g；

0.3430——换算因数。

## 思考与练习

1. 配制普通溶液（除特殊指明外）一般取用什么等级的化学试剂？所取试剂的量和所加溶剂的量是否需要准确？举四例说明。

2. 直接法和间接法配制标准滴定溶液、基准溶液、标准溶液、标准比色溶液时，分别应取什么等级的试剂？所取试剂的量和所加溶剂的量是否需要准确？试分别举一例说明。

3. 氟硅酸钾法测定 $SiO_2$ 的方法和原理是什么？测定中如何进行正确的操作以提高测定结果的准确性？

4. 配位滴定法测定铁、铝（含钛或不含钛）、钙、镁的方法和原理是什么？滴定时为什么要控制不同的pH值？试分别加以讨论。

5. 测定钙、镁时，铁和铝的干扰采用什么办法加以消除？

6. 本项任务中，用EDTA标准滴定溶液滴定各种成分时，有哪些地方需要将溶液加热？温度控制在什么范围？滴定时的pH值是如何控制的？为什么？

7. 同一分析人员对所测结果如何处理才能得到正确合理的分析结果？

8. 预习本项任务的"任务实施"内容之后，你能将水泥熟料中 $SiO_2$、$Fe_2O_3$、$Al_2O_3$、CaO和MgO的测定程序用一简图表示吗？

9. 重量分析中灼烧至恒量是什么意思？灼烧前为什么先要将滤纸灰化？

# 任务4 生料化学成分分析

**知识目标：**

(1) 进一步熟悉国家标准《水泥化学分析方法》(GB 176—2008)。

(2) 通过学习，比较熟料全分析与生料全分析的共性与差别。

**能力目标：**

(1) 熟练掌握滴定分析操作技术，掌握熔样、水溶加热、过滤分离及沉淀洗涤、灰化、灼烧等操作技术，正确使用相关仪器设备。

(2) 熟练掌握分析天平、高温炉和干燥箱的使用方法。

(3) 独立承担水泥生料全分析的工作任务。要求分析结果在允许误差范围内。

(4) 熟练进行分析结果的有关计算。

(5) 掌握影响检验结果准确性的原因和解决办法。

**任务描述：**水泥生料质量的好坏，直接影响到熟料质量。所以，生料质量控制是水泥生产过程中十分重要的环节，有人把它比喻为质量控制工作中的"纲"。

传统上，生料的化学成分是采用化学分析方法进行测定的，测定方法、测定项目与水泥熟料的分析方法基本相同。

## 4.1 生料主要成分的波动范围

生料主要成分波动范围如下：

烧失量：34%～37%；

$SiO_2$：12%～15%；

$Fe_2O_3$：1.5%～3%；

$Al_2O_3$：2%～4%；

CaO：41%～45%；

MgO：1%～2.5%。

## 4.2 分析试液的制备

水泥生料中酸性矿物比例较大，所以，通常不能用酸直接熔样，需采用预先用碱(碳酸钠)烧结，再用酸浸取或碱熔-酸分解的熔样方法。熔样器皿和熔剂种类由分析方法(基准法或代用法)而定。代用法测定过程相对简单，容易操作，成本低，因此被广泛使用。该方法以固体NaOH为熔剂，用量为生料试样的10～12倍，置于银坩埚中，在650～700 ℃的高温下熔融，以热水浸取后迅速酸化，最后稀释至一定体积。该溶液可供测定二氧化硅、氧化钙、氧化镁、三氧化二铁、三氧化二铝、二氧化钛。

## 4.3 氧化硅的测定($K_2SiF_6$容量法)

测定原理同3.2节。

## 4.4　三氧化二铁的测定

测定原理同 3.3 节。

## 4.5　三氧化二铝的测定(硫酸铜回滴法)

测定原理同 3.4 节。

## 4.6　氧化钙的测定

测定原理同 3.5.1 节。

## 4.7　氧化镁的测定

测定原理同 3.5.2 节。

## 4.8　烧失量的测定

测定原理同 3.8 节。

## 4.9　任务实施

### 4.9.1　试剂及主要仪器

测定试剂同 3.12.2 节。
仪器设备同 3.12.1 节。

### 4.9.2　操作步骤

(1) 熔样

称取约 0.7 g 已经在 105～110 ℃温度下烘干的试样，精确至 0.0001 g，置于银坩埚中，加入 7～8 g NaOH，放入高温炉中，在 700 ℃条件下熔融 20～25 min，取出冷却，将坩埚放入已盛有 100 mL 热水的烧杯中，盖上表面皿，于电热板上适当加热。待熔块完全浸出后，取出坩埚，先用水洗坩埚和盖，在搅拌下一次加入 25 mL 浓 HCl，再加入约 1 mL 浓 $HNO_3$。用热 HCl(1+5)洗涤坩埚，将溶液加热煮沸至熔块完全熔解，冷却，然后移入 250 mL 容量瓶中，用水稀释至标线，摇匀。此试验溶液用于 $SiO_2$、$Fe_2O_3$、$Al_2O_3$、$TiO_2$、CaO、MgO 等的测定。

(2) 氧化硅的测定步骤及质量百分数计算

氧化硅的测定步骤及质量百分数计算见 3.12.3 节。

(3) 三氧化二铁测定步骤及质量百分数计算

三氧化二铁测定步骤及质量百分数计算见3.12.3节。

(4) 三氧化二铝测定(铜盐返滴定法)

此法适合氧化锰(MnO)含量在0.5%以下的试样。

在滴定铁以后的溶液中,加入15～20 mL 0.015 mol/L EDTA标准滴定溶液,然后用水稀释至约200 mL。将溶液加热至70～80 ℃后,调节溶液pH为4～5,加入15 mL HAc-NaAc缓冲溶液(pH=4.3),煮沸1～2 min,取下稍冷,加4～5滴PAN指示剂,以0.015 mol/L $CuSO_4$标准滴定溶液滴至亮紫色,记录消耗$CuSO_4$标准滴定溶液的体积,计算$Al_2O_3$的含量。

$Al_2O_3$质量百分数计算见3.12.3节。

(5) 氧化钙的测定(配位滴定法)步骤及质量百分数计算

氧化钙的测定步骤及质量百分数计算见3.12.3节。

(6) 氧化镁的测定(配位滴定法)

MnO含量在0.5%以下的试样,按照3.12.3节的方法进行测定;MnO含量在0.5%以上的试样,三乙醇胺用量改为10 mL,并且在滴定之前加入0.5～1 g盐酸羟胺,其余步骤及MgO质量百分数计算同3.12.3节。

### 思考与练习

1. 生料中烧失量为何较熟料的高?
2. 参考熟料分析系统自行拟定一份生料化学分析的测定步骤。
3. 生料若为黑生料,熔样时要注意什么?
4. 当荧光分析仪所测结果与化学分析结果不吻合时,该如何处理?请说明理由。

# 任务5 粘土化学成分分析

**知识目标**:了解粘土的化学成分分布情况,熟悉粘土质物料化学分析基本原理。

**能力目标**:掌握粘土质物料主要成分分析方法;能独立承担粘土分析,要求分析结果在允许误差范围内;其余要求与任务8水泥及熟料化学成分分析相同。

**任务描述**:在水泥生产中硅和铝的来源主要是粘土以及与粘土成分相近的页岩、煤矸石、粉煤灰、矿渣、红土等,其主要成分是$SiO_2$和$Al_2O_3$。粘土化学成分的分析方法、测定项目与水泥熟料的分析方法基本相同。

## 5.1 粘土主要化学成分波动范围

粘土的主要化学成分波动范围如下:

$SiO_2$:60%～70%;

$Al_2O_3$:12%～18%;

$Fe_2O_3$:5%～8%;

CaO:约5%;

MgO:微量～3%;

碱性氧化物($K_2O+Na_2O$)<4%。

## 5.2　分析试液的制备

粘土中酸性矿物比例较大，所以，需采用预先用碱（碳酸钠）烧结，再用酸浸取或碱熔-酸分解的熔样方法。该方法以固体 NaOH 为熔剂，用量为粘土试样的 10～12 倍，置于银坩埚中，在 650～700 ℃的高温下熔融，以热水浸取后迅速酸化，最后稀释至一定体积。该溶液可供测定二氧化硅、氧化钙、氧化镁、三氧化二铁、三氧化二铝、二氧化钛。

## 5.3　氧化硅的测定（$K_2SiF_6$ 容量法）

测定原理同见 3.2 节。

## 5.4　三氧化二铁的测定

测定原理同 3.3 节。

## 5.5　三氧化二铝的测定（硫酸铜回滴法）

测定原理同 3.4 节。

## 5.6　氧化钙的测定

测定原理同 3.5 节。

## 5.7　氧化镁的测定

测定原理同 3.5 节。

## 5.8　烧失量的测定

测定原理同 3.8 节。

## 5.9　任务实施

### 5.9.1　试剂

测定试剂同 3.12.2 节。

### 5.9.2 主要仪器

仪器设备同3.12.1节。

### 5.9.3 操作步骤

(1) 熔样

用减量法称取约0.5 g已经在105～110 ℃温度下烘干的试样，精确至0.0001 g，置于预先已熔有6～7 g NaOH的银坩埚中，再用1～2 g NaOH覆盖。盖上坩埚盖(应留有一定的缝隙)，在650～700 ℃条件下熔融30～40 min，取出冷却，将坩埚放入已盛有100 mL热水的烧杯中，盖上表面皿，于电热板上适当加热。待熔块完全浸出后，取出坩埚，先用水洗坩埚和盖，在搅拌下一次加入25～30 mL浓HCl，再加入约1 mL浓$HNO_3$。用热HCl(1+5)洗涤坩埚，将溶液加热煮沸至熔块完全熔解、溶液澄清，冷却，然后移入250 mL容量瓶中，用水稀释至标线，摇匀。此试验溶液用于$SiO_2$、$Fe_2O_3$、$Al_2O_3$、$TiO_2$、CaO、MgO等的测定。

(2) 氧化硅的测定(氟硅酸钾容量法)

吸取50.00 mL上述试验溶液，放入300 mL塑料杯中，在搅拌下加入10～15 mL浓$HNO_3$，10 mL 15%(m/V)KF，冷却至25 ℃左右，然后加入固体KCl，仔细搅拌至饱和并有少量KCl析出，再加2 g固体KCl，放置15～20 min。用中速滤纸过滤，塑料杯及沉淀用5%(m/V)KCl溶液洗涤2～3次。将滤纸连同沉淀取下，置于原塑料杯中，沿杯壁加入25～30 mL 30 ℃以下的5%(m/V)KCl-乙醇溶液及两滴甲基红指示剂，用NaOH溶液滴至溶液由红刚刚变黄。向溶液中加入1 mL酚酞指示剂，用0.15 mol/L NaOH中和未洗尽的酸，仔细搅动滤纸并随之擦洗杯壁直至溶液呈红色(不计体积)。然后加入200 mL沸水(煮沸并用NaOH溶液中和至酚酞呈微红色)，用0.15 mol/L NaOH标准滴定溶液滴定至由红变黄，再至微红色，记录NaOH标准滴定溶液体积，并计算$SiO_2$的含量。计算公式见3.12.3节。

(3) 三氧化二铁测定步骤及质量百分数计算

三氧化二铁的测定步骤及质量百分数计算见3.12.3节。

(4) 三氧化二铝测定(铜盐返滴定法)

此法适合氧化锰(MnO)含量在0.5%以下的试样。

在滴定铁以后的溶液中，加入20～30 mL 0.015 mol/L EDTA标准滴定溶液，然后用水稀释至约200 mL。将溶液加热至70～80 ℃后，调节溶液pH为3～3.5，加入15 mL HAc-NaAc缓冲溶液(pH=4.3)，煮沸1～2 min，取下稍冷，加4～5滴PAN指示剂，以0.015 mol/L $CuSO_4$标准滴定溶液滴至亮紫色，记录消耗$CuSO_4$标准滴定溶液的体积，计算$Al_2O_3$的含量。

$Al_2O_3$质量百分数计算见3.12.3节。硫酸铜返滴定法测定三氧化二铝时需要注意钛含量的校正，粘土测定时要特别注意。

(5) 氧化钙的测定(配位滴定法)步骤及质量百分数计算

氧化钙的测定步骤及质量百分数计算见3.12.3节。

(6) 氧化镁的测定(配位滴定法)

MnO含量在0.5%以下的试样，按照3.12.3节的方法进行测定；MnO含量在0.5%以上的试样，三乙醇胺用量改为10 mL，并且在滴定之前加入0.5～1 g盐酸羟胺，其余步骤及

MgO 质量百分数计算同 3.12.3 节。

(7) 氧化钛的测定(苦杏仁酸置换法)

在滴定完铝、钛合量后的溶液中，加入 15 mL 苦杏仁酸溶液(5 g/100 mL)，并加热煮沸 1～2 min，取下，冷却至 50℃左右，加入 5 mL 95%(V/V)乙醇，补加 1～2 滴 PAN 指示剂，再以 0.015 mol/L $CuSO_4$ 标准滴定溶液滴定至亮紫色(此时消耗 $CuSO_4$ 标准滴定溶液的体积记为 $V_2$)。

试样中 $Al_2O_3$、$TiO_2$ 的质量百分数按下式计算：

$$Al_2O_3 = \frac{C[V_1 - (V_2 + V_3)K] \times \frac{1}{2} \times \frac{M_{Al_2O_3}}{1000} \times 5}{m} \times 100\%$$

$$TiO_2 = \frac{CV_3KM_{TiO_2} \times 5}{m \times 1000} \times 100\%$$

式中　$C$——EDTA 标准滴定溶液的浓度，mol/L；

$V_1$——滴定铝时加入 EDTA 标准滴定溶液的体积，mL；

$V_2$——滴定铝时消耗 $CuSO_4$ 标准滴定溶液的体积，mL；

$V_3$——滴定钛时消耗 $CuSO_4$ 标准滴定溶液的体积，mL；

$K$——EDTA 标准滴定溶液与 $CuSO_4$ 标准滴定溶液的体积比；

$M_{Al_2O_3}$——三氧化二铝的摩尔质量，g/mol；

5——全部试验溶液与所分取试验溶液的体积比；

$m$——试料的质量，g。

### 思考与练习

1. 在粘土测定时，称量为何要用递减称量法？
2. 为什么在氧化钛滴定时要加入一定量的乙醇？
3. 测定粘土水分时有何特殊要求？

# 任务 6　石灰石(或白云石)分析

**知识目标**：了解石灰石主要化学成分分布情况；熟悉石灰质物料化学分析基本原理。

**能力目标**：掌握石灰质物料主要成分分析方法；能独立承担石灰石分析，要求分析结果在允许误差范围内。其余要求与任务 3 水泥及熟料化学成分分析相同。

**任务描述**：石灰质矿物是水泥生产的主要原料之一，具体包括石灰石、泥灰岩等，其主要成分是碳酸钙($CaCO_3$)。石灰石化学成分的分析方法、测定项目与水泥熟料的分析方法基本相同，其中由于石灰石中 $SiO_2$ 含量较低，对其单独称取试样熔融酸化后直接用氟硅酸钾法进行测定。

## 6.1　石灰石主要化学成分波动范围

石灰石主要化学成分波动范围如下：

$SiO_2$：0.2%～10%；

$Al_2O_3$:0.2%～2.5%;
$Fe_2O_3$:0.1%～0.2%;
CaO:45%～55%;
MgO:0.1%～2.5%;
烧失量:35%～45%;
碱性氧化物($K_2O+Na_2O$)<4%。

## 6.2 分析试液的制备

石灰石样品一般采用预先用碱(碳酸钠)烧结,再用酸浸取或碱熔-酸分解的熔样方法。该方法以固体KOH为熔剂,用量为石灰石试样的10～12倍,置于银坩埚中,在650～700 ℃的高温下熔融,以热水浸取后迅速酸化,最后稀释至一定体积。该溶液可供测定氧化钙、氧化镁、三氧化二铁、三氧化二铝、二氧化钛、二氧化硅。

## 6.3 氧化硅的测定($K_2SiF_6$容量法)

测定原理同3.2节。

## 6.4 三氧化二铁的测定

测定原理同3.3节。

## 6.5 三氧化二铝的测定(硫酸铜回滴法)

测定原理同3.4节。

## 6.6 氧化钙的测定

测定原理同3.5节。

## 6.7 氧化镁的测定

测定原理同3.5节。

## 6.8 烧失量的测定

测定原理同3.8节。

# 6.9　任务实施

### 6.9.1　试剂

测定试剂同 3.12.2 节。

### 6.9.2　主要仪器

仪器设备同 3.12.1 节。

### 6.9.3　操作步骤

(1) 熔样

用减量法称取约 0.5 g 已经在 105～110 ℃温度下烘干的试样，精确至 0.0001 g，置于预先已熔有 6～7 g NaOH 的银坩埚中，再用 1～2 g NaOH 覆盖。盖上坩埚盖(应留有一定的缝隙)，在 650～700 ℃条件下熔融 30～40 min，取出冷却，将坩埚放入已盛有 100 mL 热水的烧杯中，盖上表面皿，于电热板上适当加热。待熔块完全浸出后，取出坩埚，先用水洗坩埚和盖，在搅拌下一次加入 25～30 mL 浓 HCl，再加入约 1 mL 浓 $HNO_3$。用热 HCl(1+5)洗涤坩埚，将溶液加热煮沸至熔块完全熔解、溶液澄清，冷却，然后移入 250 mL 容量瓶中，用水稀释至标线，摇匀。此试验溶液用于 $Fe_2O_3$、$Al_2O_3$、CaO、MgO 等的测定。

(2) 氧化硅的测定(氟硅酸钾容量法)

称取约 0.3 g 已经在 105～110 ℃温度下烘干的试样，精确至 0.0001 g，置于预先已熔有 2 g KOH 的镍(或银)坩埚中，再用 2 g KOH 覆盖。将其置于马弗炉中在 650～700 ℃条件下熔融 20 min，取出稍冷，用热水浸取熔块，移入 300 mL 塑料杯中，用热水洗坩埚和盖。在搅拌下加入 15 mL 浓 $HNO_3$，冷却至约 30 ℃以下。然后加入 10 mL 15%(m/V)KF，加入固体 KCl，仔细搅拌至饱和并有少量 KCl 析出，再加 1～2 g 固体 KCl，放置 15～20 min。用中速滤纸过滤，塑料杯及沉淀用 5%(m/V)KCl 溶液洗涤 2～3 次。将滤纸连同沉淀取下，置于原塑料杯中，沿杯壁加入 25～30 mL 30℃以下的 5%(m/V)KCl-乙醇溶液、1 mL 酚酞指示剂，用 0.15 mol/L NaOH 中和未洗尽的酸，仔细搅动滤纸并随之擦洗杯壁直至溶液呈红色(不计体积)。然后加入 200 mL 沸水(煮沸并用 NaOH 溶液中和至酚酞呈微红色)，用 0.15 mol/L NaOH标准滴定溶液滴定至微红色，记录 NaOH 标准滴定溶液体积。

试样中 $SiO_2$ 的质量百分数按下式计算：

$$SiO_2 = \frac{CV \times \frac{1}{4} \times M_{SiO_2}}{m \times 1000} \times 100\%$$

式中　$C$——NaOH 标准滴定溶液的浓度，mol/L；

$V$——滴定时消耗 NaOH 标准滴定溶液的体积，mL；

$M_{SiO_2}$——$SiO_2$ 的摩尔质量，60.08 g/mol；

$m$——试料的质量，g。

(3) 三氧化二铁测定步骤及质量百分数计算

三氧化二铁测定步骤及质量百分数计算见3.12.3节。

(4) 三氧化二铝测定(铜盐返滴定法)步骤及质量百分数计算

三氧化二铝测定步骤及质量百分数计算见3.12.3节。

(5) 氧化钙的测定(配位滴定法) 步骤及质量百分数计算

氧化钙的测定(配位滴定法) 步骤及质量百分数计算见3.12.3节。

(6) 氧化镁的测定(配位滴定法) 步骤及质量百分数计算

氧化镁的测定(配位滴定法) 步骤及质量百分数计算见3.12.3节。

**思考与练习**

1. 比较石灰石测氧化硅时的熔样与水泥熟料测氧化硅时的熔样的不同之处。
2. 石灰石、熟料、生料三种物料的烧失量相比,哪两个更接近？为什么？

# 任务7　石膏分析

**知识目标**:了解石膏主要化学成分分布情况;熟悉石膏化学分析基本原理。

**能力目标**:掌握石膏质物料主要成分分析方法;能独立承担石膏分析,要求分析结果在允许误差范围内。其余要求与任务3水泥及熟料化学成分分析相同。

石膏的主要化学成分是硫酸钙($CaSO_4$)。它是水泥生产的重要原料之一,同时还是矿渣水泥中矿渣的活性激发剂。在水泥中添加适量的石膏,可以调节水泥凝结时间。石膏一般不做全分析,只需测定其附着水、结晶水、酸不溶物和三氧化硫。

## 7.1　石膏主要化学成分波动范围

石膏中最常见的是天然二水石膏($CaSO_4 \cdot 2H_2O$),当受热至80 ℃时,开始失去部分结晶水,在350～400 ℃时可失去全部结晶水。

天然二水石膏的主要成分如下:结晶水17.7%～20.9%,CaO 32%～40%,$SO_3$ 22.0%～45.5%,$SiO_2$ 0.05%～1.0%,$Fe_2O_3$ 和 $Al_2O_3$ 0.1%～1.5%,MgO 0.05%～2.0%。

## 7.2　石膏控制项目的测定原理

### 7.2.1　水分的测定原理

物料中含有的水分一般分为附着水和化合水。

附着水不属于物质的固有组成,而是以水膜的形式存在于物质的表面或空隙中,也称为吸附水,其含量不定。物质的性质、细度及空气湿度决定了物质附着水分的多少。附着水分通常在105～110 ℃下就能除掉,所以多数物料在测定附着水分时,把物料置于105～110 ℃下烘干一定时间至恒重,根据失去的质量计算附着水分。但是,天然二水石膏在80～90 ℃就开始失去部分化合水，转变为半水石膏，所以测定石膏的附着水通常在 45～60 ℃下进行。

物质的化合水又分为结晶水和结构水。结晶水是以水分子状态存在于物质的晶格中。它在矿物晶体结构中占有固定的位置，并且水分子的数量也是固定的。要使结晶水从矿物中脱出，通常需要 100～200 ℃的温度，结合最牢固的结晶水要加温至 600 ℃才能逸出。结构水则是指物质中呈 $H^+$、$OH^-$ 或 $H_3O^+$ 等状态并存在于矿物晶格中的水，在含量上有确定的比例，在晶格中靠较强的键力联系着，因此，只有在较高的温度（一般在数百摄氏度到 1000 ℃之间）下，当晶格破坏时，它们才组成水分子从矿物中析出。天然二水石膏的化合水属于结晶水，受热至 230 ℃即可去除全部结晶水。

### 7.2.2 酸不溶物的测定原理

酸不溶物是指在一定浓度的酸溶液中对试样进行处理后得到的残渣，这种残渣并不是某一种化学成分，而是在特定实验条件下化学反应后留下的不溶物质，其结果随着实验条件的变化而不同，所以，要严格按照实验规程进行测定。

### 7.2.3 $SO_3$ 的测定原理

目前，水泥企业采用的 $SO_3$ 测定方法主要有阳离子树脂静态交换法、硫酸钡重量法、X 荧光分析法等。在 GB/T 176—2008《水泥化学分析方法》中，将硫酸钡重量法认定为基准法。

（1）静态离子交换法原理

见项目 1 中的第 5.1.3 节出磨水泥三氧化硫控制。

（2）硫酸钡重量法测定原理

见项目 2 中 3.11 节三氧化硫的测定。

## 7.3 任务实施

### 7.3.1 主要仪器

（1）马弗炉；
（2）电热鼓风干燥箱；
（3）天平（不应低于四级，精确至 0.0001 g）；
（4）瓷坩埚（容量 15～30 mL）；
（5）磁力搅拌器；
（6）碱式滴定管一套。

### 7.3.2 试剂

（1）0.06 mol/L NaOH 标准滴定溶液；
（2）盐酸（1+5）；
（3）$AgNO_3$（10 g/L）；
（4）酚酞乙醇指示剂溶液（10 g/L）；
（5）732 型苯乙烯系强酸性阳离子交换树脂或类似性能的树脂；

(6) $BaCl_2$ 溶液(100 g/L)。

### 7.3.3 操作步骤

(1) 附着水的测定

称取约 1 g 试样,精确至 0.0001 g,转移至已烘干恒重的带磨口瓶盖的称量瓶内,放入 45±3 ℃的恒温鼓风干燥箱中烘干 1 h(烘干过程中称量瓶的瓶盖应该敞开),取出后盖上瓶盖,放入干燥器中冷却至室温,称量。再将称量瓶放入干燥箱中烘干 0.5 h,用同样方法冷却、称量。反复烘干、冷却、称量,直至恒重。

石膏中附着水的质量百分数按下式计算:

$$x_{\text{附着水}} = \frac{m - m_1}{m} \times 100\% \tag{2.7.1}$$

式中 $m$——烘干前试样质量,g;

$m_1$——烘干后试样质量,g。

测定注意事项:石膏试料的粒度控制在 2 cm 以下;石膏的附着水测定不能用红外线灯干燥。

(2) 结晶水的测定

称取约 1 g 试样,精确至 0.0001 g,转移至已烘干恒重的带磨口瓶盖的称量瓶内,放入 230±5 ℃的恒温鼓风干燥箱中烘干 1 h(烘干过程中称量瓶的瓶盖应该敞开),取出后盖上瓶盖,放入干燥器中冷却至室温,称量。再将称量瓶放入干燥箱中烘干 0.5 h,用同样方法冷却、称量。反复烘干、冷却、称量,直至恒重。

石膏中结晶水的质量百分数按下式计算:

$$x_{\text{结晶水}} = \frac{m - m_1}{m} \times 100\% - x_{\text{附着水}} \tag{2.7.2}$$

式中 $m$——烘干前试样质量,g;

$m_1$——烘干后试样质量,g;

$x_{\text{附着水}}$——石膏的附着水质量百分数。

(3) 酸不溶物的测定(酸不溶物大于 3%)

称取约 0.5 g 试样,精确至 0.0001 g,置于 250 mL 烧杯中,用水润湿后盖上表面皿。沿杯壁慢慢加入 40 mL HCl(1+5),待反应停止后,用水冲洗表面皿及杯壁并稀释至约 75 mL。加热煮沸 3~4 min,用慢速滤纸过滤,以热水洗至无氯根反应(用 $AgNO_3$ 溶液检验)。滤液接于 250 mL容量瓶中,冷却,用水稀释至标线,摇匀,以供测定 $SO_3$ 用。

将沉淀和滤纸一并移入已灼烧恒量的瓷坩埚中,灰化,在 950~1000 ℃的温度下灼烧 20 min,取出,放入干燥器中,冷却至室温,称量。如此反复灼烧、冷却、称量,直至恒量。

试样中酸不溶物的质量百分数按下式计算:

$$\text{酸不溶物} = \frac{m_1}{m} \times 100\%$$

式中 $m_1$——灼烧后残渣质量,g;

$m$——试料的质量,g。

注意:较纯的天然石膏,当以 HCl 处理时,一般有极少量的不溶残渣存在,这种残渣主要是由石英组成。当酸不溶物的含量小于 3%时,完全可以把它们当成 $SiO_2$。$SiO_2$ 的测定采用氟硅酸钾容量法,其测定方法与石灰石分析中 $SiO_2$ 的测定相似,不同的是:试样的量改为

0.3 g;KOH 的量为 3 g;也可用镍坩埚熔样。

(4) 三氧化硫的测定

① 离子交换法(A 法)

离子交换法见本书项目 1。

② 硫酸钡重量法(B 法)

吸取测定酸不溶物的滤液 50 mL,放入 400 mL 烧杯中,加入约 200 mL 水及 1～2 滴甲基红指示剂溶液,滴加 $NH_3 \cdot H_2O$(1+1)至溶液呈黄色,再加入 10 mL HCl(1+1)。将溶液加热至沸,在搅拌下滴加 15 mL $BaCl_2$ 溶液(10 g/100 mL),继续加热煮沸 3～5 min,然后放在热处静置 4 h(或在室温下放置过夜)。用慢速滤纸过滤,并以热水洗涤至氯根反应消失为止(用 $AgNO_3$ 检验)。将沉淀物及滤纸一并移入已灼烧恒量的瓷坩埚中,灰化后在 800 ℃的高温炉内灼烧 30 min。取出坩埚,置于干燥器中冷至室温,称量。如此反复灼烧,直至恒量。

试样中 $SO_3$ 的质量百分数按下式计算:

$$SO_3 = \frac{m_1 \times 0.3430}{m} \times 100\%$$

式中 $m_1$——灼烧恒量后沉淀物的质量,g;

$m$——试料的质量,g;

0.3430——换算因素。

### 思考与练习

1. 为何石膏测定时不必做全分析?
2. 重量法测定 $SO_3$ 的含量与熟料的测定方法有区别吗?

## 任务 8　X 射线荧光分析仪的使用

**知识目标**:了解 X 射线荧光分析仪的基本结构、工作原理;掌握 X 射线荧光分析测定水泥成分的方法;懂得仪器维护原则。

**能力目标**:能正确使用 X 射线荧光分析仪进行水泥生料的测定;能承担仪器的日常维护工作。

**任务描述**:X 射线荧光分析仪是唯一用于水泥企业生产控制的大型精密分析仪器,除了可用于水泥原材料及其产品的化学成分测定外,主要承担水泥生料配料的自动在线控制。由于其价格昂贵,水泥企业未能普遍采用。

### 8.1 概　　念

X 射线是一种电磁辐射,荧光 X 射线是外来光源产生的 X 射线照射被测定的物质的原子,使原子内层的电子产生跃迁而发射的射线,分为连续射线和特征射线,常用波段是 0.02～2 nm。荧光 X 射线的波长与原子序数有关,因此,只要测出 X 射线的波长,就能知道元素的种类,另外,荧光 X 射线的强度与相应元素的含量有一定的关系,所以可利用其进行元素定量分析。钙分析方法可以分析元素周期表中从 4 号元素到 92 号元素之间的所有元素,检出

限量可达 $10^{-9} \sim 10^{-5}$ g/g。

X 射线荧光分析仪主要由 X 射线管、分光系统和检测系统组成。

水泥生产中，首先根据原料的化学成分及配料目标率值做出设定。生料磨启动运转后，每隔一段时间自动取一份试样，自动压片以后送入 X 射线荧光分析仪中进行分析，约 2 min 后给出硅、铁、铝、钙的含量，再输入计算机进行计算和比较，最后给出调整信号并调节皮带喂料机的运行速度，大约 2 h 可以达到并稳定在所需的率值范围内。

## 8.2 任务实施

### 8.2.1 开机步骤

（1）打开稳压电源的主电源和仪器背面的主开关。

（2）打开计算机、显示器和打印机电源开关。

（3）在仪器正面将紧急开关右旋使之弹出。

（4）打开和检查 P10 气瓶（出口压力应为 0.02 MPa，在关机时该压力可能会达到 0.04 MPa。出口压力太高时，注意调整）。

（5）按 START 按钮，启动仪器并观察仪器显示窗口是否显示正确。

（6）观察仪器面板，当出现 NOT CONFIGER 时，下载仪器参数（Initialise→Send Configration），此时计算机屏幕上会出现进度显示条，当达到 100%时，表示工作完成（注：每次启动时该窗口会自动弹出）。

（7）做侧角仪 XRF 零位校正（Zero Gonimeter）。

（8）读仪器参数（Read Instrument Status），查看光谱室真空度是否小于 8 Pa。

（9）如是，再观察其他参数是否正常（光谱室温度除外），如正常，启动 X 光管（Initialise→Instrument→Set X-ray）。在 X-ray state 内选 on slow ，在 X-ray mode 内选 Non-autostart，然后在 Voltage：KV 内填入 10，在 Current：mA 内填入 10，最后检查无误后，按 OK。

（10）设置环境（即抽真空）Initialise→Set Environment 在 Desired Environment 内选 vacuum，然后按 OK。当光谱室真空度大于 20 Pa 而又不完全是大气时，会出现 Requested environment already exits 的提示，此时还要按 OK。完成后按第(9)步骤进行，启动 X 光管。

### 8.2.2 读仪器参数

待全部参数值都满足要求后（一般 6 h 仪器才能稳定）就可分析样品。

### 8.2.3 测定

（1）称取生料（水泥、熟料）20 g，置于洁净磨盘内，加入三乙醇胺（生料 4 滴，水泥 4 滴，熟料 6 滴，原料 4 滴），放置于振动磨上粉磨 120 s（石灰石粉磨 100 s），将样品倒入洁净的压具中压片，压力机压力 15 t，保压 10 s（熟料 18 t，保压 20 s），将样片底部环内侧用毛刷刷净，再用吸尘器吸净灰尘，样品表面的浮灰用吸耳球吹去，置于样品盒中待测。

（2）将荧光界面置于“WINXRF”主界面中，单击 Droduction/Analysis→Analysis→Concentration，Anslysis[F2]，或在 WINXRF 窗口被激活的情况下直接按功能键[F2]——

X射线荧光仪的日常手动分析。

(3) 点击“Change Task”——选择分析任务，然后点击“OK”按钮，在样品名 Sample Name 和试样编号 Sample Number 中填入试样名称和试样编号，在 Number of Runs 中填入分析次数，在 Cassette 中填入分析试样的盒号，填完后单击“Sample Detail OK”按钮，仪器开始分析。测量完毕，点击“Continue”按钮，再进行下一个未知样的测量。

### 8.2.4　停机顺序

(1) 首先将X光管缓慢降到10 kV/10 mA，停留约5 min。

(2) 将X光管关闭。当仪器面板变为0 kV/0 mA OFF，说明X光管已关闭(此时仪器顶部指示灯熄灭)。

(3) 退出 WinXRF 软件，关闭计算机、打印机。

(4) 关闭仪器——按下紧急开关并关闭仪器背面的主电源开关(main power)。

(5) 关闭P10气瓶并将剩余气体排空(拔掉橡皮气管时输出表显示为零)。

(6) 最后关闭UPS。

### 8.2.5　日常维护

(1) 冷却装置　水冷机中的水量低于刻度，从上部小孔注入去离子水(用洗瓶)，一般两周观察一次；热交换器底部的过滤网一周更换一次，除尘后备用。

(2) 离子水的储存　避光、拧紧盖子，少与空气接触。

(3) 荧光室温度设为22±0.5 ℃，湿度小于85%。

(4) P10气瓶　P10气瓶大约4个月用完，压力在1～2 MPa之间时应该更换，气瓶里面必须留有剩余气体；钢瓶主阀顺时针方向旋转是关闭，逆时针方向旋转是打开；减压阀(黑旋钮)顺时针方向旋转是打开，逆时针方向旋转是关闭。

(5) X射线荧光仪的顶部平台上不能放置任何物品，特别是小件金属易掉进风扇，损害仪器。

(6) 电脑所用插座只能插用主机、显示器、打印机，如手机充电器、吸尘器等电器均不能插用，否则过载引起跳停。

(7) 荧光室温度控制在24±0.5 ℃，荧光仪内部温度小于30 ℃；拖地时，最好用湿润拖把，拖把不能滴水，以控制室内湿度。进入荧光室后更换拖鞋，保持室内清洁。

(8) 制好的试样片不能长时间在制样间停留，标样及待测样放在恒温室内保存，分析留样保持干燥。

(9) 测量过程中，样盒转速变慢时，应检查仪器内是否有阻碍物或灰尘，如有要及时清理。

(10) 每周用吸尘器清扫一次放样盒。仪器内部积灰用吸尘器清扫。

(11) 计算机不能设屏幕保护，不准插用私人软盘；荧光仪配用软件、用户手册等专用物不得私自带出。

(12) 分析软件参数及工作曲线参数不得随意改动，分析样品所用条件应与建立工作曲线时的条件一致。

(13) 荧光仪不能频繁开关机，以免缩短光管寿命。

(14) 计划检修和停电时，UPS最多能保持半小时供电，做完仪器内正在测量的试样后，立即关闭仪器，再关 UPS。

# 任务 9　紫外-可见分光光度计的使用

**知识目标**：掌握紫外-可见分光光度计的基本组成部分、工作原理、仪器的主要参数、仪器的使用方法及运用该仪器快速测定物质的含量。

**能力目标**：通过学习与训练学会使用紫外-可见分光光度计，了解仪器的维护和保养及仪器常见故障分析及排除方法，对实验中出现的一般问题学会分析及处理。

**任务描述**：

(1) 熟悉紫外-可见分光光度计的基本结构；学会运用分析仪器对物质进行定量分析和定性分析，了解仪器分析在分析化学中的地位。

(2) 学习紫外-可见分光光度计的波长准确度和吸收池配套性检验方法。

(3)学习正确使用和维护紫外-可见分光光度计。

## 9.1　概　　念

紫外-可见分光光度法是指利用物质对 200～800 nm 光谱区域内的光具有选择性吸收的现象，对物质进行定性和定量分析的方法。按测量光的单色程度(即含波长范围的宽窄程度)分为分光光度法和比色法。应用分光光度计，根据物质对不同波长的单色光的吸收程度不同而对物质进行定性分析和定量分析的方法称为分光光度法。利用比较溶液颜色深浅的方法来确定溶液中有色物质的含量方法称比色法。

用于测量和记录待测物质分子对紫外光、可见光的吸光度及紫外-可见吸收光谱，并进行定性、定量分析以及结构分析的仪器，称为紫外-可见分光光度计。

## 9.2　仪器的基本组成部分

紫外-可见分光光度计的型号很多，但它们的基本结构都相似，都由辐射源、单色器、吸收池、检测器和信号处理及读出装置五部分组成。

### 9.2.1　主要组成部件

722 型分光光度计由光源室、单色器、试样室(试样架可置 4 个吸收池)、光电管暗盒、电子系统及数字显示器等部件组成，其结构如图 2.9.1 所示。

### 9.2.2　光路系统

722 型分光光度计的光路系统如图 2.9.2 所示。

卤钨灯发出的连续光经滤光片选择、聚光镜聚集后投向单色器的进光狭缝，此狭缝正好处于聚光镜及单色器内准直镜的焦平面上。因此，进入单色器的复合光通过平面反射镜反射到准直镜，变成平行光射向光栅，通过光栅的衍射作用形成按一定顺序排列的连续单色光谱。此单色光谱重新回到准直镜上，由于单色器的出光狭缝设置在准直镜的焦平面上，这样，从光栅

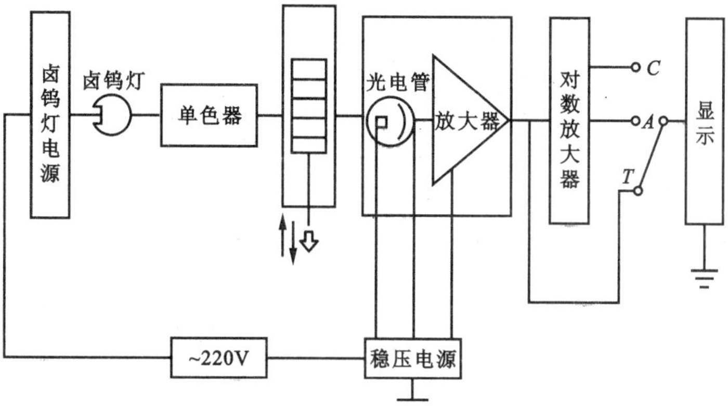


图 2.9.1　722 型分光光度计结构

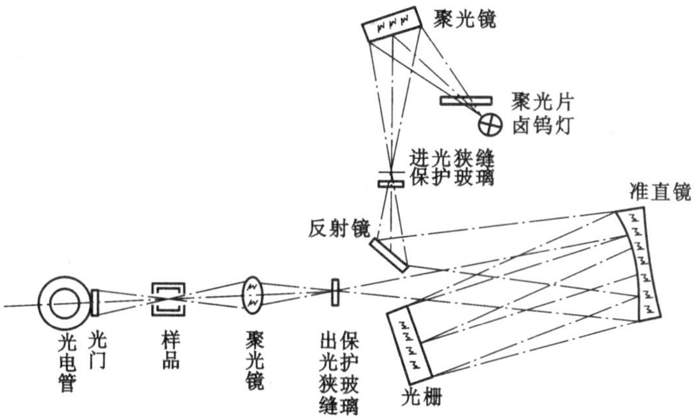


图 2.9.2　722 型分光光度计的光路系统

色散出来的光谱经准直镜后利用聚光原理成像在出光狭缝上，出光狭镜选出指定带宽的单色光，通过聚光镜射在被测溶液中心，其透过光经光门射向光电管的阴极面，产生的光电流经放大，由数字显示器直接读出吸光度 $A$ 或百分透射比 $T$ 或浓度 $C$。

仪器波长刻度盘下面的转动轴与光栅上的扇形齿轮相吻合，通过转动波长刻度盘而带动光栅转动，以改变光源出射狭缝的波长值。

### 9.2.3　面板上控制器和指示器的功能

722 型分光光度计的外形如图 2.9.3 所示。

仪器面板上主要控制器和指示器的功能如下：

（1）电源开关　外接 220 V 交流电源，开关开启后，由仪器内变压器和稳压器转变为12 V 给光源供电。

（2）波长旋钮　转动此旋钮可选择测试所需的波长。

（3）波长读数窗　直接读出以纳米(nm)为单位的波长值。

（4）试样架拉杆　拉动拉杆可以将吸收池依次送入光路。

（5）样品室盖　当打开样品室盖时，光电管暗盒光门自动关闭；盖上样品室盖，光门打开，光电路受光。

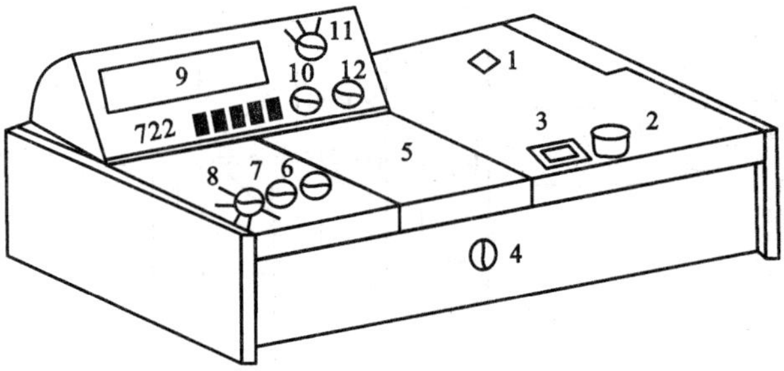


图 2.9.3　722型分光光度计的外形

1—电源开关；2—波长旋钮；3—波长读数窗；4—试样架拉杆；5—样品室盖；6—100%T旋钮；7—0%T旋钮；8—灵敏度调节钮；9—数字显示器；10—吸光度调零旋钮；11—选择开关；12—浓度旋钮

(6) 100%*T*旋钮　当盖上样品室盖，选择开关置于“*T*”挡，参比溶液置于光路时，调节此旋钮，使显示器显示为“100.0”(即 $T=100.0\%$)。

(7) 0%*T*旋钮　当打开样品室盖时，调节此旋钮，使显示器显示为“000.0”(即 $T=0\%$)。

(8) 灵敏度调节钮　“1”挡灵敏度最低，依次逐渐提高。选择原则是当空白溶液置于光路且能调节至 $T=100\%$ 的情况下，尽可能采用低挡；当改变灵敏度挡次后应重新校正“0”和“100%*T*”。当然，仪器上灵敏度转换挡不能提高测量准确度，也就是说，同一个分析试液，在任何一挡测得的吸光度都是基本一致的。

(9) 数字显示器　采用3位LED数字显示。

(10) 吸光度调零旋钮　反复调节0%*T*旋钮和100%*T*旋钮，使显示器稳定地显示“100.0”透射比后，将旋转开关置于*A*挡(即吸光度)，调节此钮，使显示为“.000”。

(11) 选择开关　仪器有*T*、*A*、*C*三种方式可供选择。

(12) 浓度旋钮　当选择开关置于*C*挡，已知浓度的溶液处于光路中时，调节此钮，使数字显示器显示为标定值。

## 9.3　仪器的工作原理

物质的紫外-可见光谱直接地反映了物质分子的电子跃迁，与物质的结构直接相关，不同的物质其紫外-可见吸收光谱不同，而吸收强弱又与吸光物质的量有关。因此，可以由物质光谱的特异性对物质进行定性分析，并根据吸收强度对物质作定量测试。

在一定的条件下，吸光物质对单色光的吸收符合朗伯-比尔定律(应用朗伯-比尔定律的条件：一是必须使用单色光；二是吸收发生在均匀的介质中；三是吸收过程中，吸收物质互相不发生作用)即：

$$A=\varepsilon bc \tag{2.9.1}$$

式中　*A*——吸光度；

*b*——光程长度(即吸收池厚度)，cm；

*c*——吸光物质的物质量浓度，mol/L；

ε——摩尔吸光系数，L/mol·cm。

由上式可知，当*b*一定时，吸光物质的吸光度为浓度的单值(线性)函数。因此对吸光物质的浓度的测试可直接归结为对吸光度*A*的测试。

## 9.4　仪器的使用方法

(1) 取下防尘罩,将灵敏度调节钮置于"1"挡(信号放大倍率最小),将选择开关置于"*T*"挡。

(2) 打开试样室盖,检查样品室内是否放有遮光物,若有则取出。插上电源插头,按下电源开关,指示灯亮,仪器预热 20 min。

(3) 调节波长旋钮,使测试所需波长值对准标线。

(4) 在试样室盖打开的情况下,调节 0%*T* 旋钮,使显示器显示为"000.0"。

(5) 用所要装盛的溶液润洗洁净的吸收池后,倒入相应的溶液(注意,溶液不可装得太满,以免溢出腐蚀仪器,一般装至池高的 2/3～4/5 即可),用滤纸吸干吸收池外壁水珠;用擦镜纸擦亮透光面。将盛有参比溶液的吸收池置于试样架的第一格内(靠操作者身边),盛有试样的吸收池按试样编号依次置于第二、三、四格内,用弹簧夹固定好,盖上试样室盖。

(6) 将参比溶液推入光路,调节 100%*T* 旋钮,使之显示为"100.0",如果显示不为"100.0",则要增大灵敏度挡,然后再调节 100%*T* 旋钮,直到显示为"100.0"。

(7) 重复上述操作(4)和(6),直到显示稳定。

(8) 稳定地显示"100.0"透射比后,将选择开关置于 *A* 挡,此时吸光度显示应为".000",若不是,则调节吸光度调零旋钮,使显示为".000"。将试样推入光路,这时的显示值即为试样的吸光度。

(9) 若测量浓度 *C*,先将选择开关旋至 *C* 挡,将已知浓度的溶液推入光路,调节浓度旋钮,使数字显示器显示为标定值,再将被测溶液推入光路,则显示值即为被测溶液相应的浓度值。

(10) 仪器使用完毕,关闭电源,洗净吸收池并放回原处,仪器冷却 10 min 后盖上防尘罩。

## 9.5　操作注意事项

(1) 实验过程中,参比溶液不要拿出试样室,可随时将其置入光路以检查吸光度零点是否有变化。如不为".000",则不要先调节吸光度调零旋钮,而应将选择开关置于"*T*"挡,用 100%*T* 旋钮调至"100.0",再将选择开关置于"*A*"挡,这时如不为".000",方可调节吸光度调零(一般情况下,不需要经常调节吸光度调零旋钮和 0%*T* 旋钮,但可随时进行上述(4)和(6)的操作,如发现这两个显示有改变,则应及时调整)。

(2) 实验过程中,若大幅度改变测试波长,需等数分钟才能正常工作(因波长大幅度改变,光能量变化急剧,光电管响应迟缓,需一段光响应平衡时间)。

## 9.6　仪器的调节和校正方法

分光光度计经较长时间的使用后,仪器的性能指标会有所变化,需要进行调校和修理。国家技术监督局批准颁布了各类紫外-可见分光光度计的检定规程规定,检定周期为半年,两次检定合格的仪器检定周期可延长至一年。

### 9.6.1　光源灯的更换和调整

光源灯是易损件，当损坏件更换或由于仪器搬运后均可能偏离正常的位置。为了使仪器有足够的灵敏度，正确地调整光源灯的位置则显得更为重要。

（1）光源灯的更换

722 型可见光分光光度计的光源灯用 12 V/30 W 插入式卤钨灯。更换时先切断电源，移去仪器上面的大盖板，光源灯室处于仪器的后右侧。旋下灯室盖板螺钉，可找到图 2.9.4 所示光源灯。松开螺钉 1，取出损坏的卤钨灯，换上新灯（注意，在更换光源灯时应戴上手套，以防止沾污灯壳而影响发光能量），轻轻紧固螺钉 1。

（2）光源灯的调整

接通电源，观察光源灯在入射光孔和入射狭缝上形成的光斑（可在样品室通光孔处插一张白色卡片纸），它在垂直方向应相对于狭缝对称分布，如果有偏高或偏低的现象，应关掉电源，松开螺钉 1，向相反方向降低或升高灯的位置，直到达到要求为止。然后紧固螺钉 1，再观察左右对称情况及光斑是否清晰完整、亮度最强，若达不到要求，应松开螺钉 2，将光斑调到适当的位置并使其最亮，最后紧固螺钉 2。

调整完毕，将灯室盖板及仪器盖板装回原来位置。

### 9.6.2　波长准确度的校验

分光光度计在使用过程中，由于机械振动、温度变化、灯丝变形、灯座松动或更换灯泡等原因，经常会引起刻度盘上的读数（标示值）与实际通过溶液的波长不符合的现象，因而导致仪器灵敏度降低，影响测定结果的精度。因此需要经常对仪器进行校验。

722 型分光光度计可以使用仪器随机配置的谱钕滤光片准确地校正波长。镨钕滤光片的吸收峰为 528.7 nm 和 807.7 nm，其吸收光谱见图 2.9.5 所示。

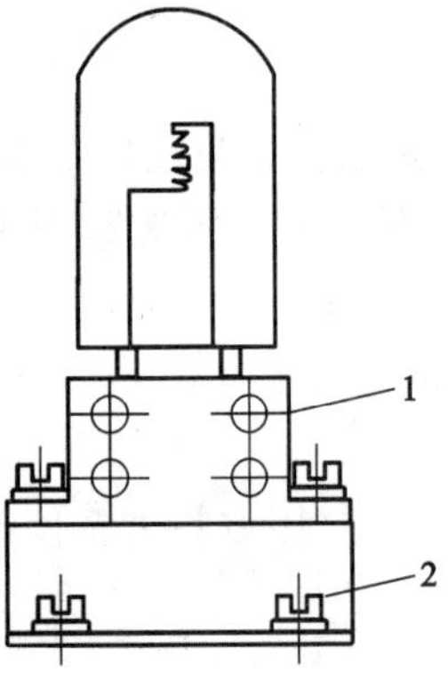


图 2.9.4　光源灯

1，2—螺钉

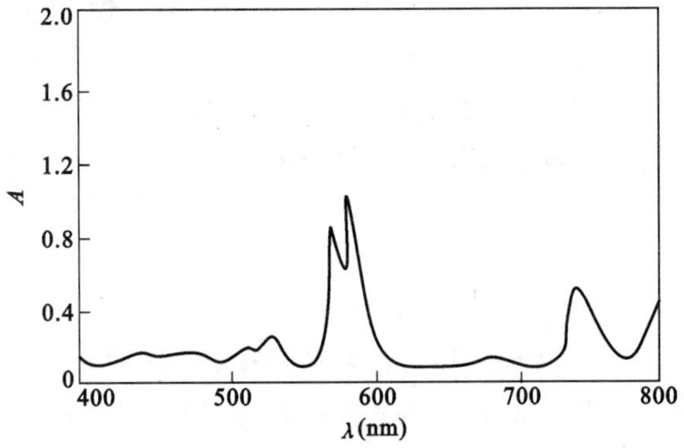


图 2.9.5　镨钕滤光片的吸收光谱

波长准确度检查和校正的具体步骤如下：

（1）打开仪器电源开关，开启吸收池样品室盖，取出样品室内遮光物（如干燥剂），预热 20 min。

（2）调节 0%$T$ 旋钮，使显示器显示为“000.0”（调节时应将选择旋钮置于“$T$”挡并打开样品室盖)。

(3) 在吸收池位置插入一块白色硬纸片,将波长旋钮从720 nm向420 nm方向慢慢转动,观察出口狭缝射出的光线颜色是否与波长调节钮所指示的波长相符(黄色光波长范围较窄,将波长调节在580 nm处应出现黄光),若相符,说明该仪器分光系统基本正常。若相差甚远,应调节灯泡位置。

(4) 取出白纸片,在吸收池架内垂直放入镨钕滤光片,以空气为参比,盖上样品室盖,将波长调至500 nm,旋转"100%*T*"旋钮使显示器显示"100.0"。用吸收池拉杆将镨钕滤光片推入光路,读取吸光度值。以后在500～540 nm波段每隔2 nm测一次吸光度值(注意,每改变一次波长,都应重新调节"100%"旋钮,使显示器显示100.0),记录各吸光度值和相应的波长盘标示值,查出吸光度最大时相应的波长标示值。

如果测出的最大吸收波长的仪器标示值与镨钕滤光片的吸收峰波长相差±3 nm以下(即在528.7 nm±3 nm之内),说明仪器波长的标示值准确度符合要求,一般不需作校正。如果测出的吸收光谱曲线最大吸收波长的仪器标示值与镨钕滤光片的吸收峰波长相差±3 nm以上,则可卸下波长手轮,旋松波长刻度盘上的三个定位螺钉,将刻度指示置于特征吸收波长值,旋紧螺钉即可(注意,不同厂家生产的仪器其波长读数的调整方法可能有所不同,应按说明书进行调节)。如果测出的最大吸收波长的标示值与镨钕滤光片的吸收峰波长之差大于10 nm,则需要重新调整卤钨灯位置,或检修单色器的光学系统(应由计量部门或生产厂检修,不可自己打开单色器)。

### 9.6.3 吸收池配套性检验

一般商品吸收池的光程与标示值常有微小的误差,即使是同一生产厂家生产的同规格的吸收池,也不一定能够互换使用。仪器出厂前吸收池是经过检测后而选择配套的,所以在使用时不应该混淆其配套关系。在定量工作中,为了消除吸收池的误差,提高测量的准确度,需要分别对每个吸收池进行校正及配对。玻璃吸收池配套性检验的具体步骤如下。

(1) 检查吸收池透光面是否有划痕和斑点,吸收池各面是否有裂纹,如有则不应使用。

(2) 在选定的吸收池毛面上口附近,用铅笔标上进光方向并编号。用蒸馏水冲洗2～3次(必要时可用1∶1 HCl溶液浸泡2～3 min,再立即用水冲洗干净)。

(3) 拇指和食指捏住吸收池两侧毛面,分别在4个吸收池内注入蒸馏水到池高3/4处(注意,吸收池内蒸馏水不可装得过满,以免溅出腐蚀吸收架和仪器,装入水后,吸收池内壁不可有气泡)。用滤纸吸干池外壁的水滴(注意,不能擦),再用擦镜纸或丝绸轻轻擦拭光面至无痕迹。按吸收池上所标箭头方向(进光方向)垂直放在吸收池架上,并用吸收池夹固定好。

(4) 打开样品室盖,将选择旋钮置于"*T*"挡,用波长调节旋钮将波长调至600 nm,调节0%*T*旋钮,使显示器显示为000.0。

(5) 盖上样品室盖,将在参比位置上的吸收池推入光路。调节100%*T*调节钮,使显示器显示为"100.0",反复调节几次,直至稳定。

(6) 拉动吸收池架拉杆,依次将被测溶液推入光路,读取并记录相应的透光比。若所测各吸收池透射比偏差小于0.5%,则这些吸收池可配套使用。超出上述偏差的吸收池不能配套使用。

## 9.7　仪器的维护和保养

分光光度计是精密光学仪器，正确安装、使用和保养对保持仪器良好的性能和保证测试的准确度有着重要的作用。

### 9.7.1　仪器的工作环境

(1) 仪器应安放在干燥的房间内，使用温度为5～35 ℃，相对湿度不超过85%。

(2) 仪器应放置在坚固平稳的工作台上，且避免强烈的震动或持续的震动。

(3) 室内照明不宜太强，且应避免阳光直射。

(4) 电扇不宜直接向仪器吹风，以防止光源灯因发光不稳定而影响仪器的正常使用。

(5) 尽量远离高强度的磁场、电场及发生高频波的电气设备。

(6) 供给仪器的电源电压为220 V±22 V，频率为50 Hz±1 Hz，并必须装有良好的接地线。推荐使用功率为1000 W以上的电子交流稳压器或交流恒压稳压器，以加强仪器的抗干扰性能。

(7) 避免在有硫化氢等腐蚀性气体的场所使用。

### 9.7.2　日常维护和保养

(1) 光源

光源的寿命是有限的，为了延长光源的使用寿命，在仪器不用时不要开光源灯，应尽量减少开关次数。在短时间的工作间隔内可以不关灯。刚关闭的光源灯不能立即重新开启。

仪器连续使用时间不应超过3 h。若需长时间使用，最好间歇30 min。如果光源灯亮度明显减弱或不稳定，应及时更换新灯。更换后要调节好灯丝位置，不要用手直接接触窗口或灯泡，避免油污黏附。若不小心接触过，要用无水乙醇擦拭。

(2) 单色器

单色器是仪器的核心部分，装在密封盒内，不能拆开。选择波长时应平衡地转动，不可用力过猛。为防止色散元件受潮生霉，必须定期更换单色器盒内的干燥剂(硅胶)。若发现干燥剂变色，应立即更换。

(3) 吸收池

必须正确使用吸收池，应特别注意保护吸收池的两个光学面。为此，必须做到以下几点：

① 测量时，池内盛的液体量不要太满，以防止溶液溢出而浸入仪器内部。若发现吸收池架内有溶液遗留，应立即取出清洗，并用纸吸干。

② 拿取吸收池时，只能用手指接触两侧的毛玻璃，不可接触光学面。

③ 不能将光学面与硬物或脏物接触，只能用擦镜纸或丝绸擦拭光学面。

④ 凡含有腐蚀玻璃的物质的溶液，不得长时间盛放在吸收池中。

⑤ 吸收池使用后应立即用水冲干净。有色物污染可以用3 mol/L和等体积乙醇的混合液浸泡洗涤。生物样品、胶体或其他在吸收池光学面上形成薄膜的物质要用适当的溶剂洗涤。

⑥ 不得在火焰或电炉上进行加热或烘烤吸收池。

(4) 检测器

光电转换元件不能长时间曝光，且应避免强光照射或受潮积尘。

(5) 停止工作后应注意的问题

当仪器停止工作时，必须切断电源。为了避免仪器积灰和污染，在停止工作时，应盖上防尘罩。仪器若暂时不用要定期通电，每次不少于20～30 min，以保持整机呈干燥状态，并且维持电子元件的性能。

## 9.8　常见故障分析和排除方法

仪器常见故障、产生原因及排除方法如表2.9.1所示。

表2.9.1　仪器常见故障、产生原因及排除方法

| 故障现象 | 产生原因 | 排除方法 |
| --- | --- | --- |
| 开启电源开关，仪器无反应 | (1) 电源未接通<br>(2) 电源保险丝烧断<br>(3) 仪器电源开关接触不良 | (1) 检查供电电源和连接线<br>(2) 更换保险丝<br>(3) 更换仪器电源开关 |
| 电源灯不工作 | (1) 电源灯坏<br>(2) 电源供电器坏 | (1) 更换新灯<br>(2) 检查电路，看是否有电压输出，请求维修人员维修或更换电路板 |
| 光源亮度不可调 | 电路故障 | 请求维修或更换有关电路元件 |
| 显示不稳定 | (1) 仪器预热时间不够<br>(2) 电噪声太大(暗盒受潮或电器故障)<br>(3) 环境振动过大，光源附近气流过大或受强光照射<br>(4) 电源电压不良<br>(5) 仪器接地不良 | (1) 延长预热时间<br>(2) 检查干燥剂是否潮湿，若受潮则更换干燥剂，若还不能解决，要查线路<br>(3) 改善工作环境<br>(4) 检查电源电压<br>(5) 改善接地状态 |
| $T$调不到0% | (1) 光门漏光<br>(2) 放大器坏<br>(3) 暗盒受潮 | (1) 修理光门<br>(2) 修理放大器<br>(3) 更换暗合内干燥剂 |
| $T$调不到100% | (1) 卤钨灯不亮<br>(2) 样品室有挡光现象<br>(3) 光路不准<br>(4) 放大器坏 | (1) 检查灯光源电路(维修)<br>(2) 检查样品室<br>(3) 调整光路<br>(4) 修理放大器 |
| 测试数据重复性差 | (1) 池或池架晃动<br>(2) 吸收池溶液中有气泡<br>(3) 仪器噪声太大<br>(4) 样品发生光化学反应 | (1) 卡紧池架或池<br>(2) 更换溶液<br>(3) 检查电路<br>(4) 加快测试速度 |

# 9.9　任务实施

邻二氮菲分光光度法测定水中微量铁

(1) 试剂及仪器

① 铁标准溶液(100.0 μg/L)　准确称取0.8634 g $NH_4Fe(SO_4)_2 \cdot 12H_2O$置于烧杯中，加入10 mL浓度为3 mol/L的硫酸溶液，移入1000 mL容量瓶中，用蒸馏水稀释至标线，摇匀。

② 盐酸羟胺溶液(100 g/L)　用时配制。

③ 邻二氮菲溶液(1.5 g/L)　先用少量乙醇溶解，再用蒸馏水稀释至所需浓度(避光保存，两周内有效)。

④ 醋酸钠溶液(1.0 mol/L)。

(2) 实验步骤

① 配制质量浓度为10.00 kg/mL的铁标准溶液。

② 开机预热并将仪器调至工作状态后，检查仪器波长的正确性和吸收池的配套性。

③ 在6个洁净的50mL容量瓶中，各加入10.00 μg/mL铁标准溶液0 mL、2.00mL、4.00 mL、6.00 mL、8.00 mL、10.00 mL，1 mL 100 g/L盐酸羟胺溶液，摇匀后再分别加入2 mL 1.5 g/L邻二氮菲和5 mL醋酸钠溶液，用蒸馏水稀释至标线，混匀。在510 nm处，用2 cm吸收池，以试剂空白为参比溶液，分别测定各溶液吸光度，绘制出工作曲线。

④ 吸取水样2 mL置于50 mL容量瓶中，按标准系列相同步骤显色并测定吸光度。根据试样吸光度从标准曲线上查出铁的浓度，计算水样中铁含量(以mg/L表示)。

⑤ 关闭仪器。

# 项目3　水泥物理性能检验

水泥厂化验室岗位分为分析化验室、物理性能检验室、质量控制室。水泥物理性能检验是研究水泥物理性能，进行水泥生产控制，保证和提高水泥产量、质量的必要手段，也是贯彻执行水泥国家标准，保证工程质量的重要措施。本章主要介绍水泥物理性能检验的基本原理、检验方法、所用仪器设备、主要参数及检验结果的计算。水泥物理检验室是水泥生产控制中比较重要的岗位之一。

**一、职业技能要求**

(1)熟练掌握本岗位各项水泥物理检验方法，并指导本岗位各项试验操作。

(3) 承担一些特殊试样的物理检验。

(4) 解决水泥检验中出现的疑难问题。

(5) 承担水泥物理检验仪器设备的安装和调试工作。

(6) 编写和修改水泥物理检验操作规程。

(7) 承担水泥物检室的工艺设计。

(8) 传授水泥物理检验理论和操作经验。

**二、职业技能知识要求**

(1) 水泥物理检验常用指标的理论知识和计算。

(2) 水泥检验仪器的作用原理和故障的原因及维修、保养。

(3) 各生产工序质量控制检验、物理检验、化学检验等工作中影响试验结果准确性的因素及解决的办法。

(4) 本专业国内外先进的水泥物理性能和检验方法的发展新趋势。

(5) 水泥生产经营管理的一般知识。

**三、水泥物理性能检验内容**

水泥物理性能检验主要内容：水泥的密度；水泥细度(筛析法)；水泥的比表面积(勃氏法)；水泥标准稠度用水量、凝结时间、安定性；ISO 水泥胶砂强度检验；水泥胶砂流动度。随着新型干法水泥技术的发展，有些厂增设水泥颗粒级配的检验。

**四、安全操作规程**

(1) 水泥物理性能检验岗位人员必须经岗前安全培训后方可上岗。

(2) 身体状况不适应工作需要，不允许工作。严禁在工作中打闹、串岗、睡觉以及做与工作无关的事。

(3) 熟悉有关的操作规程、仪器设备性能和使用方法，严格按操作规程进行操作。

(4) 严格遵守安全用电规程。下班前要检查水、电、门、窗，确保安全。

(5) 检验员进入检验室必须换工作服，穿平底鞋，不允许在有危险的环境中工作。

(6) 检验室应配备适宜的消防器材，检验员会使用消防器材，并掌握一定的灭火知识。

(7) 检验室禁止外人(包括小孩)进入。

# 任务1 水泥密度的检验

**知识目标**：掌握检验水泥密度的基本理论知识，仪器主要参数及使用、检验方法、检验结果的计算及处理。

**能力目标**：通过学习与训练能承担水泥密度检验，对试验中出现的一般问题学会分析及处理。

**任务描述**：水泥密度是重要的建筑性能之一。建筑工程根据水泥的密度，配制不同密度的水泥浆。另外水泥密度是水泥比表面积检验中确定水泥质量时不可缺少的数据。水泥的品种和质量不同，其密度也不同，所以水泥密度也可作为鉴别水泥质量和品种的参考。

水泥密度的检验原理是依据阿基米德定律，测出水泥排开液体的体积即为水泥密度。通过试验主要测出公式中的 $V_1$ 和 $V_2$。

## 1.1 概念及原理

水泥密度是指水泥在不包含空隙率状态下，单位体积的质量，以 $g/cm^3$ 表示。

检验原理：根据阿基米德定律，水泥的体积等于它所排开的液体体积，从而可得出水泥单位体积的质量，即水泥密度。为使测定的水泥不发生水化反应，液体介质采用无水煤油。

## 1.2 影响水泥密度的因素

不同品种的水泥其密度有区别，影响水泥密度的因素较多，主要是水泥熟料的矿物组成、煅烧程度、水泥中混合材的种类和掺量以及储存情况等。

### 1.2.1 水泥熟料的矿物组成

水泥中矿物组成不同，制成的水泥密度也不同。水泥熟料中主要矿物密度见表3.1.1。从表中可知，熟料中 $C_4AF$ 的密度最大，增加 $C_4AF$ 的含量，将使制成的水泥密度增大。

**表3.1.1 主要矿物的密度**($g/cm^3$)

| 矿物名称 | 密 度 |
|---|---|
| $C_3S$ | 3.15 |
| $\beta$-$C_2S$ | 3.28 |
| $C_3A$ | 3.04 |
| $C_4AF$ | 3.77 |
| $f$-CaO | 3.34 |
| 方镁石 | 3.58 |

### 1.2.2 煅烧程度

水泥的煅烧程度不同，制成的水泥密度也不同。一般生烧的熟料其密度小，过烧熟料其密度大，正常煅烧的熟料其密度介于两者之间。在实际生产中，熟料的密度变化并不明显，只能间接反映熟料的煅烧程度。

### 1.2.3　水泥中混合材的种类和掺量

水泥中混合材的种类和掺量对水泥密度影响比较大，具体见表3.1.2所示。

**表3.1.2　不同混合材的密度及掺量**

| 名　称 | 密度($g/cm^3$) | 掺　量 |
|---|---|---|
| 粒化高炉矿渣 | 小 | 掺量多时，水泥密度相应减小 |
| 火山灰 | | |
| 钛铁矿 | 4.44～5.00 | 掺量多时，水泥密度相应增大 |
| 磁铁矿 | 4.90～5.90 | |
| 重晶石 | 4.30～4.60 | |

### 1.2.4　水泥的储存期

水泥的储存时间长，其密度降低。

不同水泥品种的密度变动范围见表3.1.3所示。

**表3.1.3　不同水泥品种的密度变动范围**

| 水泥品种 | 密度($g/cm^3$) | 水泥品种 | 密度($g/cm^3$) |
|---|---|---|---|
| 硅酸盐水泥 | 3.1～3.2 | 火山灰水泥 | 2.7～3.0 |
| 普通水泥 | 3.0～3.1 | 粉煤灰水泥 | 2.7～2.9 |
| 矿渣水泥 | 2.8～3.0 | 高铝水泥 | 3.1～3.3 |

## 1.3　任务实施

### 水泥密度的检验

(1) 主要仪器

试验用的主要仪器及参数见表3.1.4所示。

**表3.1.4　水泥密度试验的主要仪器及参数**

| 序号 | 仪器名称 | 主要参数 | 备　注 |
|---|---|---|---|
| 1 | 李氏比重瓶，见图3.1.1 | 容积220～250 $cm^3$ | 干净、烘干 |
| 2 | 恒温水槽或其他恒温玻璃容器 | 恒温容器温度波动应在目标值±0.5 ℃ | 符合试验要求 |
| 3 | 天平、毛刷、烧杯、滤纸、小勺、干燥器、温度计、烘箱等 | | |

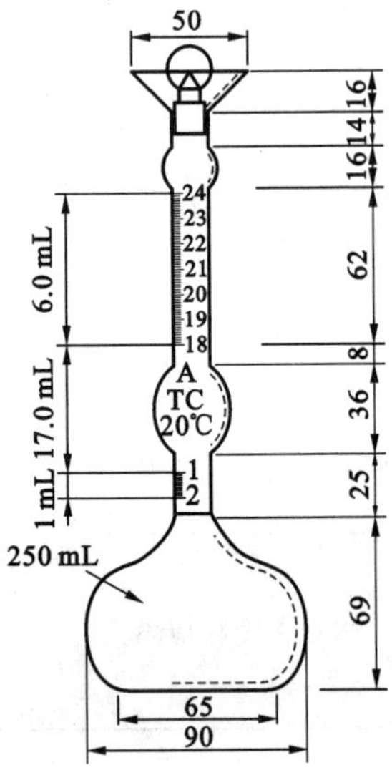


图 3.1.1　李氏比重瓶

(2) 工作条件

1) 试验条件及试样制备

① 试验温度为 20±2 ℃，相对湿度大于 50%，水的温度为 20±1 ℃。

② 试样通过 0.9 mm 方孔筛，在 110±5 ℃ 下烘干 1 h，冷却至室温。

③ 无水煤油。

(3) 工作过程

工作过程如图 3.1.2 所示。

(4) 试验结果计算与记录

计算公式如下：

$$\rho=\frac{m}{V_2-V_1}$$

式中　$\rho$——水泥密度，g/cm³；

$m$——水泥的质量，g；

$V_1$——未装入水泥试样前比重瓶内液面读数，cm³；

$V_2$——装入水泥试样后比重瓶内液面读数，cm³。

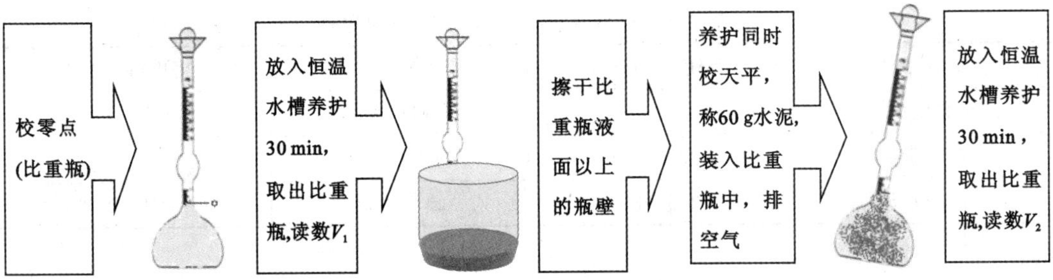


图 3.1.2　水泥密度检测过程

结果计算精确到 0.01 g/cm³。试验结果取两次测定结果的算术平均值，两次测定结果之差不得超过 0.02 g/cm³。试验结果记录见表 3.1.5 所示。

**表 3.1.5　水泥密度试验记录**

| 次数 | 质量 $m$(g) | $V_1$(cm³) | $V_2$(cm³) | $\rho$(g/cm³) |
|---|---|---|---|---|
| 1 | | | | |
| 2 | | | | |
| 误差分析 | | | | |
| 平均值 | | | | |

(5) 注意事项

① 称样要准确。

② 比重瓶两次恒温的温度必须一致。

③ 装水泥试样时沿比重瓶的中心下料，以免水泥粘在细颈壁上或堵塞比重瓶。

④ 摇动李氏比重瓶时，不要让无水煤油溅出瓶外；不要使水泥粘附于液面以上的瓶壁上。

⑤ 读数应以弯月面的下部为准。

⑥ 排空气时，必须将气泡排除干净，否则会使试验结果偏低。

⑦ 整个试验过程中尽量避免用手直接接触比重瓶。

**思考与练习**

1. 什么叫水泥密度？影响水泥密度的因素有哪些？

2. 测定水泥密度为何要用无水煤油？

3. 无水煤油如何制取？

4. 测定水泥密度时，第一组同学测得水泥密度为 3.04 $g/cm^3$，第二组同学测得水泥密度为3.07 $g/cm^3$，计算该水泥的密度是多少。

# 任务2　水泥细度的检验

**知识目标**：掌握检验水泥细度的基本理论知识，仪器主要参数及使用、检验方法、检验结果的计算及处理。

**能力目标**：通过学习与训练能承担水泥细度检验，对试验中出现的一般问题学会分析及处理。

**任务描述**：水泥细度直接影响水泥的凝结硬化速率、强度、需水性、干缩性、水化热等一系列物理性能，检验水泥细度对指导水泥生产以及提高水泥产量、质量都有重要的意义。因此水泥生产企业和用户都非常重视对水泥细度的检验和控制。

水泥细度的检验原理：一定孔径的筛子上筛余质量占水泥总质量的百分数。通过试验测出筛余物的质量 $P$，代入公式计算出水泥细度。

## 2.1　概念及表示方法

水泥细度就是水泥的分散度，也就是水泥颗粒的粗细程度。水泥一般是由几微米到几十微米的不同大小颗粒组成的。

水泥细度的表示方法有筛余百分数、比表面积、颗粒平均直径和颗粒级配等。国内通常采用筛余百分数和比表面积两种。随着ISO水泥强度检验的实施，水泥颗粒级配对水泥的强度和强度的增进率影响较明显，因此水泥颗粒级配将逐渐被应用于指导水泥生产。

筛余百分数是水泥在一定孔径的筛子上的筛余量占水泥总质量的百分数。筛余百分数愈小，水泥愈细；反之，则水泥愈粗。在国标中，水泥细度用 80 μm 方孔筛的筛余百分数表示。

比表面积简称比面积，是指单位质量水泥颗粒所具有的表面积之和。单位 $cm^2/g$ 或 $m^2/kg$。水泥愈细，水泥的比表面积愈大；反之，则愈小。

颗粒级配也称为颗粒组成，它表示水泥中不同粒径颗粒的质量分数，能反映水泥的真实细度。

## 2.2　水泥细度的测定方法

(1) 筛析法(水筛法、干筛法)

筛析法是测水泥的筛余百分数。

(2) 透气法

透气法是测水泥的比表面积。国内通常用勃氏透气法测定水泥的比表面积。

(3) 颗粒级配

颗粒级配的测定方法有:沉降法;空气离析法;库尔特计数法;激光衍射法。

## 2.3　影响水泥细度的因素

影响水泥细度的因素较多,主要是熟料及掺加混合材的易磨性和粉磨条件等。在相同的粉磨条件下,一般 $C_3S$ 含量高的熟料易磨性较好,$C_2S$ 含量高的熟料难磨。混合材料中火山灰、粉煤灰易磨,矿渣易磨性差。

## 2.4　任务实施

### 2.4.1　水泥细度的检测——筛析法

2.4.1.1　主要仪表及参数

试验用的主要仪器及参数见表 3.2.1。

表 3.2.1　细度试验的主要仪器及参数

| 序号 | 仪器名称 | | 主要参数 | 备　注 |
|---|---|---|---|---|
| 1 | 水筛法 | 水筛见图 3.2.1 所示 | 采用边长为 0.08 mm 铜丝网筛 | 筛孔必须畅通 |
| | | 筛座 | 转速为 50 r/min | 符合试验要求 |
| | | 喷头 | 直径 55 mm,面上均匀分布 90 个孔,孔径 0.5～0.7 mm,安装高度以 50 mm 为宜 | 面上 90 个孔必须畅通 |
| 2 | 负压法 | 负压筛见图 3.2.2 所示 | 采用边长为 0.08 mm 铜丝网筛,带筛盖 | 筛孔必须畅通 |
| | | 负压筛筛析仪及筛座见图 3.2.3 和 3.2.4 所示 | 由筛座、干筛、负压源及收尘器组成。其中筛座转速为(30±2)r/min,负压调节范围 4000～6000 Pa。喷气嘴上口平面与嘴网之间的距离 2～8 mm | 符合试验要求 |
| 3 | 天平 | | 最大称量为 100 g,分度值不大于 0.05 g | 符合试验要求 |

2.4.1.2　工作条件

(1) 试验温度为 20±2 ℃,相对湿度大于 50%,水的温度为 20±1 ℃。

(2) 试样通过 0.9 mm 方孔筛,负压法的水泥试样在 110±5 ℃下烘干 1 h,冷却至室温。

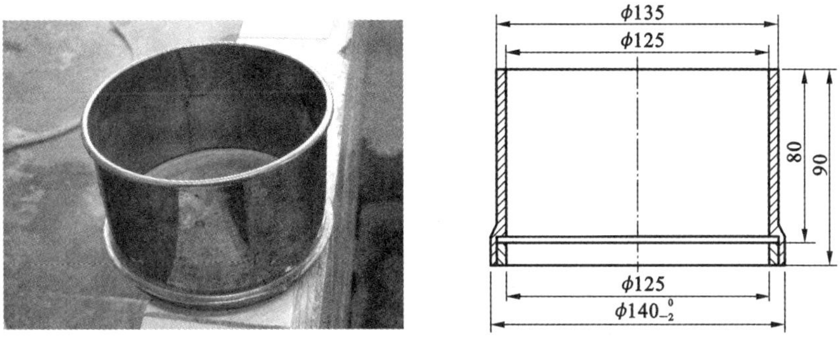


图 3.2.1　水筛

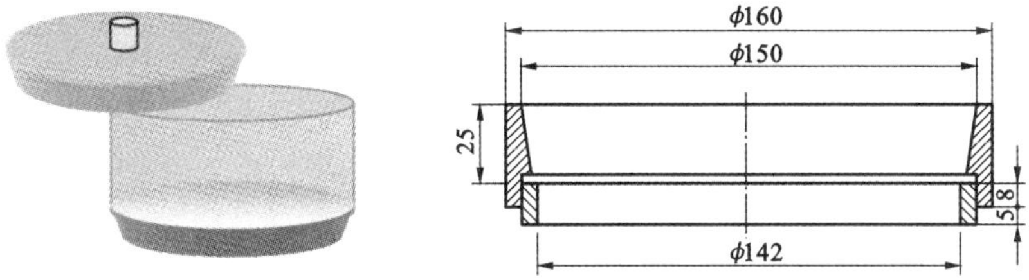


图 3.2.2　负压筛

图 3.2.3　负压筛筛析仪

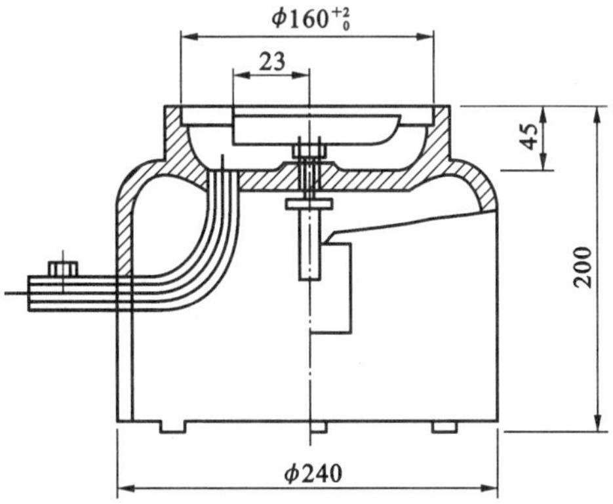


图 3.2.4　负压筛筛座

2.4.1.3　工作过程

(1) 水筛法

水筛法的工作过程如图 3.2.5 所示。

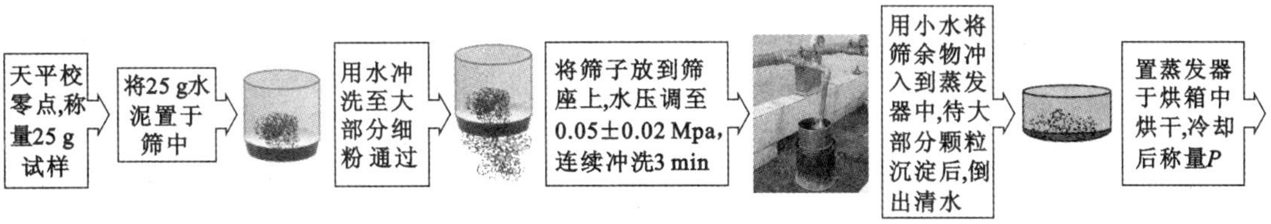


图 3.2.5　水筛法的工作过程

(2) 负压法

负压法的工作过程如图 3.2.6 所示。

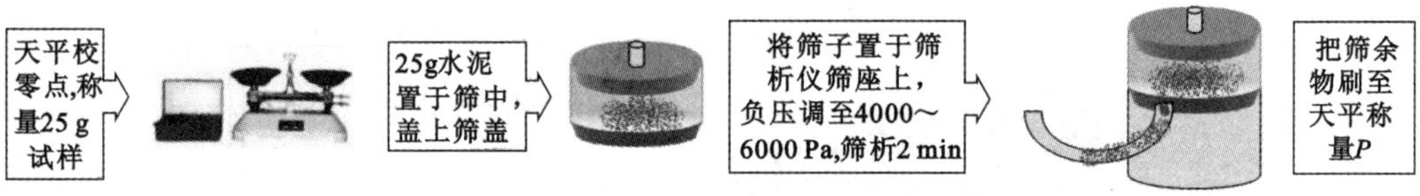


图 3.2.6　负压法的工作过程

2.4.1.4　结果计算与记录

$$F = \frac{P}{W} \times 100\%$$

式中　$F$——水泥试样的筛余百分数,%;

$P$——水泥筛余物试样质量,g;

$W$——水泥试样质量,g。

计算结果精确至 0.1%。

修正系数计算:

$$C = \frac{F_n}{F_1}$$

式中　$C$——试验筛修正系数;

$F_n$——标准样给定的筛余百分数,%;

$F_1$——标准样在试验筛上的筛余百分数,%。

修正系数 $C$ 超出 0.8~1.20 时要换筛。

结果的判断:每个样品应称取两个,试验结果取平均值。若两次筛余结果绝对误差大于 0.3%(筛余值大于 5.0%时,可放宽至 1.0%)应重做,取两次相近结果的平均值。负压筛与水筛法测定结果不一致时,以负压法为准。试验结果的记录见表 3.2.2。

**表 3.2.2　细度试验结果记录**

| 名称 | 次数 | 筛余物质量 $P$(g) | 筛余百分数(%) | 平均值 |
|---|---|---|---|---|
| 水筛法 | 1 | | | |
| | 2 | | | |
| 负压法 | 1 | | | |
| | 2 | | | |
| 误差分析 | | | | |

2.4.1.5　试验注意事项

(1) 称量必须准确。

(2) 水筛法检验细度时水压必须调节在 0.05±0.02 MPa,水压大小及稳定性对检验结果有很大影响。如果水压低于规定值,水压小,使部分应该通过筛孔的颗粒未通过,筛余结果偏高,水泥细度偏高。相反,水压大于规定值时,筛中的试样可能会溅出筛框,使筛余结果偏低,水泥细度偏低。因此,为了保证试验结果的稳定性和可比性,水压必须控制。负压法调节在 4000~6000 Pa,以 5000±250 Pa 宜。

(3) 筛子定期用标准粉校正。

(4) 标准筛使用一段时间后,必须用 0.3~0.5 mol/L 的乙酸清洗。

(5) 试样烘干时先用温度较低的小火,后用较高温度将试样烘干。

### 2.4.2　水泥细度(筛析法)检验有关技术问题

(1)《水泥细度检验方法》(GB/T 1345—2005)中规定:当负压筛析法、水筛法、手工干筛法三者检验结果不一致时,以负压筛析法为准。

三种检验方法都采用 0.08 mm 方孔筛作为试验用筛,原理是用筛网上所得筛余物的质量占试样质量的百分数来表示水泥细度。试验用筛的清洗、保养、修正方法是一致。

水筛法试验过程较长,效率低,人为因素多,准确度相对低。负压筛析法是干筛法的一种,试验过程较短,效率高,人为因素少,准确度相对高。

(2)《水泥细度检验方法》(GB/T 1345—2005)提出用修正系数法来修正筛网孔不均匀造成的筛余值的变动。试验筛筛网是用金属丝编织而成,筛网孔的尺寸不可能完全一样,要求试验筛上的筛孔完全是 0.08 mm 很困难,因此,同一水泥试样用相同规格的试验筛所得的筛析结果很难一致。为了提高筛析结果的可比性,需增加试验用筛的修正系数。

**思考与练习**

1. 什么叫细度? 表示方法有哪些?
2. 水泥测定方法有几种?
3. 水筛时为什么要控制水压?
4. 影响测水泥细度(筛析法)的因素有哪些?
5. 用水筛法测水泥细度时,第一组同学测得水泥细度为 3.1% ,第二组同学测得水泥细度为 3.5% ,计算该水泥的细度。

# 任务 3　透气法检验水泥比表面积(勃氏法)

**知识目标**:掌握水泥比表面积检验的基本理论知识,仪器主要参数及使用、检验方法、检验结果的计算及处理。

**能力目标**:通过学习与训练能承担水泥比表面积的检验,对试验中出现的一般问题学会分析及处理。

**任务描述**:水泥比表面积的测定原理:勃氏法测定水泥比表面积是根据空气透过含有一定空隙率和规定厚度的水泥试样层时所受到的阻力而计算得到的。粉料越细,颗粒与颗粒间的空隙也愈小,空气透过时阻力越大,则一定量空气透过同样厚度的料层所需的时间就越长,比表面积值就越大;反之,粉料越粗,空气透过时阻力越小,则一定量空气透过同样厚度的料层所需的时间越短,比表面积就越小。比表面积单位为 $m^2/kg$ 或 $cm^2/g$。

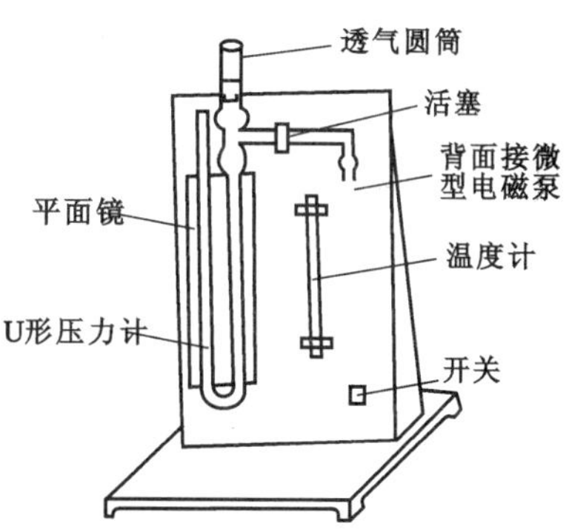

图 3.3.1　勃氏透气仪示意

## 3.1　仪　　器

勃氏透气仪由透气圆筒、压力计、抽气装置三部分构成(见图 3.3.1 所示)。

(1) 透气圆筒：透气圆筒由不锈钢制成，内径 12.70 mm±0.05 mm，圆筒的上口边与圆筒主轴垂直，圆筒下部锥度与压力计上玻璃口锥度一致，且连接严密。在圆筒内壁距离上口边55±10 mm处有一突出的宽度为 0.5～1 mm 的边缘，以放置金属穿孔板，其结构如图 3.3.2 所示。

(2) 压力计：U形压力计由外径 9 mm 的具有标准厚度的玻璃管制成。压力计一个臂的顶端有一锥形磨口与圆筒紧密连接，在连接透气圆筒的压力计臂上刻有环形线。从压力计底部往上 280～300 mm 处有一个出口管，管上装有一个阀门，连接抽气装置，其结构如图 3.3.3 所示。

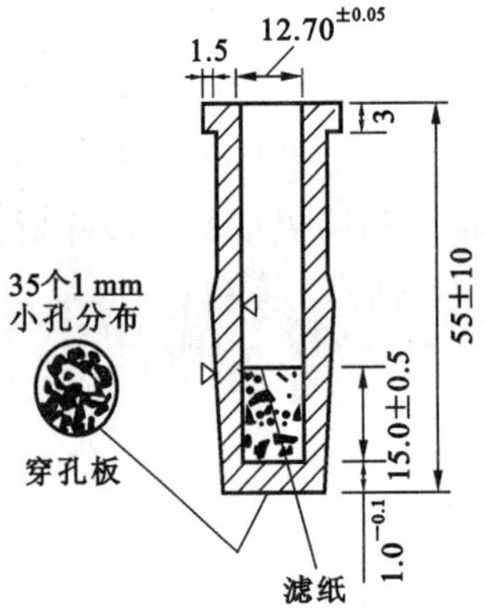


图 3.3.2　透气圆筒

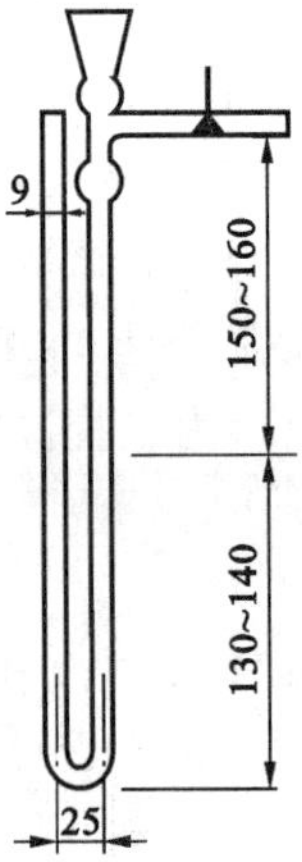


图 3.3.3　U形压力计

(3) 捣器(如图 3.3.4 所示)：捣器由不锈钢制成。插入圆筒时，其间隙不大于 0.1 mm，捣器底面与主轴垂直，侧面有一个扁平槽，宽度 3.0±0.3 mm，顶部有一支持环，当捣器放入圆筒时，支持环与圆筒上边口接触，这时捣器底面与穿孔板间距为 15.0±0.5 mm。

(4) 穿孔板：由不锈钢或其他不受腐蚀的金属制成，见图 3.3.5 所示，穿孔板上分布有 35 个 1 mm 的小孔。

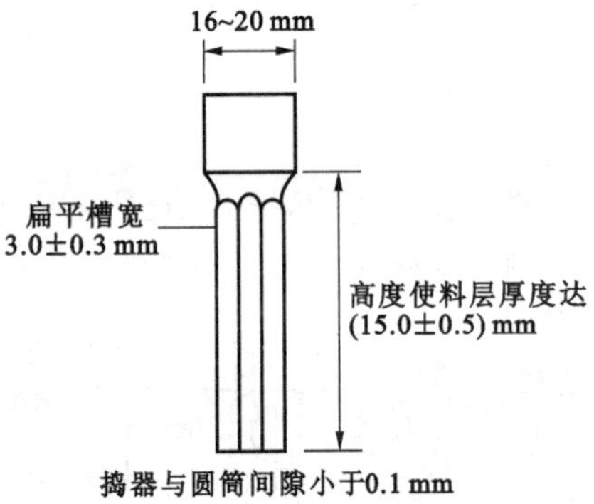


图 3.3.4　捣器

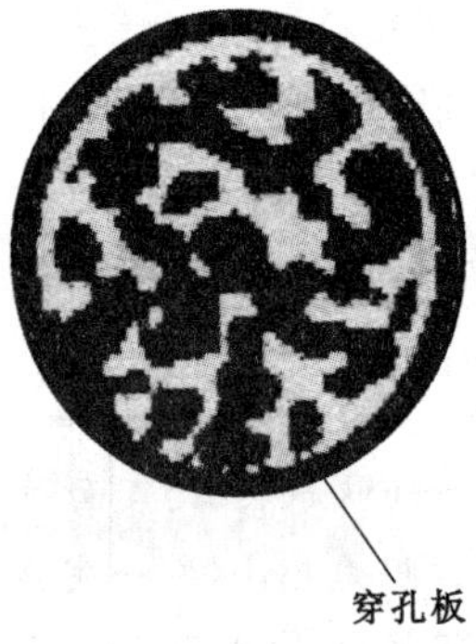


图 3.3.5　穿孔板

(5) 抽气装置：用小型电磁泵，也可用洗耳球。

(6) 滤纸：采用符合国际标准的中速定量滤纸。

(7) 分析天平：采用分度值为 1 mg 的天平。

(8) 计时秒表：采用精确到 0.5 s 的秒表。

(9) 烘干箱。

## 3.2 仪器的校准

勃氏透气仪在使用前应进行仪器的校准，以便能够准确测出水泥的比表面积。仪器的校准包括仪器的漏气检查、试料层体积的测定。

### 3.2.1 仪器漏气检查

将透气圆筒上口用橡皮塞塞紧，接到压力计上，慢慢打开阀门，用抽气装置从压力计的一个臂中抽出部分气体，使压力计内的液面上升到最上刻线以上时，关闭阀门，观察是否漏气。如漏气，用活塞油脂加以密封。

### 3.2.2 试料层体积的测定

(1) 水银排代法

将两片滤纸沿圆筒臂放入透气圆筒内，用直径比透气圆筒略小的细长棒往下按，直到滤纸平整地放在金属的穿孔板上。然后装满水银，用一小块薄玻璃板轻压水银表面，把多余的水银抹出，使水银面与圆筒口在一个平面上，并保证在玻璃板和水银表面之间没有气泡存在。从圆筒中倒出水银，称量 $P_1$，精确至 0.05 g。重复几次测定至 $P_1$ 值恒定。然后从圆筒中取出一片滤纸，在圆筒中装入 3.2～3.3 g 水泥，盖上一层滤纸，用捣器将试样捣实，按 3.3 节检验方法及步骤中试料层制备中的要求压实水泥层。如水泥层太松或水泥不能压到要求的体积时，应调整水泥的试用量，再在圆筒中注入水银，按上述方法除去气泡、压平，倒出水银称量 $P_2$ 值，重复几次测定至 $P_2$ 恒定。

(2) 圆筒内试料层体积的计算

圆筒内试料层体积按下式计算，精确到 0.005 $cm^3$。

$$V=\frac{(P_1-P_2)}{\rho_{水银}} \tag{3.3.1}$$

式中 $V$——试料层体积，$cm^3$；

$P_1$——未装水泥时充满圆筒的水银质量，g；

$P_2$——装水泥后充满圆筒的水银质量，g；

$\rho_{水银}$——试验温度下水银的密度(见表 3.3.1)，$g/cm^3$。

表 3.3.1　不同温度下的水银密度和空气粘度

| 室温(℃) | 水银密度($g/cm^3$) | 空气粘度 $\eta$(Pa·s) | 室温(℃) | 水银密度($g/cm^3$) | 空气粘度 $\eta$(Pa·s) |
|---|---|---|---|---|---|
| 8 | 13.58 | 0.0001749 | 22 | 13.54 | 0.0001818 |
| 10 | 13.57 | 0.0001759 | 24 | 13.54 | 0.0001828 |
| 12 | 13.57 | 0.0001768 | 26 | 13.53 | 0.0001837 |
| 14 | 13.56 | 0.0001778 | 28 | 13.53 | 0.0001847 |
| 16 | 13.56 | 0.0001788 | 30 | 13.52 | 0.0001857 |
| 18 | 13.55 | 0.0001798 | 32 | 13.52 | 0.0001867 |
| 20 | 13.55 | 0.0001808 | 34 | 13.51 | 0.0001876 |

（3）试料层体积的测定要求

试料层体积的测定至少应进行两次。每次应单独压实，取两次数值相差不超过0.005 $cm^3$的平均值，并记录测定过程中圆筒附近的温度。每隔一季度至半年应重新校正试料层体积。

## 3.3　检验方法及步骤

### 3.3.1　试样制备

（1）水泥试样必须先通过0.9 mm方孔筛。

（2）将水泥试样、标准试样于110±5 ℃下烘干1 h，并把在干燥器中冷却到室温的标准试样倒入100 mL的密闭瓶内，用力摇动2 min，将结块成团的试样震碎，使试样松散。静置2 min后，打开瓶盖，轻轻搅拌，使在松散过程中落到表面的细粉分布到整个试样中。

### 3.3.2　确定试样量

校正试验用的标准试样量和被测定水泥的质量，在制备的试料层中空隙率应达到0.500±0.005，计算式为：

$$W=\rho V(1-\varepsilon) \tag{3.3.2}$$

式中　$W$——需要的试样量，g；

$\rho$——试样密度，$g/cm^3$；

$V$——按3.2.2节测定的试料层体积，$cm^3$；

$\varepsilon$——试料层空隙率（一般水泥采用0.5000）。

### 3.3.3　试样层制备

将穿孔板放入透气圆筒的突缘上，用一根直径比圆筒略小的细棒把一片滤纸送到穿孔板上，滤纸的直径应与圆筒内径相同，边缘光滑、压紧，称取按公式(3.3.2)计算的试样量，精确到0.001 g，倒入圆筒，水平摇动圆筒，使水泥层表面平坦。再放入一片滤纸，用捣器均匀捣实试料，并旋转两周直至捣器的支持环紧紧接触圆筒顶边，慢慢取出捣器。

将装有试料层的透气圆筒上口用橡皮塞塞紧，中部薄薄涂一层凡士林，旋转，打开阀门抽气到第一条刻线以上，关闭阀门，观察是否漏气。如发现漏气，用凡士林加以密封。

如仪器不漏气，用手压紧透气圆筒，然后拔去橡皮塞，当压力计内液体的凹月面下降到第一条刻度线时开始计时，液体的凹月面下降到第二条刻度线时停止计时，记录液面从第一条刻度线到第二条刻度线所需的时间。以秒记录，并记下试验时的温度(℃)。

### 3.3.4　比表面积计算

（1）当被测物料的密度以及在试料层中的空隙率与标准试样相同，试验时温差小于或等于±3 ℃时，可按下式计算：

$$S=\frac{S_s\sqrt{T}}{\sqrt{T_s}} \tag{3.3.3}$$

如试验时温差大于±3 ℃时，则按下式计算：

$$S=\frac{S_s\sqrt{T}\sqrt{\eta_s}}{\sqrt{T_s}\sqrt{\eta}} \tag{3.3.4}$$

式中 $S$——被测试样的比表面积，$cm^2/g$；

$S_s$——标准试样的比表面积，$cm^2/g$；

$T$——被测试样试验时，压力计中液面降落到第二刻度线时所测的时间，s；

$T_s$——标准试样试验时，压力计中液面降落到第二刻度线时所测的时间，s；

$\eta$——被测试样试验温度下的空气粘度，Pa·s；

$\eta_s$——标准试样试验温度下的空气粘度，Pa·s。

(2) 当被测试样的试料层中的空隙率与标准试料层中的空隙率不同，试验时温差小于或等于±3 ℃时，可按下式计算：

$$S=\frac{S_s\sqrt{T}(1-\varepsilon_s)\sqrt{\varepsilon^3}}{\sqrt{T_s}(1-\varepsilon)\sqrt{\varepsilon_s^3}} \tag{3.3.5}$$

如试验时温差大于±3 ℃时，则按下式计算：

$$S=\frac{S_s\sqrt{T}(1-\varepsilon_s)\sqrt{\varepsilon^3}\sqrt{\eta_s}}{\sqrt{T_s}(1-\varepsilon)\sqrt{\varepsilon_s^3}\sqrt{\eta}} \tag{3.3.6}$$

式中 $\varepsilon$——被测试样试料层中的空隙率；

$\varepsilon_s$——标准试样试料层中的空隙率。

(3) 被测试样的密度和空隙率与标准试样不同，试验时温差小于或等于±3 ℃时，可按下式计算：

$$S=\frac{S_s\sqrt{T}(1-\varepsilon_s)\sqrt{\varepsilon^3}\rho_s}{\sqrt{T_s}(1-\varepsilon)\sqrt{\varepsilon_s^3}\rho} \tag{3.3.7}$$

如试验温差大于±3℃时，则按下式计算：

$$S=\frac{S_s\sqrt{T}(1-\varepsilon_s)\sqrt{\varepsilon^3}\rho_s\sqrt{\eta_s}}{\sqrt{T_s}(1-\varepsilon)\sqrt{\varepsilon_s^3}\rho\sqrt{\eta}} \tag{3.3.8}$$

式中 $\rho$——被测试样的密度，$g/cm^3$；

$\rho_s$——标准试样的密度，$g/cm^3$。

水泥比表面积应由两次透气试验结果的平均值确定。如两次试验结果相差2%以上时，应重新试验。计算应精确至10 $cm^2/g$，10 $cm^2/g$以下的数据按四舍五入计。水泥比表面积计算过程中$\varepsilon$和$t$的数值可查表3.3.2和表3.3.3。$cm^2/g$为单位算得的比表面积值换算为$m^2/kg$单位时，需乘以系数0.1。比表面积计算及记录见表3.3.4所示。

**表 3.3.2　水泥层空隙率值**

| 水泥层空隙率 $\varepsilon$ | $\sqrt{\varepsilon^3}$ | 水泥层空隙率 $\varepsilon$ | $\sqrt{\varepsilon^3}$ | 水泥层空隙率 $\varepsilon$ | $\sqrt{\varepsilon^3}$ |
|---|---|---|---|---|---|
| 0.495 | 0.348 | 0.506 | 0.360 | 0.545 | 0.402 |
| 0.496 | 0.349 | 0.507 | 0.361 | 0.550 | 0.408 |
| 0.497 | 0.350 | 0.508 | 0.362 | 0.555 | 0.413 |
| 0.498 | 0.351 | 0.509 | 0.363 | 0.560 | 0.419 |
| 0.499 | 0.352 | 0.510 | 0.364 | 0.565 | 0.425 |

续表 3.3.2

| 水泥层空隙率 ε | $\sqrt{\varepsilon^3}$ | 水泥层空隙率 ε | $\sqrt{\varepsilon^3}$ | 水泥层空隙率 ε | $\sqrt{\varepsilon^3}$ |
|---|---|---|---|---|---|
| 0.500 | 0.354 | 0.515 | 0.369 | 0.570 | 0.430 |
| 0.501 | 0.355 | 0.520 | 0.374 | 0.575 | 0.436 |
| 0.502 | 0.356 | 0.525 | 0.380 | 0.580 | 0.442 |
| 0.503 | 0.357 | 0.530 | 0.386 | 0.590 | 0.453 |
| 0.504 | 0.358 | 0.535 | 0.391 | 0.600 | 0.465 |
| 0.505 | 0.359 | 0.540 | 0.397 | | |

**表 3.3.3　空气流过的时间**

| $t$ | $\sqrt{t}$ | $t$ | $\sqrt{t}$ | $t$ | $\sqrt{t}$ | $t$ | $\sqrt{t}$ | $t$ | $\sqrt{t}$ | $t$ | $\sqrt{t}$ |
|---|---|---|---|---|---|---|---|---|---|---|---|
| 26 | 5.10 | 44 | 6.63 | 62 | 7.87 | 80 | 8.94 | 98 | 9.90 | 165 | 12.85 |
| 27 | 5.20 | 45 | 6.71 | 63 | 7.94 | 81 | 9.00 | 99 | 9.95 | 170 | 13.04 |
| 28 | 5.29 | 46 | 6.78 | 64 | 8.00 | 82 | 9.06 | 100 | 10.00 | 175 | 13.32 |
| 29 | 5.39 | 47 | 6.86 | 65 | 8.06 | 83 | 9.11 | 102 | 10.10 | 180 | 13.42 |
| 30 | 5.48 | 48 | 6.93 | 66 | 8.12 | 84 | 9.17 | 104 | 10.20 | 185 | 13.60 |
| 31 | 5.57 | 49 | 7.00 | 67 | 8.19 | 85 | 9.22 | 106 | 10.30 | 190 | 13.78 |
| 32 | 5.66 | 50 | 7.07 | 68 | 8.25 | 86 | 9.27 | 108 | 10.39 | 195 | 13.96 |
| 33 | 5.74 | 51 | 7.14 | 69 | 8.31 | 87 | 9.33 | 110 | 10.49 | 200 | 14.14 |
| 34 | 5.83 | 52 | 7.21 | 70 | 8.37 | 88 | 9.38 | 115 | 10.72 | 210 | 14.49 |
| 35 | 5.92 | 53 | 7.28 | 71 | 7.43 | 89 | 9.43 | 120 | 10.95 | 220 | 14.87 |
| 36 | 6.00 | 54 | 7.35 | 72 | 8.49 | 90 | 9.49 | 125 | 11.18 | 230 | 15.17 |
| 37 | 6.08 | 55 | 7.42 | 73 | 8.54 | 91 | 9.54 | 130 | 11.40 | 240 | 15.49 |
| 38 | 6.16 | 56 | 7.48 | 74 | 8.60 | 92 | 9.59 | 135 | 11.62 | 250 | 15.81 |
| 39 | 6.24 | 57 | 7.55 | 75 | 8.66 | 93 | 9.64 | 140 | 11.83 | 260 | 16.12 |
| 40 | 6.32 | 58 | 7.62 | 76 | 8.72 | 94 | 9.70 | 145 | 12.04 | 270 | 16.43 |
| 41 | 6.40 | 59 | 7.68 | 77 | 8.77 | 95 | 9.75 | 150 | 12.25 | 280 | 16.73 |
| 42 | 6.48 | 60 | 7.75 | 78 | 8.83 | 96 | 9.80 | 155 | 12.45 | 290 | 17.03 |
| 43 | 6.56 | 61 | 7.81 | 79 | 8.89 | 97 | 9.85 | 160 | 12.65 | 300 | 17.32 |

**表 3.3.4　比表面积计算及记录**

| 符号 | $W$(g) | $W_s$(g) | $t$(s) | $t_s$(s) | $S$($m^2$/kg) |
|---|---|---|---|---|---|
| 1 | | | | | |
| 2 | | | | | |
| 误差分析 | | | | | |
| 平均值 | | | | | |

## 3.4　试验注意事项

(1) 空隙率是指试料层中孔的容积与试料层总的容积之比，一般水泥采用0.500±0.005，如有些粉料按公式(3.3.2)计算的试样量在圆筒的有效体积中容纳不下或经捣实后未能充满圆筒的有效体积，则允许适当地改变空隙率。

(2) 为防止仪器各接头处漏气而影响检验结果的准确性，应保证仪器的气密性。

(3) 勃氏透气仪的U形压力计颜色水的液面应保持在压力计最下面一条环形刻线上，如有损失或蒸发应及时补充。

(4) 试验时区分穿孔板的上下面，穿孔板的上面向上，以防止由于仪器加工精度方面的原因而影响圆筒的体积大小，从而导致测定结果的不准确性。

(5) 圆筒内穿孔板上的滤纸直径应与圆筒内径一致，如滤纸直径太大，则会使滤纸皱曲，影响空气流过；如果直径太小，则会引起一部分水泥外溢，黏附在圆筒壁上，使测定结果产生误差。因而建议使用中国建材研究院水泥研究所制造的SB勃氏透气仪专用圆形滤纸。

(6) 捣器捣实时，捣器支持环必须与圆筒上边接触并旋转两周，以保证料层达到一定厚度。

(7) 在使用抽气泵时，不要抽气太猛，应使液面徐徐上升，以免颜色水损失。

(8) 如果使用的滤纸品种、质量有变动，或者调换穿孔板时，应重新标定圆筒体积和标准粉。

(9) 圆筒体积应每隔3～6个月标定一次。

(10) 水泥试样必须先通过0.9 mm方孔筛。

### 思考与练习

1. 简述检验水泥比表面积(透气法)的原理。
2. 勃氏透气法测定水泥比表面积产生误差的原因。
3. 已知某标准粉的密度为3.16 g/cm$^3$，比表面积为305 m$^2$/kg，被测水泥密度为3.05 g/cm$^3$，在相同温度下，测得水泥和标准粉在试验压力计中液面降落的时间分别85 s和64 s，计算该水泥的比表面积。

# 任务4　水泥标准稠度用水量、凝结时间、安定性检验

**知识目标**：掌握水泥标准稠度用水量、凝结时间、安定性检验的基本理论知识；仪器主要参数及使用、检验方法、检验结果的计算及处理。

**能力目标**：通过学习与训练能熟练进行水泥标准稠度用水量、凝结时间、安定性检验，对试验中出现的一般问题学会分析及处理。

**任务描述**：水泥标准稠度用水量的检验目的是控制水泥净浆的加水量，使之符合国际规定的范围。水泥凝结时间的检验目的是控制水泥的凝结速度，以利于建筑施工。水泥安定性检验的目的是控制水泥体积变化的程度。

## 4.1　水泥标准稠度用水量

水泥净浆标准稠度用水量是指水泥净浆在特定测试方法下达到标准稠度的用水量。水泥净浆标准稠度用水量是用 100 g 水泥所需水的毫升数表示。水泥胶砂流动度是指水泥胶砂在跳桌上按规定操作进行跳动试验后胶砂底部扩散直径的大小，其大小是用毫米数来表示的。

水泥的凝结时间、安定性及水泥胶砂强度是水泥国家标准中的三个重要品质指标。这三个指标都与用水量有密切的关系。用水量多了，安定性可以得到改善，但凝结时间延长，且强度下降；反之，用水量少了，凝结时间缩短，水泥强度偏高，但安定性会受到影响。通过对水泥标准稠度用水量的检验，确定检验水泥凝结时间、安定性及水泥胶砂强度时的最佳用水量，从而使水泥凝结时间、安定性及水泥胶砂强度的检验结果具有准确的可比性。

## 4.2　水泥的凝结时间

水泥从加水开始到水泥浆体失去可塑性且开始具有机械强度，成为比较致密的固体状态时所需要的时间，称为水泥的凝结时间。

为了更好地反映水泥的凝结时间，以利于建筑施工，水泥的凝结时间又人为地分为初凝时间和终凝时间。水泥从加水开始到水泥浆开始失去流动性，也就是到水化产物开始凝聚成一定结构时所需要的时间即为初凝时间；水泥从加水开始到发展为比较致密的固体状态，也就是到发展为具有一定的结构强度时所需要的时间即为终凝时间。

凝结时间是水泥的重要建筑性质之一，在建筑施工中具有重要意义。根据混凝土、砂浆的施工要求，水泥既不能初凝时间太短，也不能终凝时间太长。初凝时间太短，混凝土、砂浆来不及搅拌、运输、浇捣或砌筑，影响工程质量；终凝时间太长，则将延长脱模时间及养护时间，进而影响施工进度。因此，必须检验和控制水泥的凝结时间，以适应施工的要求和保证工程的质量。

GB 175—2007 规定：硅酸盐水泥、普通硅酸盐水泥、矿渣硅酸盐水泥、粉煤灰硅酸盐水泥、火山灰硅酸盐水泥、复合硅酸盐水泥的初凝时间均不得早于 45 min；硅酸盐水泥的终凝时间不得迟于6.5 h，普通硅酸盐水泥、矿渣硅酸盐水泥、粉煤灰硅酸盐水泥、火山灰硅酸盐水泥、复合硅酸盐水泥的终凝时间不得迟于10.0 h。

## 4.3　水泥的安定性

水泥浆在凝结、硬化后因体积膨胀不均匀而变形的性质，称为水泥的体积安定性，简称水泥的安定性。

水泥的安定性直接反映了水泥质量的好坏，是水泥品质指标中的一项重要指标。安定性合格是保证砂浆、混凝土工程等质量的必要条件；否则，将使砂浆、混凝土工程等产生变形，出现弯曲、裂纹甚至崩溃，造成严重的质量事故。GB 175—2007 规定：

(1) 硅酸盐水泥和普通水泥中氧化镁的含量不宜超过 5.0%。如果水泥经压蒸安定性试验合格，则水泥中氧化镁的含量允许放宽到 6.0%。

(2) 矿渣水泥 P·S·A、火山灰硅酸盐水泥、粉煤灰硅酸盐水泥、复合硅酸盐水泥中氧化镁含量大于 0.6%，需进行水泥压蒸安定性试验并合格。

(3) 沸煮法检验水泥安定性时必须合格。

# 4.4 任务实施

## 4.4.1 水泥标准稠度用水量的检验

### 4.4.1.1 主要仪器及参数

(1) 水泥净浆搅拌机：符合 JC/T 729—2005 的要求。该搅拌机采用公转与自转相结合的行星轨迹运动，叶片公转与自转时皆采用高速与低速两种速度，控制系统具有按程序自动控制与手动控制两种功能。搅拌机拌和一次的控制程序为：慢转 120±3 s，停 15 s，快转 120±3 s。搅拌时搅拌机叶片与锅底、锅壁的最小间隙为2±1 mm。试验前要开机空转，检查搅拌机叶片是否碰锅及自动控制时工作程序是否符合要求。

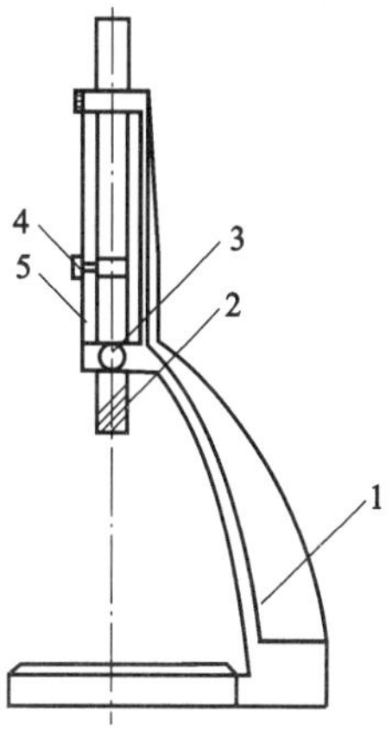


图 3.4.1　标准稠度与凝结时间测定仪

1—铁座；2—金属圆棒；3—松紧螺丝；4—指针；5—标尺

(2) 水泥净浆标准稠度与凝结时间测定仪：符合 JC/T 727—2005 的要求，其结构如图 3.4.1 所示。由铁座 1 和可以自由滑动的金属圆棒 2 组成，松紧螺丝 3 用来调整金属棒的高低。金属棒上附有指针 4，利用量程为 0～75 mm 的标尺 5 指示金属棒下降距离。测定标准稠度用水量时，棒下装上标准稠度试杆（标准法），如图 3.4.2 所示，或装上金属空心试锥（代用法），如图3.4.3(a)所示。测定凝结时间时，取下试杆或试锥，换上试针，该试针如图 3.4.3(b)所示。金属棒装上试杆（试锥）或试针后总质量均为 300±1 g。

(3) 天平：精确至 1 g。试验前调好零点。

(4) 量水器及餐刀：量水器最小刻度为 0.1 mL，精度 1%。

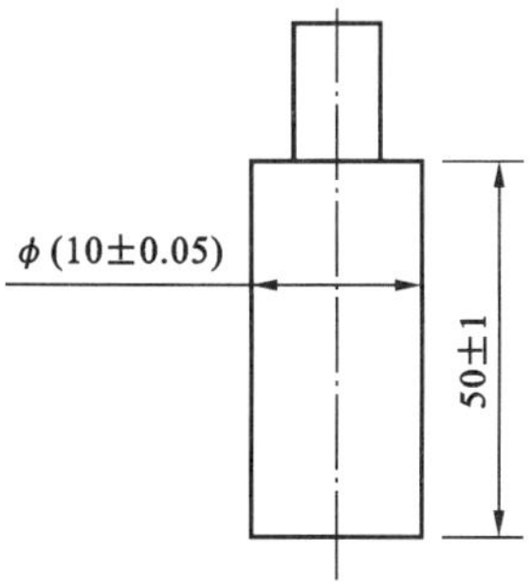


图 3.4.2　标准稠度试杆

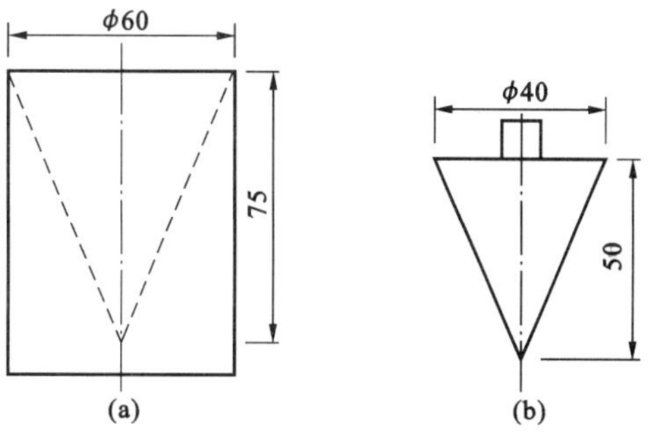


图 3.4.3　试锥与试针

(a) 试锥；(b) 试针

### 4.4.1.2 工作条件

(1) 试验室温度为 20±2 ℃，相对湿度大于 50%。

(2) 检验用水泥和水的准备：水泥试样应充分拌匀，通过 0.9 mm 方孔筛并记录筛余物情况，试验时称取 500 g 水泥试样。

为保证测量结果具有准确的可比性，拌和水量必须根据已测出的该水泥净浆标准稠度用水量（$P\%$）来确定。

4.4.1.3　工作过程

水泥净浆标准稠度用水量的测定可用 GB/T 1346—2001（ISO 9597—1989）中规定的试杆法（标准法）和 GB/T 1346—1989 中规定的试锥法（代用法）进行测量。当试杆法与试锥法测量结果不一致时以试杆法为准。试锥法又分调整水量法和固定水量法，当二者有矛盾时以调整水量法为准。

（1）试杆法（标准法）

试杆法的测定过程如下所示：

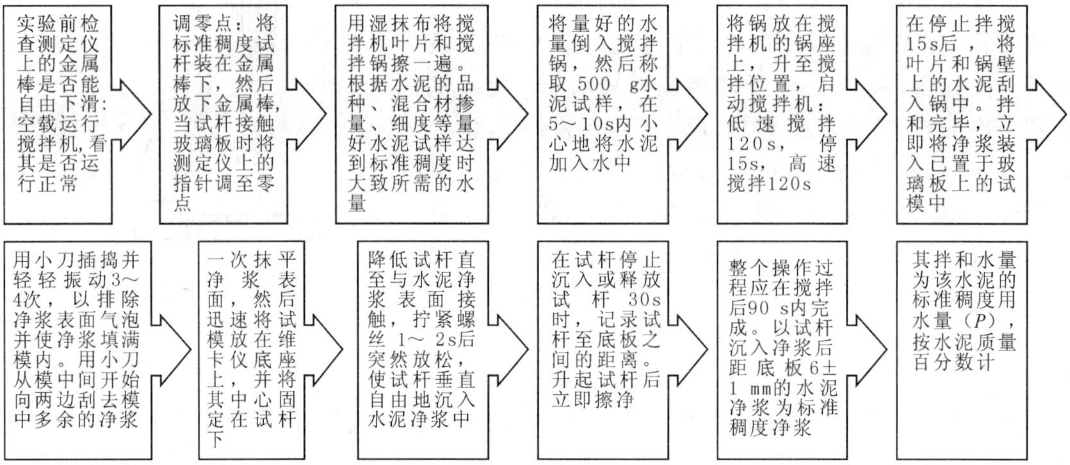


（2）试锥法（代用法）

试锥法测定水泥标准稠度用水量时，若采用调整用水量法，其拌合水量是按经验估计；若采用固定水量法，其拌和水为 142.5 mL。$P_{固}\%=33.4-0.185S$（此公式适应固定水量法）。

试锥法的测定过程如下所示：

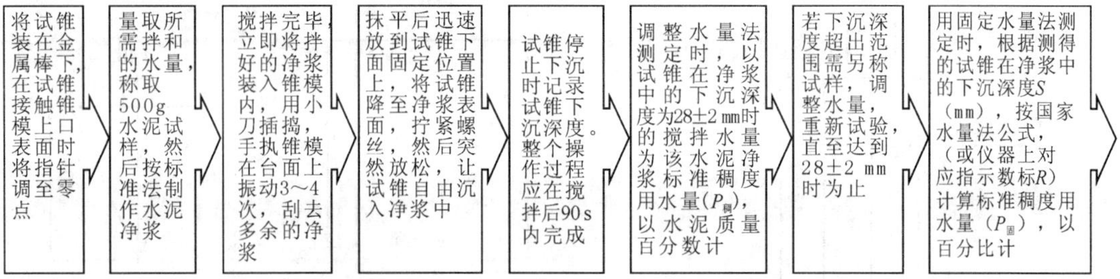


4.4.1.4　试验结果的记录

试验结果的记录见表 3.4.1 所示。

**表 3.4.1　标准稠度用水量试验结果记录**

| 序号 | 标准稠度用水量（m） | 试杆下沉距离底板深度 $S$（mm） | 标准稠度 $P$（%） |
|---|---|---|---|
| 1 | | | |
| 2 | | | |

### 4.4.2　水泥凝结时间的检验

4.4.2.1　主要仪器及参数

(1) 水泥净浆搅拌机：如前所述，符合 JC/T 729—2005 的要求。

(2) 水泥净浆标准稠度与凝结时间测定仪：如前所述，符合 JC/T 727—2005 的要求。

(3) 湿气养护箱：应能使温度控制在 20±1 ℃，湿度大于 90%。

(4) 天平：精确至 1 g。试验前调好零点。

(5) 量水器及餐刀：量水器最小刻度为 0.1 mL，精度 1%。

(6) 初凝试针，见图 3.4.4 所示。

(7) 终凝试针，见图 3.4.5 所示。

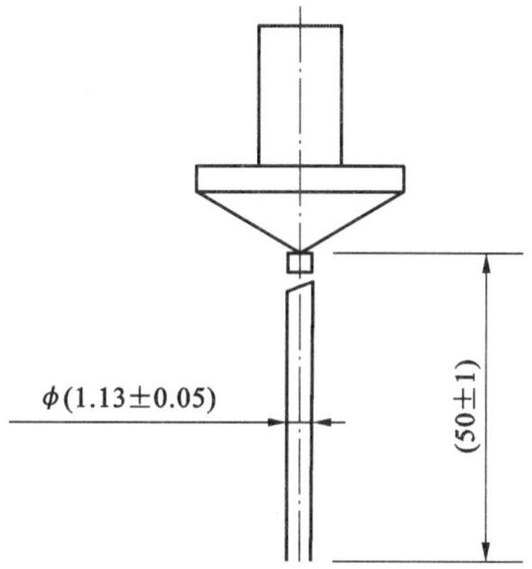


图 3.4.4　初凝试针

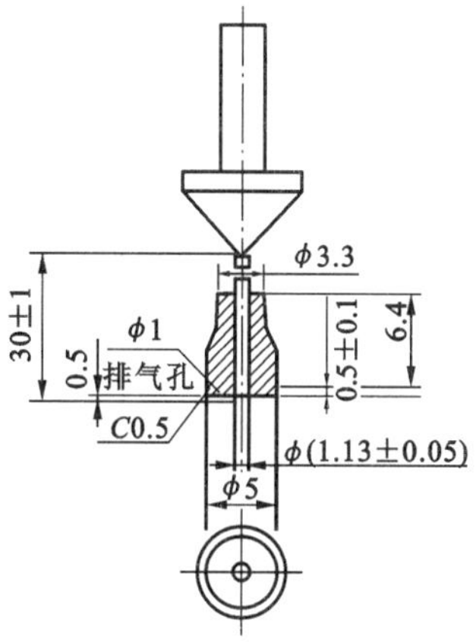


图 3.4.5　终凝试针

4.4.2.2　工作条件

(1) 试验室温度为 20.0±2 ℃，相对湿度大于或等于 50%。

(2) 湿气养护箱的温度控制在 20.0±1 ℃，相对湿度大于或等于 90%。

(3) 检验用水泥和水的准备：与测定水泥净浆标准稠度用水量时相同，在此不再重述。

4.4.2.3　工作过程

(1) 调零点

将测定初凝时间的试针装在金属棒下，在试针接触玻璃板时把金属棒上的指针对准标尺零点。

(2) 涂油

在圆模内壁涂上一薄层机油，然后把圆模放在特制的玻璃板上。

(3) 净浆搅拌

搅拌方法与前面测定水泥净浆标准稠度用水量时相同，在此不再重述。记下水泥全部加入水中时的时间，这个时间就是凝结时间的起始时间。

(4) 净浆装模

将制得的标准稠度净浆一次装模，手执圆模和玻璃板在台面上振动数次，并用餐刀捣插，刮去多余的净浆并抹平后放入湿气养护箱内养护。

(5) 养护与测定

从凝结时间的起始时间开始计时,30 min 后将试件从养护箱中取出进行第一次测量。测定时,将圆模放到试针下,调节测定仪上的松紧螺丝,使试针与净浆面接触,再拧紧松紧螺丝 1～2 s后突然放松,让试针自由沉入净浆,观察试针停止或下沉 30 s 时测定仪上指针的读数。每次测量后立即将试模放回养护箱中进行养护,并将试针上的净浆擦干净。未达到初凝之前,每次测定时必须用手轻扶金属棒,控制试针在净浆中的下沉速度,防止试针下沉速度过快而被撞弯或撞断;每次测定时试针沉入点离圆模内壁距离至少应大于 10 mm。初凝测出后立即将试模连同浆体以平移的方式从玻璃板上取下,翻转 180°,直径大端向上,小端向下,放在玻璃板上,再放入养护箱中继续养护,同时,将测定仪金属棒上测初凝时间的试针取下,换上测终凝时间用的试针。

(6) 结果确定

临近初凝时,每隔 5 min 测一次,当试针沉至距底板 4±1 mm 时即为水泥达到初凝状态,由水泥全部加入水中至达到初凝状态的时间为水泥的初凝时间,单位用"min"表示;临近终凝时,每隔 15 min 测一次,当试针沉入净浆 0.5 mm,即环形附件不能在试体上留下痕迹时,即为水泥达到终凝状态,由水泥全部加入水中至终凝状态的时间为水泥的终凝时间,单位用"min"表示。测量时若发现到终凝时应立即在其他位置再测一次,只有两次结论相同才能定为到达终凝状态。

(7) 影响检验结果准确性的因素

① 加水量的多少:加水量多,凝结时间延长;加水量少,凝结时间缩短。所以,为了保证测定结果具有准确的可比性,搅拌水泥净浆时必须使用标准稠度用水量。

② 金属棒的灵活性:若测定仪金属棒不能自由下落,则会使凝结时间的测定结果偏小。所以实验前要检查金属棒能否自由下落。

③ 试针质量:试针要垂直,表面光滑,顶端应为平面,如发现有弯曲或(圆)角时则不能使用。每次测定完毕,须将试针擦净。

④ 净浆内部孔隙:装模时要轻振圆模,并用餐刀捣插,以排除装模时带入的空气,确保净浆充满整个圆模。

#### 4.4.2.4　试验结果记录

试验结果记录见表 3.4.2 所示。

**表 3.4.2　初凝时间、终凝时间的记录**

| 序号 | 加水时间 | 初凝状态时间 | 终凝状态时间 | 初凝时间 | 终凝时间 |
|---|---|---|---|---|---|
| 1 | | | | | |
| 2 | | | | | |

### 4.4.3　水泥安定性的检验

#### 4.4.3.1　沸煮法检验水泥安定性——雷氏夹法

(1) 检验原理

沸煮雷氏夹试件检验水泥的安定性,是通过沸煮加速 $f$-CaO 的水化反应,使 $f$-CaO 需长时间才产生的危害在短时间内表现出来。根据雷氏夹试件沸煮前后体积的变化,即雷氏夹两针尖之间距离的变化来判断水泥安定性合格与否。

(2) 工作条件

与测定凝结时间相同,在此不再重述。

(3) 主要仪器及其准备

① 水泥净浆搅拌机:如前所述,符合 JC/T 729—2005 的要求。

② 沸煮箱:有效容积约为 410 mm×240 mm×310 mm,篦板的结构应不影响试验结果,篦板与加热器之间的距离大于 50 mm,箱的内层由不易锈蚀的金属材料制成。试验前在箱内装好水,并调整好水位,以保证在整个沸煮过程中,雷氏夹试件不会暴露在水面上,同时又能在 30±5 min 内将箱内的试验用水由室温升至沸腾状态并保持 3 h 以上,整个试验过程中不需补充水量。

③ 雷氏夹:由铜质材料制成,如图 3.4.6 所示。雷氏夹的弹性必须符合以下要求:静态时,雷氏夹两针尖之间的距离为 10 mm;当一根指针的根部先悬挂在一根金属丝或尼龙丝上,另一根指针的根部再挂上 300 g 砝码时,两根指针的针尖距离应在 17.5±2.5 mm;当去掉砝码后两针尖的距离必须恢复至挂砝码前的状态。弹性要求不合格的雷氏夹不能使用。试验时先在雷氏夹内壁涂上一薄层机油,便于测定完毕后脱模。每测定一个水泥样品的安定性,必须成型两个雷氏夹试件。

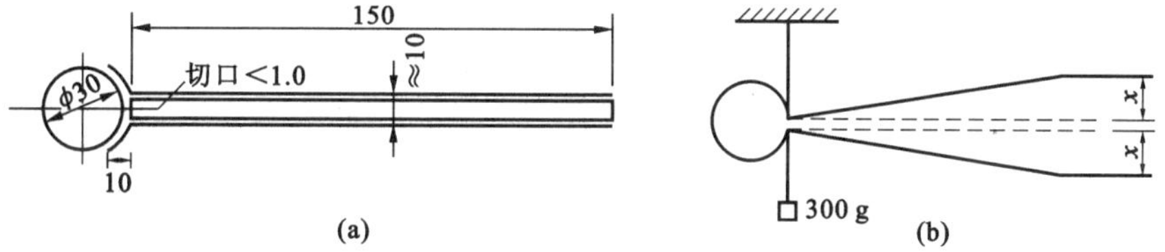


图 3.4.6　雷氏夹及受力示意图

(a) 雷氏夹;(b) 雷氏夹受力示意图

④ 雷氏夹膨胀值测定仪:如图 3.4.7 所示,它主要用于检验雷氏夹的弹性要求,测量雷氏夹环模中经养护及沸煮一定时间后的水泥净浆试件的膨胀值。

⑤ 天平。

⑥ 量水器:量水器最小刻度为 0.1 mL,精度 1%。

⑦ 餐刀及玻璃板:餐刀的刀面宽度为 10 mm 左右,玻璃板的质量为 75~85 g。试验时要准备 4 块符合要求的玻璃板,并事先在与水泥净浆接触的玻璃板表面涂上一薄层机油。

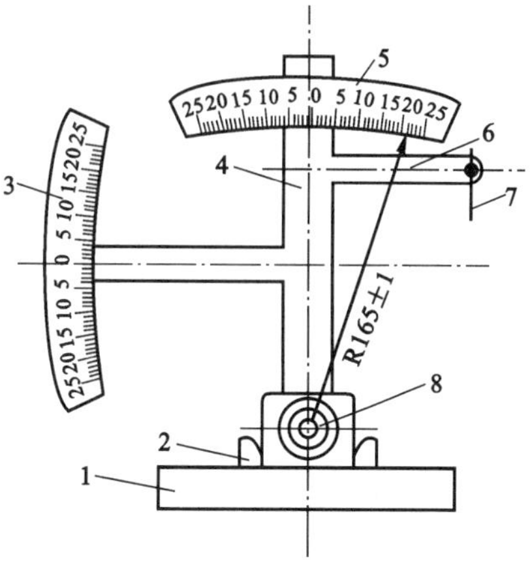


图 3.4.7　雷氏夹膨胀值测量仪

1—底座;2—模子座;3—测弹性标尺;4—立柱;5—测膨胀值标尺;6—悬臂;7—悬丝;8—弹簧顶钮

(4) 工作过程

① 净浆搅拌:搅拌方法与前面测定水泥净浆标准稠度用水量时相同,在此不再重述。若安定性的检验与凝结时间的测定同时进行,则可直接用测定凝结时间时所制得的净浆。

② 净浆装模:将事先准备好的雷氏夹放在已涂油的玻璃板上,并立刻将标准稠度净浆一次装满雷氏夹。装模时一只手轻轻扶持雷氏夹,另一只手

用宽约 10 mm 的小刀插捣 15 次左右，然后刮去多余净浆并抹平，盖上已涂油的玻璃板。按此操作方法，每个试样共成型两个雷氏夹试件。

③ 养护箱中养护：将成型好的雷氏夹试件连同玻璃板一起放在养护箱内养护 24±2 h。

④ 沸煮：从养护箱中取出雷氏夹试件，取下玻璃板，将雷氏夹放在测定仪下进行测量，测出沸煮前雷氏夹两针尖间的距离(精确至 0.5 mm)，记为 $A$。接着将试件放在沸煮箱内的篦板上，雷氏夹针尖朝上，试件之间互不交叉。通电加热，使箱内水在 30±5 min 内加热至沸，并恒沸 3 h±5 min。煮毕将箱内水放出，打开箱盖让试件冷却至室温。

⑤ 结果确定：

a. 将煮后的雷氏夹放在测定仪下测量，测出煮后雷氏夹两针尖间的距离(精确至 0.5 mm)，记为 $C$。

b. 当两个试件煮后膨胀值($C-A$)的平均值不大于 5.0 mm 时，即认为该水泥安定性合格。

c. 当两个试件的膨胀值($C-A$)相差超过 4.0 mm 时，应用同一样品立即重做一次试验。再如此，则认为该水泥的安定性不合格。

⑥ 影响检验结果准确性的因素：

a. 制浆时的加水量：加水量多，安定性可以得到改善；加水量少，安定性会变差。所以，为了保证测定结果具有准确的可比性，搅拌水泥净浆时必须使用标准稠度用水量。

b. 装模时应用一只手轻轻向下压住两根指针的焊点处，防止装浆时试模在玻璃板上产生移动。但不能用手捏雷氏夹以免造成切口边缘重叠。

c. 试件的密实度：净浆装模时，要按规定对水泥浆进行捣插，以使净浆充满整个雷氏夹。若制得的试件内部含气孔较多，则会使水泥的安定性得到改善。成型捣插时小刀插到雷氏夹高度的 2/3 即可，刮平时由浆体中心向两边刮，最多不超过 6 次。

4.4.3.2　沸煮法检验水泥安定性——试饼法

(1) 检验原理

沸煮水泥净浆试饼检验水泥的安定性，是通过沸煮加速 $f$-CaO 的水化反应，使 $f$-CaO 需长时间才产生的危害在短时间内表现出来。根据试饼沸煮前后的外形变化来判断水泥安定性合格与否。

(2) 工作条件

与雷氏法相同。

(3) 主要仪器及参数

① 水泥净浆搅拌机、湿气养护箱、沸煮箱、天平、量水器、餐刀等与雷氏法相同。

② 玻璃板：每个样品需要准备两块约 100 mm×100 mm 的玻璃板，凡与水泥净浆接触的玻璃板表面都要涂上一薄层机油。

(4) 工作过程

① 净浆搅拌：搅拌方法与前面测定水泥净浆标准稠度用水量时相同。

② 成型净浆试饼：将制好的标准稠度净浆取出一部分分成两等份，使之成球形，放在预先准备好的玻璃板上，轻轻振动玻璃板并用湿布擦过的小刀由边缘向中央抹，做成直径 70～80 mm、中心厚约 10 mm、边缘渐薄、表面光滑的试饼。

③ 养护箱中的养护：将成型好的试饼放在养护箱内养护 24±2 h。养护箱内的温度为

20±1 ℃,相对湿度大于或等于 90%。

④ 沸煮:脱去玻璃板取下试饼,在试饼无缺陷的情况下将其放在沸煮箱内的篦板上,然后在 30±5 min 内加热,加热时间控制在 0～3.5 h。煮沸试饼结束后,立即放掉沸煮箱中的热水,打开箱盖,使试饼冷却至室温。

⑤ 结果确定:

a. 取出试饼进行判别,目测试饼未发现裂缝,用钢直尺检查也没有弯曲(使钢直尺和试饼底部紧靠,以两者间不透光为不弯曲),则安定性合格;反之,为不合格。

b. 当两个试饼判别结果不一致时,该水泥的安定性为不合格。

c. 试饼法与雷氏夹法的判断结果不一致时,以雷氏夹法判断结果为准。

⑥ 影响检验结果准确性的因素:

a. 影响雷氏夹法检验结果准确性的因素都影响试饼法检验结果的准确性。

b. 试饼的规格必须符合标准要求。制作试饼时抹面的次数不宜太多。

(5) 试验结果记录

试验结果记录见表 3.4.3 所示。

**表 3.4.3 雷氏法试验结果记录**

| 雷氏夹编号 | 煮前值 $A$(mm) | 煮后值 $C$(mm) | 增加距离 $C-A$(mm) | 两个结果差值 (mm) | 平均值 (mm) | 结果判断 |
|---|---|---|---|---|---|---|
| 1 | | | | | | |
| 2 | | | | | | |

### 思考与练习

1. 什么是水泥的标准稠度用水量、凝结时间和安定性?
2. 国家标准对六大品种水泥的凝结时间是如何规定的?
3. 检验水泥标准稠度用水量、凝结时间、安定性时,湿气养护箱的温度和湿度各为多少?
4. 标准法检验水泥净浆标准稠度用水量时,如何事先估计水泥净浆标准稠度用水量?
5. 如何判断初凝时间和终凝时间的终点?
6. 如何判断水泥的安定性?
7. 若 8:30 开始加水做试验,在 11:20 和 14:40 分别到达初凝和终凝状态时间,问该试样所需初凝和终凝时间分别是多少?

## 任务 5 ISO 水泥胶砂强度检验

**知识目标**:掌握 ISO 水泥胶砂强度检验的基本理论知识、仪器的主要参数及使用、检验方法、检验结果的计算及处理。

**能力目标**:通过学习与训练能承担 ISO 水泥胶砂强度检验,对试验中出现的一般问题学会分析及处理。

**任务描述**:检验水泥强度一方面可以确定水泥的强度等级,对比水泥的好坏;另一方面可以根据水泥强度设计混凝土，合理使用水泥，保证工程质量。水泥强度是一个相对值，同样的水泥用不同的检验方法，会有不同的强度值。水泥等级是用水泥胶砂硬化试体在一定龄期内的抗压强度值表示的。

通常是用规定的仪器，通过一定的成型、脱模、破型等步骤来完成水泥强度的检验，根据试验数据计算得出该编号的水泥抗折、抗压强度。

## 5.1 概念及表示方法

水泥胶砂硬化试体承受外力破坏的能力称为水泥强度。它是水泥重要的物理力学性能之一，也是水泥主要的品质指标。

根据外力作用形式分为抗折强度和抗压强度。抗折强度是指水泥胶砂硬化试体承受弯曲破坏时的最大外力，单位为兆帕(MPa)。抗压强度是指水泥胶砂硬化试体承受压缩破坏时的最大外力，单位为兆帕(MPa)。

## 5.2 影响水泥强度的因素

影响水泥强度的因素较多，如熟料的矿物组成、煅烧程度、冷却速度、水泥细度、混合材掺入量、石膏的掺量、试体成型时的加水量、试验养护时的温度和湿度、水泥储存的时间、条件等。

硅酸盐水泥熟料的矿物组成是决定水泥强度的主要因素。硅酸盐水泥熟料中，$C_3S$水化快，早期强度高，强度增进率大，是水泥强度的主要来源；$C_2S$凝结硬化慢，早期强度低，后期强度增进率大；熔剂矿物中$C_3A$水化最快，3 d的强度基本发挥出来，3 d以后的强度不再增长，甚至倒缩；$C_4AF$水化速度早期介于$C_3A$和$C_3S$之间，但后期发展不如$C_3S$。

煅烧完全、冷却速度快的熟料制成的水泥强度高；相反，煅烧不完全、冷却速度慢的熟料制成的水泥强度低。

水泥细度对水泥强度和强度增长速度也有着十分重要的影响。水泥细，其水化快，水泥的早期强度高。但水泥太细，则所需水量大，后期强度反而下降。

在生产水泥时，掺加适量的混合材，一方面可以降低水泥生产成本，改善水泥性能，另外还可以综合利用工业废渣，减少环境污染。一般混合材掺量增加，水泥强度下降。

在水泥中掺加适量石膏，主要是起调节凝结时间的作用。适量石膏有利于提高水泥强度，特别是早期强度，但石膏掺量过多时，水泥安定性不良。

试体成型时的加水量不足时，水泥水化慢，水泥强度偏低。

试验养护时的温度和湿度对水泥强度有明显影响。提高试验养护时的温度和湿度，可以提高水泥的早期强度，但温度和湿度过高，水泥的后期强度反而下降，尤其是抗折强度。

水泥强度随储存时间的延长而降低。一般在储存条件较好时，水泥储存三个月则强度平均下降10%，六个月降低约30%。

# 5.3 任务实施

## 5.3.1 ISO水泥强度的检验

### 5.3.1.1 试验用的主要仪器

(1) 胶砂搅拌机(如图3.5.1所示):行星式,应符合JC/T 681—2005要求。叶片与锅之间的间隙为3±1 mm,每月检查一次。搅拌程序:低速30±1 s,再低速30±1 s(同时加砂),高速30±1 s,停机90±1 s(刮锅),再高速60±1 s。

(2) 振实台(如图3.5.2所示):应符合JC/T 682—2005要求。振幅15±0.3 mm。振动60次的时间为60±1 s。

图3.5.1　胶砂搅拌机

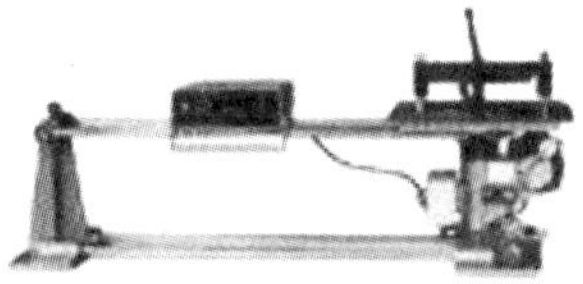

图3.5.2　振实台

(3) 试模:每个模槽尺寸均为40 mm×40 mm×160 mm,试模净重6～6.5 kg,组成见图3.5.3所示。试模长160±0.8 mm;宽40±0.2 mm;高40.1±0.1 mm。制造尺寸和机制材质应符合JC/T 726—2005要求。

(4) 量水器(如图3.5.4所示):容积225 mL,其精度要求达到±1 mL。标定合格后方可使用。

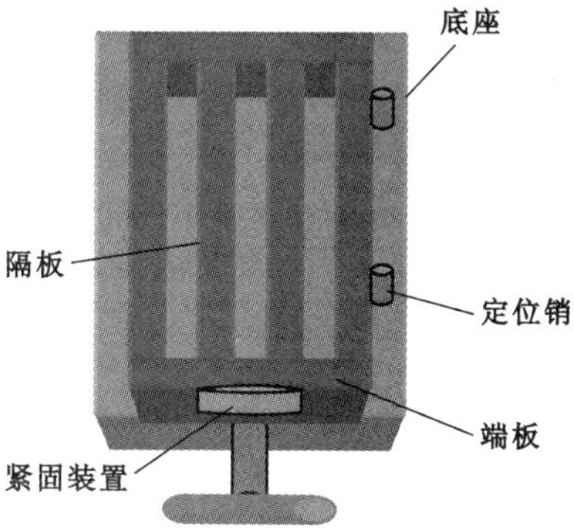


图3.5.3　试模

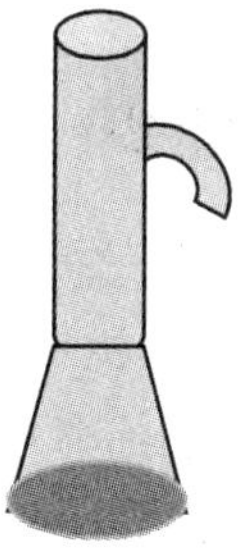

图3.5.4　量水器

(5) 播料器(如图3.5.5所示):技术参数符合GB/T 1761—1999要求。

(6) 金属刮平尺:符合GB/T 1761—1999要求,其长300 mm,宽30 mm,厚2 mm,由不锈钢材料制成。

(7) 电动抗折机(如图 3.5.6 所示):最大试验力 5000 N;加荷速率 50±0.5 N/s;示值精度±1%。

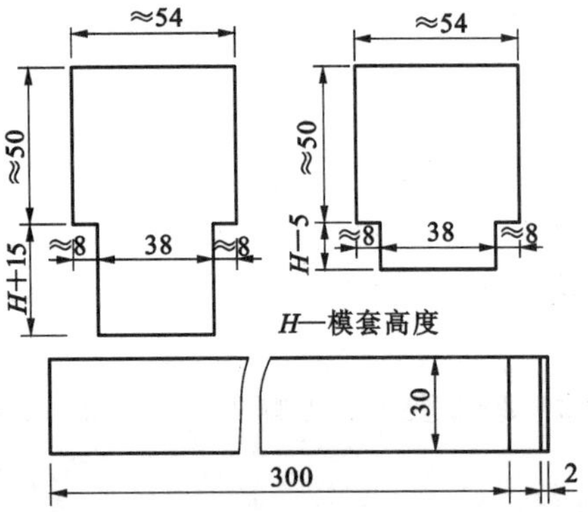


图 3.5.5　播料器

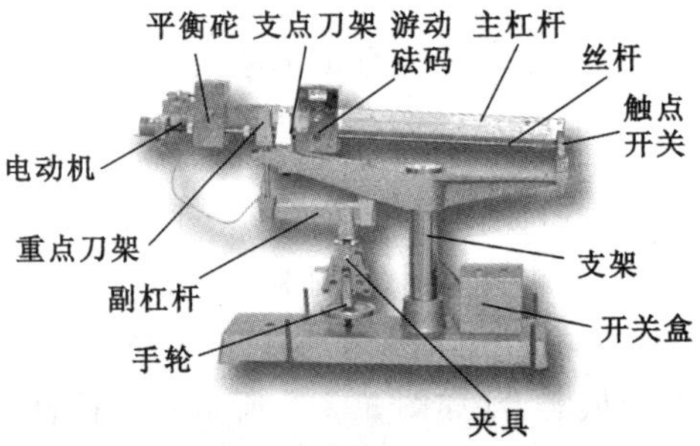


图 3.5.6　电动抗折机

(8) 抗压夹具(如图 3.5.7 所示):技术参数符合 JC/T 683—2005 的要求。上、下压板长度为 40±0.1 mm,宽度大于 40 mm,厚度大于 10 mm;上、下压板间自由距离为 45～50 mm。

(9) 养护箱(如图 3.5.8 所示):应保持在 20±1 ℃,箱内温差大于或等于 1 ℃,相对湿度大于或等于 90%。工作时温度、湿度至少 4 h 记录一次,在自动控制的情况下记录次数可酌减一次或两次。

(10) 自动抗压机(如图 3.5.9 所示):GB/T 17671—1999 要求水泥胶砂强度试验时的受压面积为 40 mm×40 mm,其加荷速率控制在 2400±200 N/s,最大荷载 200～300 kN,加荷速率精度±8%;示值精度±1%。工作时由一台计算机按程序自动控制加荷速率。

图 3.5.7　抗压夹具

图 3.5.8　养护箱

图 3.5.9　自动抗压机

(11) 手动抗压机(如图 3.5.10 所示):主要技术参数与自动抗压机一样。工作时由人工操作送油阀来控制加荷速率。

(12) 养护池(槽)(如图 3.5.11 所示):养护池水的温度 20±1 ℃,试体彼此之间保持一定的距离,试体的六个面充分与水接触。养护期间试体之间的间隔及试体上表面的水深不得小于 5 mm。每个养护池(槽)内只养护同类型的水泥试体。养护龄期:从水泥加水开始算起。不同龄期强度检验在下列时间里进行:

① 24 h±15 min;

② 48 h±30 min;

③ 72 h±45 min。

④ 7 d±2 h；

⑤ ≥28 d±8 h。

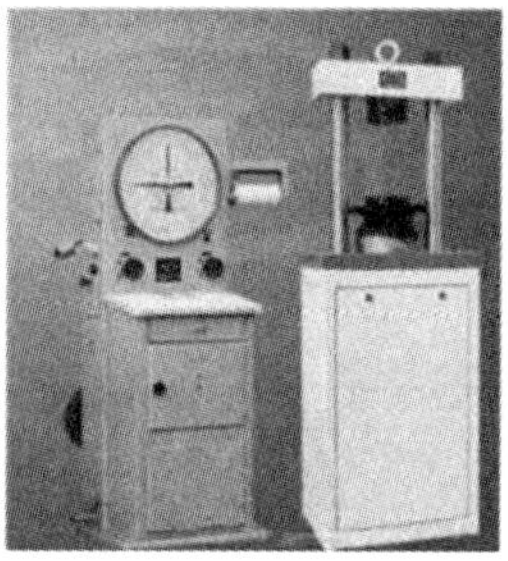

图 3.5.10　手动抗压机

图 3.5.11　养护池(槽)

5.3.1.2　工作条件

(1) 试验温度为 20±2 ℃，相对湿度大于 50%；水的温度为 20±1 ℃；养护箱的温度为 20±1 ℃，相对湿度大于 90%。试样和砂的温度应与试验室的一致。

(2) 试样通过 0.9 mm 方孔筛，充分搅拌均匀，并填写样品的编号。

(3) 标准砂：按标准 ISO 679 进行质量控制，其主要指标：标准砂由 $SiO_2$ 含量不低于 98% 的天然圆形硅质砂组成，颗粒分布范围满足表 3.5.1 的要求。湿含量在 105～110 ℃下用代表性砂样烘 2 h 的质量损失来测定，以干基的质量分数表示，应小于 0.2%。

**表 3.5.1　标准砂颗粒分布**

| 方孔边长(mm) | 累计筛余(%) | 方孔边长(mm) | 累计筛余(%) |
|---|---|---|---|
| 2.0 | 0 | 0.5 | 67±5 |
| 1.6 | 7±5 | 0.16 | 87±5 |
| 1.0 | 33±5 | 0.08 | 99±5 |

5.3.1.3　工作过程

(1) 成型

成型过程如下所示：

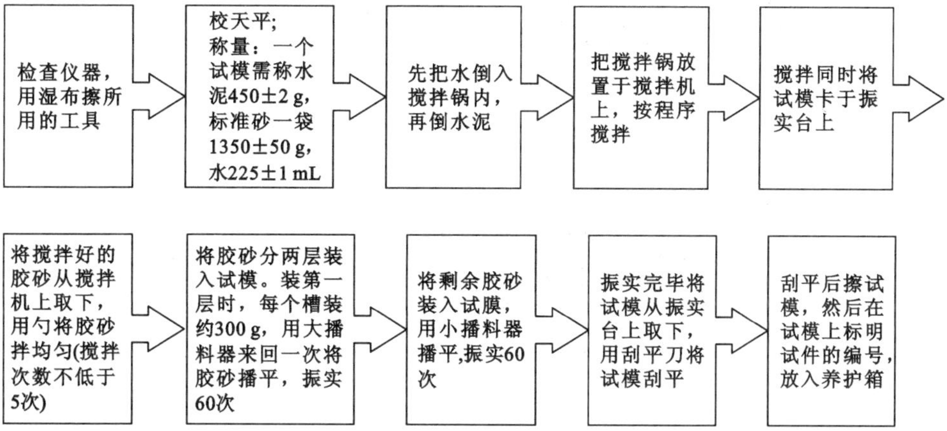

(2) 脱模及编号

脱模及编号过程如下：

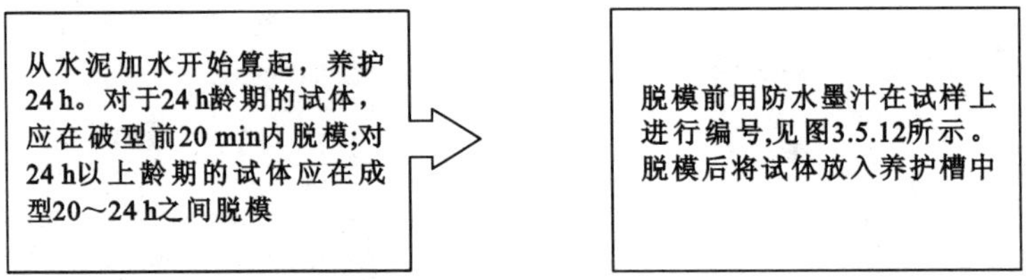


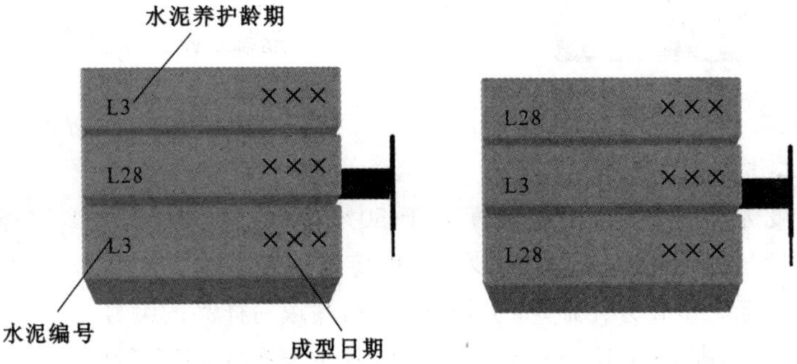


图 3.5.12　水泥试体编号

(3) 试体强度检验

① 抗折工作过程

抗折工作过程如下所示：

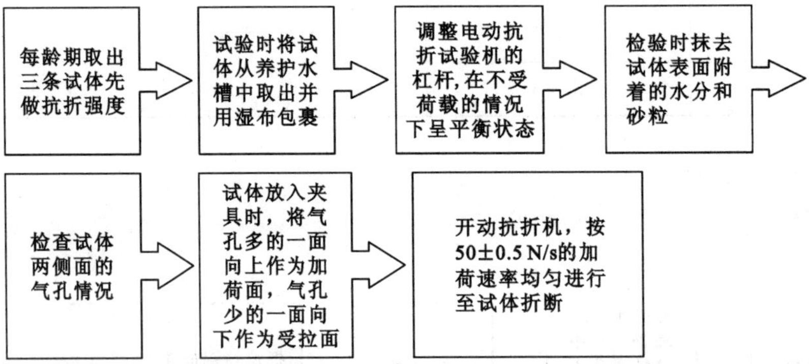


② 抗压工作过程

抗压工作过程如下所示：

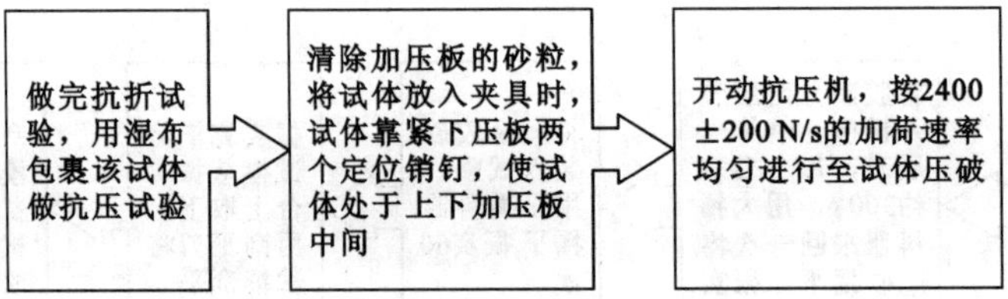

5.3.1.4　结果计算及记录

(1) 抗折强度计算：

① 当采用电动抗折试验机时，直接从标尺上读出每条试体的抗折强度值(MPa)。

② 抗折强度以一组棱柱体的抗折强度结果的平均值作为试验结果。当三个强度值中有超出平均值±10% 时，应剔除后再取平均值作为抗折强度值。

③ 各试体的抗折强度记录至 0.1 MPa，计算结果精确至 0.1 MPa，对后面的数字用修约法则取舍。

(2) 抗压强度计算：

① 抗压强度按 $R=F_C/A$ 计算，$F_C$ 为破坏时的最大荷载，单位以 N 表示；$A$ 为受压面积(40 mm×40 mm)，以 $mm^2$ 为单位，或者用表盘读数直接除以 1.6。

② 抗压强度以六个抗压强度测定值的算术平均值为试验结果，如六个测定值中有一个超过六个平均值的±10%，应剔除后以剩下五个测定值的算术平均值作为抗压强度值。如果五个测定值中有一个超过五个测定值的算术平均值的±10%，则此组结果作废。

③ 荷载读数精确至 0.1 kN，每个半截棱柱试体的单个抗压强度计算结果精确至 0.1 MPa，平均值计算结果精确至 0.1 MPa，对后面的数字用修约法则取舍。

(3) 试验及结果记录见表 3.5.2 和表 3.5.3 所示。

**表 3.5.2　水泥胶砂强度检验的试验记录**

| 编号 | 水泥加水时间(t) | 脱模时间(t) | 养护箱的温度(℃) | 养护箱的湿度(%) | 养护水的温度(℃) |
|---|---|---|---|---|---|
| | | | | | |
| | | | | | |
| | | | | | |
| | | | | | |

**表 3.5.3　水泥抗折、抗压强度原始数据记录**

<table>
<tr><th rowspan="3">编号</th><th colspan="4">3 d</th><th colspan="4">28 d</th></tr>
<tr><th colspan="2">抗折</th><th colspan="2">抗压</th><th colspan="2">抗折</th><th colspan="2">抗压</th></tr>
<tr><th>原始数据<br>(MPa)</th><th>计算结果<br>(MPa)</th><th>原始数据<br>(kN)</th><th>计算结果<br>(MPa)</th><th>原始数据<br>(MPa)</th><th>计算结果<br>(MPa)</th><th>原始数据<br>(kN)</th><th>计算结果<br>(MPa)</th></tr>
<tr><td rowspan="6">A</td><td rowspan="2"></td><td rowspan="6"></td><td></td><td rowspan="6"></td><td rowspan="2"></td><td rowspan="6"></td><td></td><td></td></tr>
<tr><td></td><td></td><td></td></tr>
<tr><td rowspan="2"></td><td></td><td rowspan="2"></td><td></td><td></td></tr>
<tr><td></td><td></td><td></td></tr>
<tr><td rowspan="2"></td><td></td><td rowspan="2"></td><td></td><td></td></tr>
<tr><td></td><td></td><td></td></tr>
<tr><td>平均值</td><td></td><td></td><td></td><td></td><td></td><td></td><td></td><td></td></tr>
</table>

5.3.1.5　影响水泥强度试验结果准确性的因素

(1) 试验条件

① 温度　一般温度偏高其强度也偏高;温度偏低其强度也偏低,特别对水泥的早期强度影响较大。故严格控制试验用的材料以及试验室、养护箱、养护水的温度。

② 养护条件　养护箱的湿度对水泥强度有较大的影响。养护箱的湿度应大于90%,否则试体易干缩变形,影响水泥强度。水池(槽)的养护水应保持在规定的水位,国标中规定不允许在养护期间全部换水,只允许加水,所加水的温度应在20±1 ℃。

③ 水泥试样的保存　水泥试样要求用白铁桶密封保存,密封不好,则水泥强度会下降。

④ 标准砂和试验用水　标准砂一袋的质量以及试验用水的质量直接影响水泥强度。故标准砂及试验用水必须符合规定要求。

(2) 仪器设备

① 胶砂搅拌机　搅拌叶片与锅底、壁之间的间隙为3±1 mm。间隙大,强度偏低;反之,强度偏高。胶砂搅拌的时间不足时强度偏低;反之,偏高。

② 胶砂振实台　振实台振幅为15±0.3 mm。振幅偏大,强度偏高;反之,强度偏低。台盘装上空试模后包括臂杆、模套和卡具的总质量要求为20±0.5 kg,其中除去试模后的质量要求为13.75±0.25 kg。若质量偏大,强度偏高;反之,强度偏低。

③ 试模　试模的形状和尺寸以及质量直接影响水泥的强度,故需定期校正。

④ 抗折夹具和抗压夹具　夹具不符合要求会对强度有影响,故抗折夹具和抗压夹具要定期校正。选择一副抗折、抗压夹具作为标准夹具,定期校正日常使用的夹具。

(3) 试验操作

① 胶砂加水量　胶砂加水量不准确会影响水泥的强度。

② 刮平与脱模　刮平手法不规范,会使试体出现裂纹等缺陷,导致强度偏低。故操作人员应相对稳定和定期培训。脱模由于操作不当,会损伤试体,强度会偏低。所以脱模时要小心,不要用力过大。

③ 试体的破型(抗折、抗压)　试体应在规定时间内完成破型,否则影响水泥强度。破型时加荷速率越快,强度越高;反之,强度偏低。故应严格控制加荷速率。

### 5.3.2　水泥强度检验中的有关技术问题

(1) 水泥强度检验方法新标准中规定灰砂比为1∶3.0

水泥与标准砂的质量比称为灰砂比。修订后的国家标准直接采用ISO 679∶1989《水泥强度检验方法》,其中规定水泥强度检验时的灰砂比为1∶3.0,是通过采用不同灰砂比的大量对比试验并结合水灰比的选择而确定的。其优点是:

① 最适宜于成型操作的水灰比在0.55~0.60左右,它比较接近于多数现浇混凝土的水灰比。

② 水泥胶砂的和易性较好,泌水率低,易于成型,试体强度波动小,结果复演性好。

③ 所测的水泥强度数值较高,压力强度破坏总吨位较大,便于强度等级的划分和原有压力机的利用。

④ 与混凝土强度的相关性比较好。

⑤ 与国际上多数国家的水灰比和灰砂比较接近,与国际标准相一致。

（2）抗压强度试验步骤要求

① 检查 6 个断块的尺寸，受压面长度方向小于 40 mm 的断块不能做抗压试验，应剔除。

② 试验时将抗压夹具放在试验机压板中心。夹具中线与抗压机轴线的误差小于 0.5 mm。清除试体受压面和上下压板间的砂粒或杂物，以试体侧面为受压面。试体应放在加压中心，并紧靠定位销钉，以保证受压面的宽度为 40 mm。

③ 加荷时规定按 2400±200 N/s 的速度，在试体刚开始受力时，可小于规定的速度，使球座有调节的余地；在接近破坏时，加荷速度应严格控制在规定的范围内，整个加荷过程不能突然快或慢和停止加荷。

④ 试体受压破坏后取出，清除压板上粘着的杂物。

⑤ 试验完后清理台面，记录 6 块试体的试验数据并计算试验结果。

## 思考与练习

1. 水泥强度的定义是什么？测定水泥强度有何意义？

2. 检验水泥强度时，为何要控制温度和湿度？

3. 如何提高水泥胶砂强度检验的准确性？

4. 简述抗压试验的操作过程。

5. 某水泥厂生产 P·O 水泥，编号为 A、B，抗折、抗压强度原始数据如表 3.5.4 所示。计算两个编号的抗折、抗压强度平均值，并确定这两个编号的水泥强度等级。

**表 3.5.4　水泥抗折、抗压原始数据**

| 编号 | 3 d | | | | 28 d | | | |
|---|---|---|---|---|---|---|---|---|
| | 抗折 | | 抗压 | | 抗折 | | 抗压 | |
| | 原始数据（MPa） | 计算结果（MPa） | 原始数据（kN） | 计算结果（MPa） | 原始数据（MPa） | 计算结果（MPa） | 原始数据（kN） | 计算结果（MPa） |
| A | 4.1 | | 30.1 | | 7.7 | | 72.1 | |
| | | | 29.4 | | | | 71.8 | |
| | 4.0 | | 29.7 | | 7.8 | | 71.3 | |
| | | | 30.6 | | | | 70.9 | |
| | 3.8 | | 25.8 | | 8.1 | | 72.7 | |
| | | | 28.8 | | | | 73.5 | |
| 平均值 | | | | | | | | |
| B | 3.0 | | 24.4 | | 5.9 | | 55.4 | |
| | | | 25.1 | | | | 55.9 | |
| | 2.8 | | 23.9 | | 5.5 | | 56.8 | |
| | | | 23.3 | | | | 57.0 | |
| | 3.2 | | 24.8 | | 6.0 | | 57.7 | |
| | | | 25.2 | | | | 56.9 | |
| 平均值 | | | | | | | | |

# 任务 6　水泥胶砂流动度检验

**知识目标**：掌握水泥胶砂流动度检验的基本理论知识、仪器的主要参数及使用、检验方法、检验结果的计算及处理。

**能力目标**：通过学习与训练能承担水泥胶砂流动度检验，对试验中出现的一般问题学会分析及处理。

**任务描述**：水泥胶砂流动度检验的目的是控制水泥胶砂强度成型时的加水量，使所得的水泥强度与混凝土强度有较好的相关性，即更能反映使用效果。

检验方法是用规定的仪器，通过胶砂在跳桌上按规定操作进行跳动后，以底部扩散的直径大小来表示流动度好坏，单位为毫米(mm)。

## 6.1　概　　述

胶砂流动度：是人为规定水泥砂浆处于一种特定的和易状态，它反映出水泥胶砂的可塑性，是检验水泥需水性的一种方法。

按 GB/T 17671—1999 规定，火山灰质硅酸盐水泥进行胶砂强度检验时，其用水量按0.50水灰比和胶砂流动度不小于 180 mm 来确定。当流动度小于 180 mm 时，须以 0.01 的整倍数递增的方法将水灰比调整至胶砂流动度不小于 180 mm。

## 6.2　任务实施

**水泥胶砂流动度的检验**

(1) 试验用的主要仪器及参数

① 跳桌(如图 3.6.1 所示)：跳动部分的质量为 4.35±0.15 kg，落距为 10±0.2 mm，桌面跳动频率为 1 次/s，跳动一个周期(25 次)的时间为 25+1 s。圆盘桌面直径为 $\phi$300±1 mm，推杆与机架孔的间隙为 0.05～0.10 mm。

② 模套(如图 3.6.2 所示)：模套必须与截锥圆模配合，并用金属材料制成。

③ 截锥圆模(如图 3.6.3 所示)：高 60±0.5 mm；上口内径 70±0.5 mm；下口内径 100±0.5 mm。

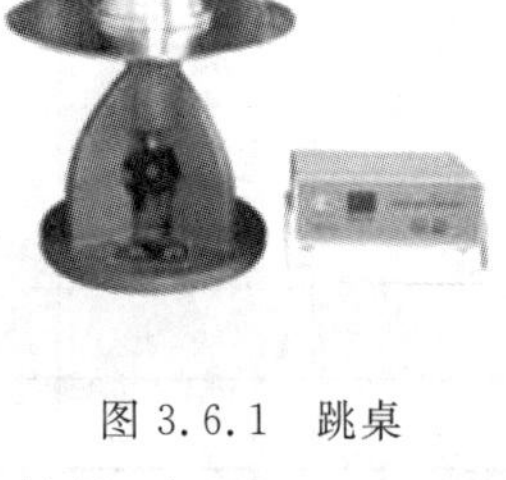

图 3.6.1　跳桌

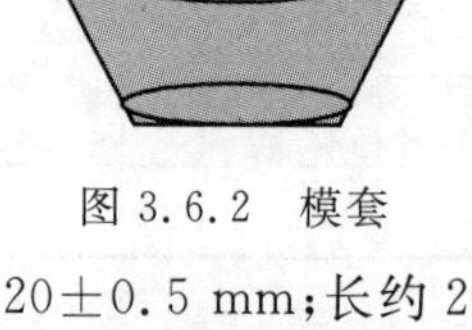

图 3.6.2　模套

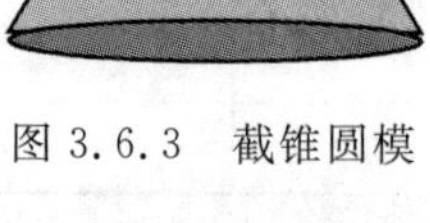

图 3.6.3　截锥圆模

④ 捣棒(如图 3.6.4 所示)：直径 20±0.5 mm；长约 200 mm。

⑤ 模套与截锥圆模的组合如图 3.6.5 所示。

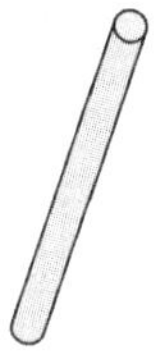

图 3.6.4　捣棒

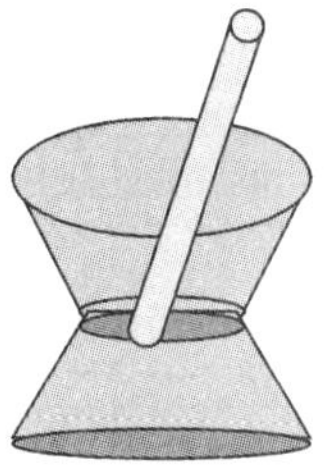

图 3.6.5　模套与截锥圆模的组合

(2) 工作条件

工作条件与任务 5 水泥胶砂强度检验中的 5.3.1.2 节相同。

(3) 工作过程

工作过程如下所示：

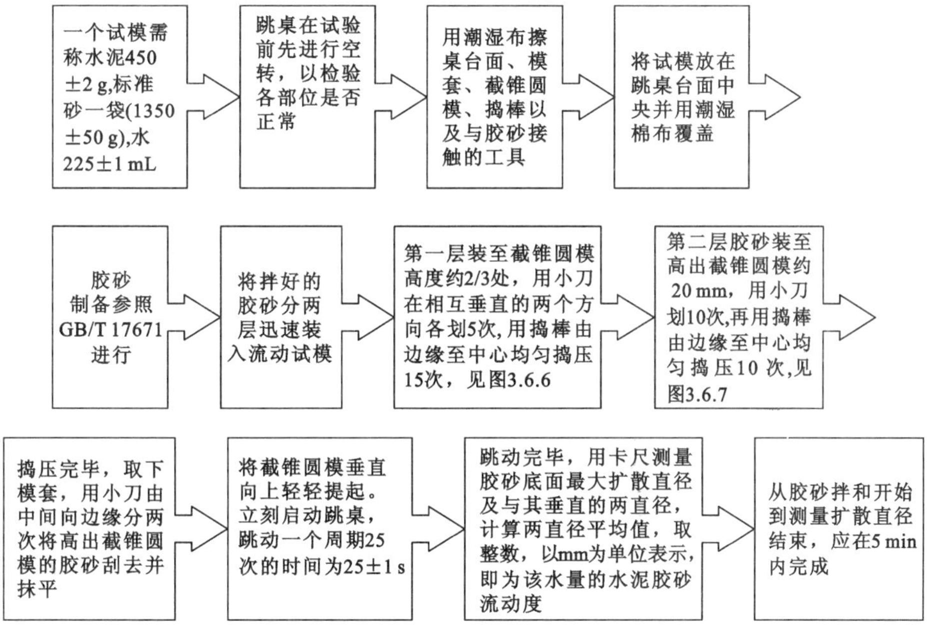


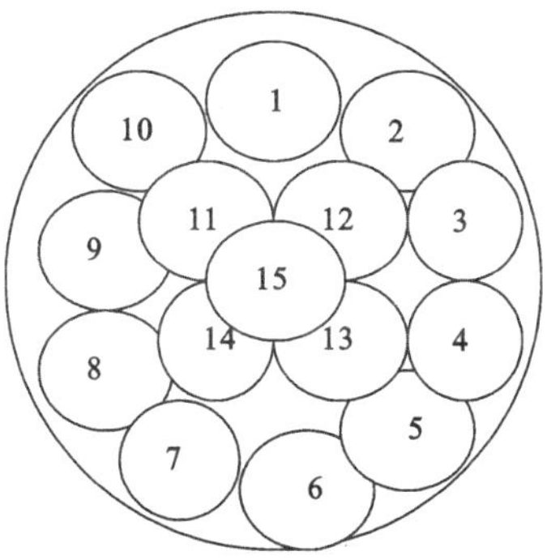


图 3.6.6　第一层装胶砂捣压

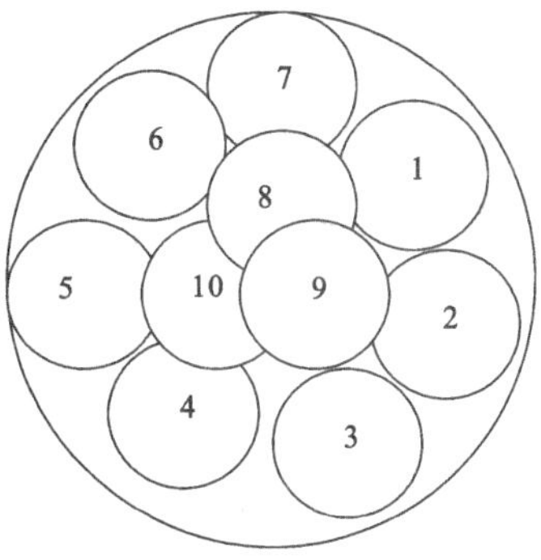


图 3.6.7　第二层装胶砂捣压

(4) 实验结果记录

实验结果记录如表 3.6.1 所示。

**3.6.1　水泥胶砂流动度测定记录**

| 测定次数 | 水泥质量(g) | 标准砂(g) | 水(mL) | 流动结果(mm) |
|---|---|---|---|---|
| 1 | | | | |
| 2 | | | | |
| 平均值 | | | | |

(5) 影响水泥胶砂流动性试验结果准确的因素

① 试验时间　从加水开始到试验结束整个过程在 5 min 内完成。时间长，水泥胶砂流动性就越差。

② 成型时捣实程度　捣实时用力大，截锥圆模下边出现泌水，流动度测定结果小；用力小，胶砂松散，振动时易塌落，直径无法测量。

③ 跳桌桌面要水平。

④ 跳桌跳动部分的总质量控制在 4.35±0.15 kg，落距控制在 10±0.2 mm。

## 思考与练习

1. 检验水泥胶砂流动度有何意义？
2. 如何检验水泥胶砂流动度？
3. 试验过程中有哪些因素影响水泥胶砂流动性试验结果？

# 参考文献


1 雷远春主编.硅酸盐材料理化性能检测.武汉:武汉理工大学出版社,2002.

2 冯正良主编.建材物理检验.北京:化学工业出版社,2006.

3 张云洪主编.生产质量控制.武汉:武汉理工大学出版社,2002.

4 余协瑜主编.分析化学实验.北京:高等教育出版社,1995.

5 杨启凯主编.分析化学实验.武汉:武汉工业大学出版社,1997.

6 周惠群主编.建材生产质量管理与控制.北京:化学工业出版社,2006.

7 刘珍主编.化验员读本(上册).北京:化学工业出版社,1998.

8 黄一石主编.分析仪器操作技术与维护.北京:化学工业出版社,2005.

9 林树昌,曾泳淮主编.分析化学(仪器分析部分).北京:高等教育出版社,1994.

10 陈全德著.新型干法水泥技术原理与应用.北京:中国建材工业出版社,2004.

11 丁美荣主编.水泥质量及化验技术.北京:中国建材工业出版社,1997.

12 赵泽禄主编.化学分析技术.北京:化学工业出版社,2006.

13 中华人民共和国国家标准:GB/T 176—1996;GB/T 5762—2000;GB/T 1549—1994;GB/T 5854—2000;GB 3404—1982;GB 175—2007;GB/T 12960—1996;JC/T 312—2000.